河川工学入門

高瀬信忠 著

森北出版株式会社

● 本書のサポート情報を当社Webサイトに掲載する場合があります．下記のURLにアクセスし，サポートの案内をご覧ください．

https://www.morikita.co.jp/support/

● 本書の内容に関するご質問は，森北出版 出版部「（書名を明記）」係宛に書面にて，もしくは下記のe-mailアドレスまでお願いします．なお，電話でのご質問には応じかねますので，あらかじめご了承ください．

editor@morikita.co.jp

● 本書により得られた情報の使用から生じるいかなる損害についても，当社および本書の著者は責任を負わないものとします．

■ 本書に記載している製品名，商標および登録商標は，各権利者に帰属します．

■ 本書を無断で複写複製（電子化を含む）することは，著作権法上での例外を除き，禁じられています．複写される場合は，そのつど事前に（一社）出版者著作権管理機構（電話03-5244-5088，FAX03-5244-5089，e-mail：info@jcopy.or.jp）の許諾を得てください．また本書を代行業者等の第三者に依頼してスキャンやデジタル化することは，たとえ個人や家庭内での利用であっても一切認められておりません．

は じ め に

　世界の文化・文明が大河のほとりに発生し，都市は河川の沿岸に発展して，交通機関の多くも河川に沿って開けている．水はわれわれの生活からひとときも切り離して考えることはできず，現代都市の発展が水によって制約されていることから考えても，河川は国家の一大資源であり，河川により受ける恩恵はあまりにも膨大である．この一大資源を上手におさめ，そして最高度に開発することは国家の一大事業ともいわなければならないであろう．

　生きとし生ける全生物の生命を支えているものが水であることはいうまでもない．われわれ人間の体重に占める水分の割合は約70％近くもあり，水は全生物の生命を支えているとともに，空気や土と同じく私達の生活において最も貴重なものの1つである．

　私達の住んでいる地球は，太陽という星の周りを公転している惑星の中の1つに過ぎないが，この広大な宇宙で生命体の存在が確認されているのは現在のところ地球だけである．それは地球と太陽との距離および質量，地球の公転，さらには自転速度などが完全にバランスがとれているため，水が液体として大量に存在するとともに，地球の重力圏内においてその周辺を大循環して無限の循環資源となっているからである．これらのことは宇宙におけるまったくの奇跡的な現象であるともいわれている．

　地球上における水は，その条件（温度等）の変化によって気体，液体，固体の3態にわたって存在し，太陽から供給されるエネルギーや重力の作用などによって絶えずその状態を変えて移動しており，水の惑星といわれる地球を特徴づけている．

　水の循環過程においては，地上に降った降水は蒸発や蒸散などするもの以外は河川を流れて海に注ぎ，その海からも水が蒸発して，再び降水となって地上に降る．このように水循環は絶えず休むことなく自然現象として繰り返されている．このように地上において貴重な水の運び役をしているのが河川である．

　著者は，1978年6月に森北出版（株）より「河川水文学」を刊行し，読者のおかげをもって20版を重ねることができた．発行当時は実務者の参考書としてはもちろん，大学・高専の教科書としてもずいぶん多くの学校にご採用をい

ただいたが，時代の流れとともに，学生の学力低下や講義時間の減少などで教科書として使いづらくなってきたとの声を聞くようになった．そこで「河川水文学」のよいところはいかしながら，いままでの 2/3 程度に内容を縮小し，教科書としてより使いやすいように執筆しなおした．また各章末には演習問題を基本的なものにしぼって掲載したので，復習を兼ねてそれらを解くことによって，より一段と理解を深めてもらえるものと期待する．本書が，これから河川工学を学ぼうとする学生諸君に少しでもお役に立てば大変光栄である．

　最後に，貴重な資料を提供していただいた旧建設省（現国土交通省）その他の皆様をはじめ，森北出版（株）のご厚意とご尽力に厚く御礼申し上げる次第です．

2002 年 11 月

著　者

目　　次

第1章　河川の地形形態 ………………………………………………… 1
1.1　地球の作用と河谷の変遷 ………………………………… 1
1.1.1　日本列島の誕生　1
1.1.2　浸食作用による河谷の変遷　2
1.1.3　河谷の縦断形状とステルンベルグの法則　3
1.2　河川流域 ……………………………………………………… 5
1.2.1　流域の形状　6
1.2.2　流域の特徴を表すおもな指標　8
1.3　地形形態 ……………………………………………………… 10
1.3.1　河川流水の作用　10
1.3.2　上流地域の地形形態　11
1.3.3　中流地域の地形形態　13
1.3.4　下流地域の地形形態　15
演習問題［1］ ………………………………………………………… 18

第2章　水　文　学 ……………………………………………………… 19
2.1　気　　象 ……………………………………………………… 19
2.1.1　わが国の気候　19
2.1.2　気象の3要素　20
2.1.3　気圧傾度と地衡風　22
2.1.4　台　風　24
2.1.5　梅　雨　27
2.1.6　天気の動き　29
2.2　降　　水 ……………………………………………………… 29
2.2.1　水の循環　29
2.2.2　降水の種類　30
2.2.3　わが国の降雨特性　32
2.2.4　降雨の観測　34

2.2.5　降雨量とその分布　37
　　　2.2.6　流域の平均雨量　40
　2.3　水位と流量 …………………………………………………… 42
　　　2.3.1　水位観測所の基準面と水位　42
　　　2.3.2　水　位　計　43
　　　2.3.3　河川の流速分布と平均流速　45
　　　2.3.4　流　量　観　測　48
　　　2.3.5　水位流量（$H \sim Q$）曲線　53
　　　2.3.6　流　況　曲　線　54
　2.4　流　　　　　出 ……………………………………………… 55
　　　2.4.1　降雨と流出　55
　　　2.4.2　流出曲線と流出成分　56
　　　2.4.3　損失雨量と有効雨量　59
　　　2.4.4　低水流出量の推定法　61
　　　2.4.5　洪水流出量の推定法　61
　　　2.4.6　融雪出水による流出量推定法　72
　2.5　水　文　統　計 ……………………………………………… 75
　　　2.5.1　水文量の統計学的性格　75
　　　2.5.2　水文量の確率分布曲線と再現期間　76
　　　2.5.3　正規分布と対数正規分布，極値（最大値）分布　78
　　　2.5.4　対数正規分布の解法　83
　　　2.5.5　水文量の設計に対する安全性　98
　演習問題［2］ ……………………………………………………… 101

第3章　河川水理 ……………………………………………… 102

　3.1　等流および不等流計算 ………………………………………… 102
　　　3.1.1　等　流　計　算　102
　　　3.1.2　不　等　流　計　算　102
　3.2　洪　　水　　流 ……………………………………………… 105
　　　3.2.1　洪水流の水理に関する数学的解析法　105
　　　3.2.2　洪水波の特性　106
　　　3.2.3　洪　水　追　跡　109
　3.3　土砂の流送 ……………………………………………………… 109
　　　3.3.1　土砂の流送形式　109

  3.3.2 限界掃流力　110
  3.3.3 流砂量（流送土砂量）の測定　111
  3.3.4 河床変動の特性　113
 3.4 感 潮 河 川 ………………………………………………………… 114
  3.4.1 感潮河川流　114
  3.4.2 大災害を起こす高潮　116
  3.4.3 密　度　流　117
 演 習 問 題［3］………………………………………………………… 118

第4章　河 川 計 画 ………………………………………………… 119
 4.1 総合河川計画 ……………………………………………………… 119
  4.1.1 河川計画の推移　119
  4.1.2 総合河川計画の基本方針　120
  4.1.3 治 水 計 画　121
  4.1.4 利 水 計 画　124
 4.2 治水計画上の問題点 ……………………………………………… 125
  4.2.1 計画高水流量に対する考え方　125
  4.2.2 河川改修工事の安全度の評価　127
  4.2.3 改修方針の決定　128
  4.2.4 洪水対策に対する考え方　128
 4.3 河川改修計画 ……………………………………………………… 129
  4.3.1 河川改修計画の方針　129
  4.3.2 計画高水流量　130
  4.3.3 高水流量配分計画　135
  4.3.4 治水事業の経済効果　138
 4.4 河 道 計 画 ………………………………………………………… 139
  4.4.1 安定河道の設計　139
  4.4.2 河川の蛇行と捷水路　142
  4.4.3 ダムなどの影響　142
 4.5 内 水 処 理 ………………………………………………………… 143
  4.5.1 たん水の原因　143
  4.5.2 内水処理対策　144
  4.5.3 樋管・樋門・水門　146
 演 習 問 題［4］………………………………………………………… 148

第5章 河川工事 ……………………………………………… 149

5.1 河川堤防 ……………………………………………… 149
　5.1.1 堤防の種類　149
　5.1.2 堤防のり線　153
　5.1.3 堤防断面の設計　154
　5.1.4 築堤工事　157
　5.1.5 漏水および軟弱地盤に対する対策　159

5.2 護　　岸 ……………………………………………… 161
　5.2.1 護岸の機能と分類　161
　5.2.2 護岸工法　163
　5.2.3 護岸設計上の基本的事項　172

5.3 水　　制 ……………………………………………… 174
　5.3.1 水制の機能と分類　175
　5.3.2 水制の工法　176
　5.3.3 水制設計上の基本的事項　179
　5.3.4 護岸水制の設計施工上の注意事項　181

5.4 床　固　め ……………………………………………… 182
　5.4.1 床固めの機能　182
　5.4.2 床固めの設計　182
　5.4.3 床固め工法　186

5.5 捷水路工事 ……………………………………………… 187
　5.5.1 河道における流通能力の増加　187
　5.5.2 捷　水　路　187

5.6 支川との合流点処置 ………………………………… 188
　5.6.1 支川の合流　188
　5.6.2 合流点の導流堤　189

演習問題［5］ ……………………………………………… 190

第6章 山間部計画および工事 …………………………… 191

6.1 砂防概説 ……………………………………………… 191
　6.1.1 砂防の意義　191
　6.1.2 流出土砂の生産と流送　191

6.2 砂防基本計画 ………………………………………… 192
　6.2.1 砂防計画の基本方針　192

6.2.2　砂防基本計画の構想　194
　　6.2.3　砂防計画の基本量　194
　6.3　山腹工事 ··· 196
　　6.3.1　のり切り工　196
　　6.3.2　山腹階段工　196
　　6.3.3　山腹被覆工　198
　　6.3.4　排　水　工　199
　　6.3.5　植　栽　工　199
　6.4　渓流工事 ··· 200
　　6.4.1　ダ　ム　工　200
　　6.4.2　護岸工, 水制工　203
　　6.4.3　流　路　工　204
　演習問題 [6] ··· 206

第7章　河川の維持管理 ·· 207
　7.1　河　川　法 ·· 207
　7.2　河川の維持管理 ·· 208
　　7.2.1　河川の維持　208
　　7.2.2　河川の管理　209
　　7.2.3　水　質　管　理　210
　　7.2.4　ダムの管理　210
　7.3　洪水予報と水防警報 ·· 211
　　7.3.1　洪水予報と水防警報の経緯　212
　　7.3.2　洪　水　予　報　213
　　7.3.3　水　防　警　報　215
　7.4　水　　　防 ·· 216
　　7.4.1　水　防　組　織　216
　　7.4.2　水　防　工　法　217
　演習問題 [7] ··· 222

第8章　水資源開発 ··· 223
　8.1　水　資　源 ·· 223
　　8.1.1　わが国の水資源　224
　　8.1.2　わが国の河川流出量　225

8.2 利水計画 ………………………………………………………… 225
　8.2.1 利水計画の種類　225
　8.2.2 利水計画と河川の流況　227
8.3 河川の総合開発 ………………………………………………… 229
　8.3.1 総合開発の目標と規模　229
　8.3.2 総合開発の方式　230
演習問題［8］ ……………………………………………………… 233

演習問題略解 ……………………………………………………… 234
参考文献 ………………………………………………………… 238
索　　引 ………………………………………………………… 242

第1章　河川の地形形態

1.1　地球の作用と河谷の変遷

1.1.1　日本列島の誕生

　わが日本列島の形は，4回にわたって起きた大地震によって形づくられているが，その最初は，いまから26億年以上も前の始生代のことで，この時に能登半島や飛騨山地でみられる片麻岩ができたが，この石は海をへだてた中国や朝鮮にもあるので，太古は日本と大陸でつながっていたともいわれている．

　その次の大地震は2億2千万年前の古生代の終わり頃に起きたが，この時に，日本はアジア大陸の東に横たわる山々としてその姿を現し，1億5千万年前頃の中生代ジュラ紀になると，本州の大部分は陸になったが，新潟付近はいったん海に沈んで大陸の北方から大きな入り江がはいり込んできた．その後約1億2千万年前頃の中生代白亜紀末期から，またこの入り江が盛り上がって陸化するが，この大陸が約5千万年前頃の新生代古第3紀までずっと陸としての姿を保つことになる．

　その後2千万年前くらいの新第3紀末期になると，それまで張り出していた

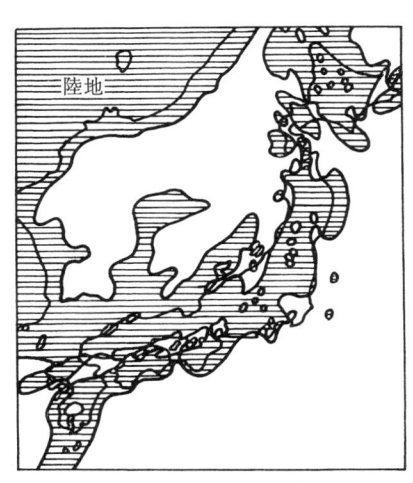

図1.1　新第3紀末期

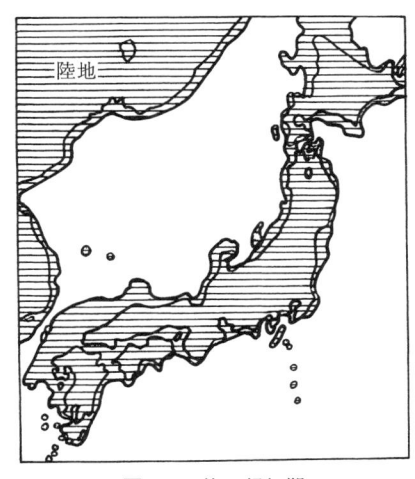

図1.2　第4紀初期

大陸がしだいに海の底に沈みはじめるが，図1.1に示すように，日本海はまだ海というよりは入り江に近いものであった．そして第4紀初期の約100万年前頃には，図1.2のような日本海の原形ができたのである．しかし第4紀というと地球上は氷河期の時代で，氷河期と氷の溶ける間氷期が各4回ずつあり，氷河期には海面が下がり，間氷期には海面が高くなるという変動はあったが，日本海としての形は大きく変わることはなく，長い間の変遷を経て1歩1歩現在の姿に近づき，現在の日本列島の形ができたようである．

1.1.2 浸食作用による河谷(かこく)の変遷
（1） 幼年期の河谷

火山の爆発があちこちで起き，土地が盛り上がったり低くなったりして新しい陸地ができるのであるが，最初のうちは，まだ陸上の河谷のようなものは存在していないことになる．このような地形を原地形といっているが，これに降雨があって河川ができはじめると，この河川は陸地の勾配に従って流れるような経路をとるので必従河とよばれ，この時代の地形河谷を幼年期の状態にあるといっている．この時代には原地形の凹凸に従って多くの湖沼や滝があり，図1.3（a），（b）のような状態にあるが，だんだん新しい河川による河床浸食がしだいに上流に向かって進んでいくとともに，湖沼は下流の方から消失して滝はしだいに後退して硬い岩盤の部分だけが残ることになる．そして河床浸食が上流に進むにつれて下流部では側方浸食がはじまり，河道の蛇行や氾濫平野の発達がはじまることになるが，現在のわが国の河川にはまだ幼年期の状態にあ

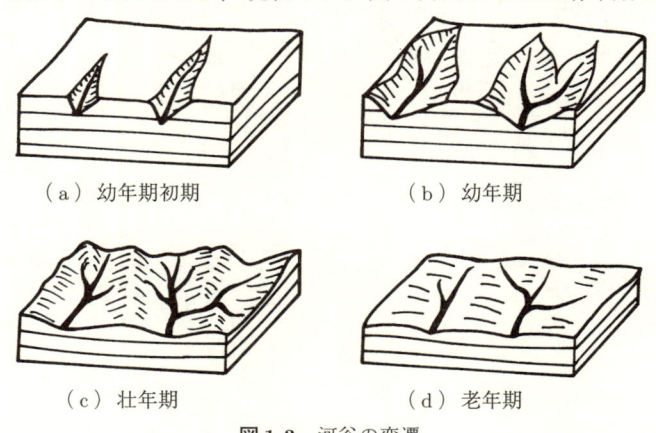

図1.3 河谷の変遷

るものが多いようである．

（2） 壮年期の河谷

河川の浸食作用が十分に進んで平衡状態に近いような平衡勾配にまで達したと考えられるようになると，河谷は壮年期にあるといい，このような状態では湖沼や滝は消失して図1.3（c）のように河川は十分に発達して樹枝状になり，浸食は山頂まで及んで分水嶺が明らかとなって下流部には堆積が起こり，氾濫平野や河口洲（三角洲）が発達して河道の蛇行も著しくなっていく．

（3） 老年期の河谷

さらに長い年月のうちには図1.3（d）のように浸食や風化が進んで，山頂はしだいに削りとられて低い起伏へと変化していき，河川の沿岸には土砂が厚く堆積していて，流水の一部はこの中に浸透して地下水となる．したがって河川は流量の少ない蛇行河川となり，土砂の運搬作用は少なくなって，非常に長い年月の間に地表は起伏の少ない準平原となっていくことになるが，このようにいったんは準平原に達した地表も，隆起運動などのような地殻変動が起これば近づきかけた平衡状態はまた破れ，そこに幼年期的な河床浸食が再びはじまり，幼年期の河谷が形成されるという河谷の地形的長年循環を繰り返すことになる．

実際には幼年期は比較的短く，壮年期はかなり長くて老年期は無限に長いといわれているが，地球上には幼年期に属する河谷が多く，壮年期や老年期の例が少ないのは，地球上の地殻変動がさかんであることによるとみられている．

1.1.3　河谷の縦断形状とステルンベルグの法則

（1） 河谷の縦断形状

河谷の縦断形状は河川の特性を表す河川の縦断曲線ともなるわけであるが，河床材料の砂礫は上流ほど大きく，下流にいくにつれて小さくなるのが普通で，一般的には図1.4に示すように，その縦断曲線は上流部の山間区域で勾配が急で，谷の区域から平地区域へと移っていくに従ってだんだん勾配が緩くなっている．しかし自然の地形に河道ができた最初の頃は，その縦断形は不規則な曲線をしているが，流水の作用によりしだいに上流部では浸食され，下流部には堆積が起こって放物線形に近いほぼ安定した曲線に変わっていくのである．河川の地形・地質・流量などと関係をもち，河川諸要素の影響のもとに現れる河川の縦断曲線およびその他の河谷の様相を安芸は河相とよび，河川計画や工事

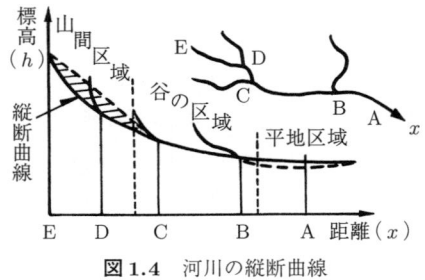

図 1.4 河川の縦断曲線

に対して自然に応答すべき河相を考慮すべきであることを提唱している[1]．

河川の流量が一定であれば浸食と堆積が進む結果として，流水により運搬される砂礫粒の大きさは上流部には大粒のものが残り，下流部にいくほど粒の大きさは減少して，河床勾配もこれにつり合った状態で形成される流水のふるい分け作用が自然に行われている．しかし浸食と堆積作用の強い洪水流は洪水ごとに異なるだけでなく，1洪水中でも一定ではなく時間的にも千差万別なので，実際の河川には厳密な意味での平衡勾配は存在しないが，河川は永遠の平衡状態に向かって絶えず自然の営みを続けていると考えられ，われわれは近似的に河川の平衡勾配を推定することができる．

（2） ステルンベルグの法則

河床の砂礫が流水によって運搬される間に，破砕または摩耗してしだいに小さくなるが，最初に重さ W の砂礫が流水に沿って dx だけ流された時に重さが dW だけ減少して $W-dW$ になったとすると，dW と dx との間にはほぼ，

$$dW = -cW\,dx \tag{1.1}$$

の関係があることをライン河の調査などで仮定している．

ここに c は石の硬さによって決まる〔L^{-1}〕のディメンション（dimension）をもつ係数（L は長さ）であり，この関係がステルンベルグ（Sternberg）の法則である[2]．

いま河道に沿う距離の原点 $x=0$ で，$W=W_0$ とすれば，式（1.1）を積分すると，

$$W = W_0 e^{-cx} \tag{1.2}$$

が得られ，重さ W の砂礫を流下させる流水の力，すなわち掃流力との関係を知れば，平衡勾配を求めることができる．なお係数 c については，ショックリッツ（Schocklitsch）がヨーロッパの多くの河川を調査して表をつくったが[3]，そ

表1.1 係数 c の値

岩質＼c	c の値		備考
	丸味のあるもの	角のあるもの	
砂　岩	0.0412	――	W の単位は kg,
片麻岩	0.0017	0.0018	x の単位は km とする.
花崗岩	0.0001〜0.0023	0.0086	
斑　岩	0.00054	0.0025	

の一例をあげれば，表1.1 のようである．

1.2 河川流域

雨雲となって空中から地上に降った降水は，重力のために地上では低い所へと流れ下って，最後には湖海に入ることになるが，この水の流路となる所が河道で，河道のある谷全体を河谷といっている．そして流水に接する地面が河床であるが，水全体を一緒に考える時これが河川となり，平水時には水上にある河床の部分を河岸という．ある河川の流水のもとになる雨雪の降下する全地域が流域であり，2個の河川流域が互いに相接する界を分水界，あるいは分水線といっている（図1.5）．

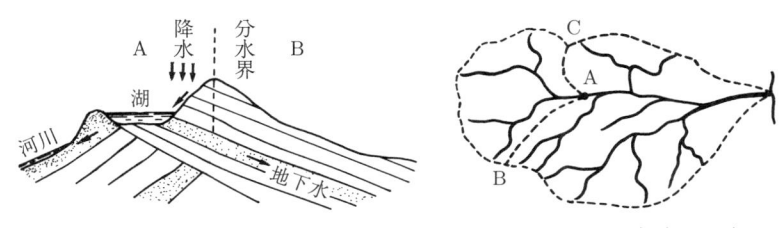

図1.5 河川流域（側面図）　　図1.6 河川流域（平面図）

図1.6 に示されているように，河道は一般にただ1本ではなくて多くの枝があり，また時には湖海に入る場合にいくつもの河道に分かれることもある．この場合いくつもの河道のうちで，水理的に主要なもの，たとえば流量，河道の長さ，流域の広さなどにおいて有力で主流をなすものを本川，あるいは幹川といい，幹川に合流するものを支川，また支川に注ぐものを小支川，さらにこれに合流すれば小々支川，小々々支川などとなり，幹川から分派して直接湖海に入るか，あるいは再び幹川に合流するものを派川という．

河川は以上のように，ある限られた地域に降った雨雪が集まって，大地の上

を流れる水を土地全体として一緒に考えたものであり，河川は水の流れとしてだけみるべきものではなく，大地の上を流れるのであるから，土地との関連の上においてはじめて成り立つものといえよう．また河川は政治，あるいは文化的な重要性によってもその存在価値が大きく認められることから考えれば，流域に住む人々の生活と不可分の関係にあることも当然であり，これら本川と支川・派川・湖沼全体を総称して水系といっている．

1.2.1 流域の形状

流域の大きさ，すなわち流域面積は1つの河川全体について考えられるほかに，河川の途中のある地点についても考えられる．たとえば図1.6のA地点における流域面積といえば，そこに降った降水の中で地表水の部分がAに集まるような範囲の面積で，図のABおよびACよりも上流側の面積がこれにあたることになる．

（1） 流域の平面形状

支川の配置形式は河川の洪水流量などに密接な関係があり，治水上重要な要素の1つであるが，流域の平面形状を，その支川の配置状況と流域分水界の形状とから分類すると次のようになる．

（a） 羽状流域

本川を中心に左右から多くの支川がこれに流入し，全体が細長い羽状をなすもので，形がほぼ鳥の羽根に似ているところからこの名称がある．特徴として

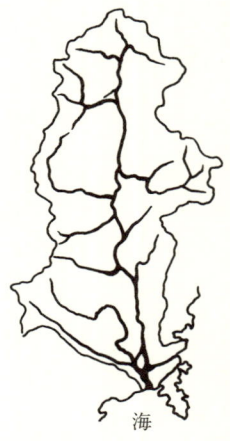

図1.7 北上川流域図

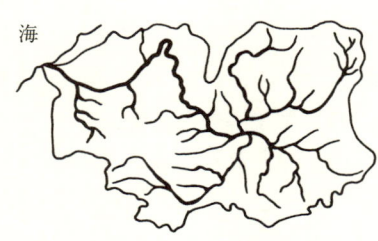

図1.8 江川流域図

は各支川の出水にずれがあり，そのため本川の洪水は比較的低くなるが，洪水の継続時間は長くなってくる．わが国の河川では，北上川（図1.7，宮城県・岩手県）・多摩川（東京都・神奈川県）・大井川（静岡県）などが代表的である．

（b）放射状流域

流域が円形，または扇形をなし支川が本川に向かってほぼ放射状に流入する形で，一般に盆地あるいは扇状地に多くみられるが，各支川の洪水はほぼ同時に集中する可能性が強く，その集合点付近にはきわめて大きな洪水が発生しやすい．大和川（大阪府・奈良県）・江川（図1.8，島根県・広島県）などがこの例である．

（c）平行状流域

細長い独立した流域の本川と支川とが互いに平行に流れ，そして合流するもので，白川（図1.9，熊本県）・信濃川上流部（長野県）の千曲川と犀川などがこれに属する．

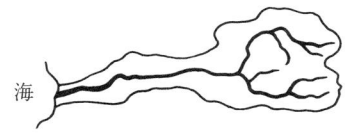

図1.9　白川流域図

（d）複合流域

ほとんどの実際河川では以上のような単純な形の流域をもつことは少なく，上記（a），（b），（c）3種の複合流域であって，なかでも（a）と（b）の複合形が多いようである．

（2）流域の平均幅

流域面積を，その流域内の本川の流路延長で割った値，すなわち河川の単位延長に対する流域面積を次式により計算してみると，概して規模の大きい河川ほどこの値が大きくなる傾向があり，したがって流域平均幅（B）に比例して，ほぼ河川の流出量が増すとも考えられている．

$$B = \frac{A(流域面積 \cdot \mathrm{km}^2)}{L(本川の流路延長 \cdot \mathrm{km})} \tag{1.3}$$

（3）流域の形状係数

ホルトン（Horton）は流域平均幅を，さらに本川の流路延長で割った値を形状係数と名付け[4]，流域特性を示す1つの要素とした．すなわち流域面積を A

(km²),本川の長さを L(km) とすると,形状係数 F は,

$$F = \left(\frac{A}{L}\right)\left(\frac{1}{L}\right) = \frac{A}{L^2} \tag{1.4}$$

この値の大きいものは,河川の長さに比べて流域の幅が大きいことになるが,表 1.2 はわが国の河川について,表 1.3 は外国の代表的な河川について流域面積,本川の長さなどを示したものである.

表 1.2 わが国のおもな河川

河 川 名	流域面積 (km²)	本川の長さ (km)	流域平均幅 (km)	形状係数 F
利 根 川	15762	322	49	0.152
石 狩 川	14300	365	38	0.104
信 濃 川	11984	375	32	0.085
北 上 川	10714	245	44	0.180
木曽川(長良川,揖斐川を含む)	9100	229	40	0.175
淀 川	8400	79	106	1.340
阿 賀 野 川	8339	168	50	0.298
最 上 川	7408	217	34	0.157
阿 武 隈 川	5471	188	29	0.154
天 竜 川	4880	215	23	0.107
吉 野 川	3652	194	19	0.098
筑 後 川	2859	141	20	0.142

1.2.2 流域の特徴を表すおもな指標
(1) 河 川 密 度

ある流域では大小多数の支川が樹枝状に縦横に発達しているが,ある流域ではいたって支川の少ない場合もあるといったように,ある流域内に支川の数が多いか少ないかを数量的に示す指標として,ノイマン(Neumann)は河川密度(N)を次のように定義した.

$$N = \frac{\Sigma L(\text{本支川の長さの総計})}{A(\text{流域の面積})} \tag{1.5}$$

河川密度は,流域の地形・地質・地被状態に関係があるが,一般的には砂地のように水が浸透しやすい地域は小さく,不透水性の地域では大きくなる傾向がある.また河川密度の小さい地域では流域幅が広く短くなる傾向が強く,前述の流域平均幅とも関係のある指数である.

表 1.3 外国のおもな河川

	河川名	流域面積 (km²)	本川の長さ (km)	摘要
ア ジ ア	レ ナ 川	2383700	4600	シベリア北東部を流れ，北極海に注ぐ．
	黒 竜 江	2051500	4480	朝鮮と中国東北の境を流れ，上流に水豊ダムあり．流域は森林多し．
	黄 河	980000	4100	渤海に注ぐ古代文明の発生地．
	揚 子 江	1775100	5200	中国最長で水運の便よく，重慶までは1000トンの船がさかのぼる，米作地帯である．
	ガンジス川 / ブラマプトラ川	1730000	3000	インド東北部ベンガル湾に注ぐ．ダッカ（バングラデシュ）・デリー・カルカッタの都市あり．
	インダス川	960000	3180	パキスタンの中央を流れアラビア海に注ぐ．インダス文明の発生地で，小麦・綿・米がとれる．
	ユーフラテス川	765000	2000	アジア南西部を流れペルシア湾に注ぐ．古代文明の発生地である．
	シ ル 川	649000	2860	ソ連の中央．キルギス草原を流れてアラル海に注ぐ．
	イラワジ川	430000	2000	ビルマの中央を流れる．
	ウ ラ ル 川	219900	2379	ウラル山脈に発しカスピ海に注ぐ．
ヨ ー ロ ッ パ	ヴォルガ川	1420000	3570	カスピ海に注ぐ．
	ドナウ川 （ダニューゴ川）	817000	2850	ドイツに発し，ユーゴー・ルーマニア・ブルガリアを流域とし，黒海に注ぐ．
	ド ン 川	429800	1860	ソ連アゾフ海に注ぐ．
	ライン川	224400	1326	アルプス山中に発し，西ドイツ・オランダを流れて北海に注ぐ．ルール工業地域を流れる．
	エ ル ベ 川	147744	1154	ドイツ・チェコスロバキアを流れ北海に注ぐ．
	ロ ー ヌ 川	98900	759	フランスの南東部を流れ地中海に注ぐ．この河谷にブドウを産する．
	セ ー ヌ 川	77800	700	北フランスを流れパリを貫流して，イギリス海峡に注ぐ．
アフリカ	ナイル川	3007000	5760	アフリカ北東部を流れ地中海に注ぐ．エジプト文明の源アスワンにダムあり．
	コンゴ川	3690000	4200	中部大西洋に注ぐ（赤道直下）．
	ザンベジ川	1330000	2660	中流にビクトリアの滝あり．
北アメリカ	ミシシッピー川	3248000	6530	アメリカ中部を北より南流してメキシコ湾に注ぐ．流域は肥沃で綿・小麦を産する．
	セントローレンス川	1248000	3800	米国ノースダコタ州山地に発して五大湖を通りカナダ東南部を流れ，巨大なラッパ状の河口を開く．
	ユーコン川	900000	3600	アラスカ砂金の産地．
南アメリカ	アマゾン川	7050000	6300	ブラジル流域はセルバとよばれるジャングルで終る．ゴムの原産地である．
	ラプラタ川	3104000	4700	ブラジル高地に発しパラナ川と合流して大西洋に注ぐ．農牧地域である．
オーストラリア	マ レ ー 川	1080642	1100	オーストラリアの東南部を流れセントビンセント湾に注ぐ．

(2) 流域の平均高度

流域の高度は河川の特性に大きい関係をもつから，一般に流域の平均高度がよく用いられるが，次のようにして求められる．

(a) 等高線面積法

一定高度差ごとの等高線を描いた地図において，各等高線間の帯状面積 a_i をプラニメーター (planimeter) で測り，それに両側の等高線高度 h_i, h_{i+1} の平均をかけて累計し，全流域面積 (Σa_i) で割る．すなわち，

$$\text{平均高度}: E = \frac{\Sigma \left(\frac{h_i + h_{i+1}}{2} a_i \right)}{\Sigma a_i} \tag{1.6}$$

(b) 等高線延長法

各等高線の長さ l_i を測線計で測り，またその高度を h_i とすれば，

$$\text{平均高度}: E = \frac{\Sigma(h_i l_i)}{\Sigma l_i} \tag{1.7}$$

で計算される．

(c) 交 点 法

上述の2方法は大流域に対しては繁雑であるが，この方法では流域平面図上に簡単に縦横の方眼網を記入し，その交点の高度を累計して交点の数で割った値を平均高度とするもので，略算法として大流域によく適用される方法である．

1.3 地 形 形 態

1.3.1 河川流水の作用

河川は流水の働きによって，自らのもつエネルギーを消費しつつ高所から低所へと流下するもので，河川勾配の急な上流地域などでは河底あるいは側方を浸食して渓谷を形成し，時には流水によって大量の砂礫や土砂などを下流に運んで堆積させ，絶えず河川を変化させて河川に独特の地形を形づくっている．このように流水の働きには，浸食・運搬・堆積作用の3つがあり，これを流水の3作用といっているが，浸食は上流，運搬は中流，そして堆積は下流でさかんである．これらの作用は河川の地形・地質・流水の規模や気象条件などによってその規模も異なるが，河谷や河床は絶えず変化し続けており，特に洪水時には変化が著しいものであり，長年月の間に今日の形に変化発達してきたものである．十分に発達した大河川ではいずれも山地や河谷の上流地域・扇状地

平野の中流地域・河口洲下流地域の3区分に大別でき，それぞれの特徴を有している．

1.3.2　上流地域の地形形態
(1)　平面形状

浸食作用の激しい上流山間部では，水源に近い部分は漏斗状盆地をなして山麓までの間に深い峡谷ができ，河床浸食がさかんで両岸が絶壁をなす所も多く，河床には洪水時に押し出された岩石が散在している．また土地が浸食されてできた下流部などでみられる三日月湖などは別として湖沼が多くみうけられるが，湖沼をその成因によって分けると次のようになる．

(a)　火口湖

火山の噴火口に水がたまると円形の湖ができるが，山頂付近にある火口湖は切り立った岸に囲まれて水も青々としており，いかにも深そうにもみえるけれども意外に浅く，わが国では最も深いもので蔵王山の御釜が 40 m，霧島山の大浪池が 11 m，岩手山の御釜，吾妻山の五色沼はともに 9 m 程度しかない．しかし山麓にあるものには深いものがあって，霧島山の御池は 92 m，男鹿半島の一の目潟は 42 m 程度あるが，いずれも水面は円形に近い単純な形をしていて，その直径は大きくても 600〜700 m 程度で深い火口湖の湖岸付近は急な崖をなしているが，最も深い中心付近は平らである．

(b)　カルデラ湖

火山の火口付近がなべ状に陥没してカルデラができ，そのカルデラに水がたまったもので一般に単純な形をしているが，湖の中や湖岸に火山が噴出して複雑な形になったものもある．わが国の深い湖の大部分はこれに属し，最も深い秋田県の田沢湖 (425 m)・青森・秋田県の十和田湖 (334 m)・北海道の支笏湖 (363 m)・摩周湖 (212 m)・洞爺湖 (179 m) などがある．なお，カルデラ湖と同じく土地が陥没してでき，必ずしも上流山間地域とは限らないが，いくつもの断層によって落ちこんだ盆地の中にできた湖には，世界一深いバイカル湖 (1740 m)・世界最大のカスピ海 (969 m)，わが国では最大の琵琶湖 (93 m) や長野県の青木湖 (58 m) などがある．

(c)　せきとめ湖

火山噴出物によって谷がせきとめられてできた湖で，上流に近いほど浅くて幅が狭くなる．1888 年 7 月 15 日，会津の磐梯山は，突然大爆発を起こして山

の一部分を吹きとばし，その時の噴出物は北麓の谷をせきとめて，檜原湖（31 m）・小野川湖（21 m）・秋元湖（34 m）の3つの湖をつくった．このように火山の噴火の際の噴出物によって谷がせきとめられてできた湖はわが国に多く，長野県の野尻湖（38 m）・山梨県の富士五湖（74 m）などがある．また火山爆発の時に流れだした熔岩の上のくぼみに水がたまって，多くの小さな池ができることがある．長野県志賀高原の四十八池などである．

地震や大雨などに伴って生じた山くずれや地すべりで，谷がせきとめられてできた湖もある．1924年の関東大震災の時の地すべりで，神奈川県秦野の震生湖（10 m）ができたのがその例であるが，河川の本流が多くの土砂を運んできて，支流の谷の入口をふさいで浅い沼をつくることがある．千葉県の手賀沼や印旛沼などは，そのようにして利根川の支流の谷にできたものといわれている．

(d) その他

新潟・福島・群馬県境の尾瀬ヶ原や青森県の八甲田山の湿原にみられるように，湿原の水たまりの周囲だけミズゴケが成長して，しだいに泥炭となって盛り上がる一方で，水のある所はミズゴケが成長しないから，その中に浅い池が形成されることがある．尾瀬ヶ原では数 km にわたって続く広大な湿原に，このような池が何百もあって，それぞれヒツジグサやコウボネなどのかれんな花を浮かべている．

（2） 河谷の横断面

河川上流部の山間区域で一般にみられる現象としては，図1.10のように流水が河川の底部を浸食する縦浸食と河川の両側を削りとる横浸食とがある．その浸食の程度は河谷を形成する地質の相違によって異なるが，上流部では，特に流水による縦浸食が横浸食に比べて非常に強いため，谷全体の形が大体におい

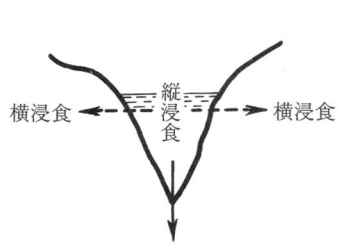

図1.10 縦浸食と横浸食

図1.11 尾漆川上流部のV字渓谷（手取川水系）

てV字形を呈し，谷底が狭く深いのが普通である．図1.11に示すように石川県の手取渓谷や富山県の黒部峡谷などは代表的なものであるが，これら断面変化の大部分は長年月の洪水作用などによるものと考えられている．

（3） 河谷の縦断面

河川の河底を連ねた縦断面の形状は，河川の流れが絶えず変化しているので，前述の流水の3作用によって上流部の急流地域が浸食されてだんだん緩やかになっていくのであるが，実際の地形では長年月の間に地殻変動による変化とか，地質の状態や流量変動などのため複雑な曲線形をとることになる．特に上流地域の河川では，勾配が不連続な部分を生じたりして部分的に不規則な場所が現れるのが普通である．このような現象で著しいものが滝であるが，火山噴出物によって谷がせきとめられてできた日光・華厳滝のようなせきとめ滝や，上流の河床が硬く下流が柔軟な河床のため浸食される速さの相違によってできる北アメリカのナイヤガラの滝などがある．ナイヤガラの滝は流量が多いため崖の岩がだんだん崩れ落ち，1万年くらい前にできた頃は現在より約11 kmほど下流にあったともいわれている．なお支川が本川に合流する所で，本川の河床浸食が特に早いと支川は滝となって本川に落下することになるが，滝は強い浸食作用を伴っているからしだいに後退する傾向をもち，河床が平衡勾配に近づくとともに消滅していくことになるわけである．

1.3.3　中流地域の地形形態

谷の区域がさらに下流となって中流地域になると側方浸食がさかんになり，谷の横断形状は一般に図1.12のようなU字形あるいは台形状に近い形をとることになる（図1.13）．そして平時の低水時には，水が少ないために谷底の堆積物の上にさらに小さい河道をつくって流れ，洪水時だけに水は谷全体を流れる．このように洪水の時だけ水の流れる堆積地を氾濫平野（氾濫平原）とよんでいる．この流心部は洪水時にも流速が大きく，したがって河床の砂礫が多く流されるが，この砂礫は減水時に河道の両岸に堆積し，洪水ごとにこのような現象が繰り返されると，ついには図1.13（b）にみられるように河道の両側に小高い自然堤防を形づくることになる．アメリカのミシシッピー川やエジプトのナイル川の自然堤防は有名である．

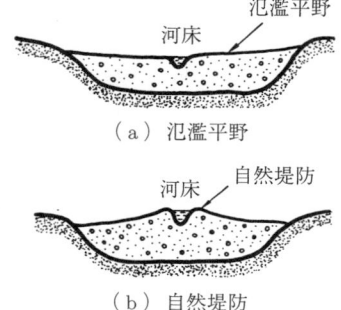

図1.12 犀川中流部の河道（千曲川水系）

図1.13 氾濫平野

（1） 扇 状 地

　勾配の急な上流地域から流出された砂礫や土砂は勾配の緩やかな中流地域に達すると，その部分に土砂を堆積してしだいに側方の地面よりも高い扇状の地帯を形成する．すなわち図1.14に示すように，河川が山地部から平野部へ出る山すそにできる扇状の堆積地形で，礫と砂が多くて水はけがよすぎるので耕地には適さないが，平野部よりやや高くて桑畑や果樹園に利用されることが多く，しみこんで地下水となった流れの伏流水が扇状地の縁から泉となって地表に湧き出るので，扇状地の平野に近い部分にはよく集落が発達している．このような地形が沖積扇状地であるが，一般には単に扇状地とよばれることが多い．

　わが国の平野の大半は，河川が運んだ土砂が堆積してできた平野で沖積平野とよばれ，そのような平野では上流の山地が平地になるあたりにこの扇状地が発達しているものである．図1.15は富山平野の扇状地を示しているが，河川流

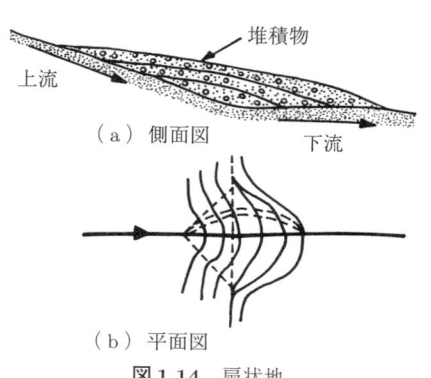

図1.14 扇状地

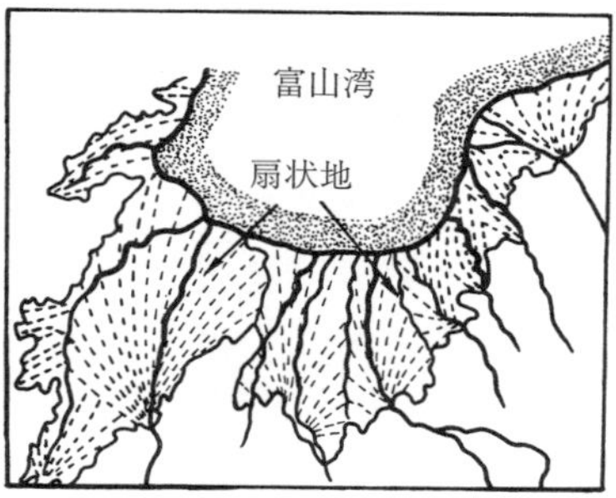

図1.15 富山平野の扇状地

が扇状地内に達すると，河川勾配が緩やかとなって河谷や河底に流送砂礫を堆積させるために，河川がいく筋にも分かれて分流を生じる傾向がある．また河川の流水は砂礫の中に浸透して流量が減少していくのが普通であり，これらの浸透水はその一部が地下水流となって，扇状地の下流側で再び地表に流出するが，このため流速も小さくなり流送砂礫がますます堆積して扇状地は拡大されていくことになる．

（2） 河成段丘（河岸段丘）

地殻変動などにより河床の傾斜が急になると，河川は河床の中に小さい谷を浸食して古い河床が新しい谷の両側に平らな土地となって残ることになるが，これを河成段丘あるいは河岸段丘ともいう．この段丘は気候的変化によっても発達し，たとえば乾燥地帯であった所が普通の気候に変化すれば浸食力が増加して段丘を生じ，また反対に気候が乾燥してくると，いままで多量の土砂を流していた河川の流量が減って河幅が小さくなり，流心部だけを浸食して段丘をつくることにもなるのであるが，図1.16のように河川の上流から中流にかけて，河川をはさみ両側あるいは片側の河川沿いに2段から3段程度の階段状の地形がよくみうけられる．これらの河成段丘は砂礫・土砂で形成されている場合が多く，平坦な部分を段丘面というが，普通は縦方向あるいは横方向にいくらか勾配がついている．わが国では地殻運動がさかんで河成段丘が比較的多く，相模川（山梨県・神奈川県）や千曲川支川の奈良井川（長野県）などが著名であって一般に中・小河川に形成されることが多い．

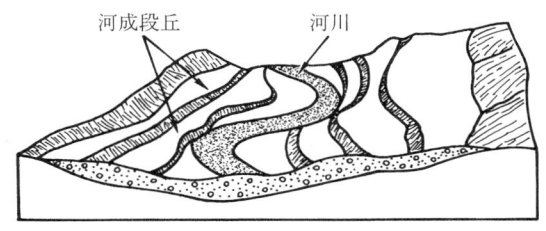

図1.16　河成段丘

1.3.4　下流地域の地形形態

（1） 河川の断面形状

河川の下流地域では勾配も非常に緩やかとなるため，流水の浸食力も低下して河床部分よりもむしろ横浸食が進み，その結果，上・中流地域のものに比べるとかなり規則的であって図1.17（A–A断面）のようにほぼ台形に近い．ま

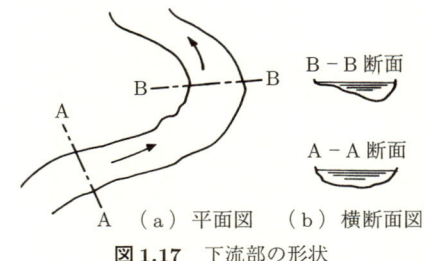

図1.17 下流部の形状

た曲線部では流水による遠心力作用をうけるので，同図（B-B断面）のように曲線部の凹部分が洗掘されて，ほぼ三角形形状に近い断面をとるのが普通である．

(2) 蛇　　行

河川が平野部の流路を曲がりくねって流れる現象をいうが，主として沖積平野でみられる現象であり，わが国では河岸が固定された改修河道の中を水流がうねって流れることも蛇行現象に含めて考えている．そして時には蛇行した深い峡谷がみられることもあるが，これは蛇行河川をもった平原が隆起し，河川はその流路の線形を維持して垂直浸食を続けて深い峡谷をつくったもので，これを穿入蛇行とよんでいる．これに対して普通の蛇行を自由蛇行とよんでいるが，蛇行が著しく進行すると湾曲して接近した上・下流がついに接触するか，あるいは洪水時の氾濫などにより自然短絡して図1.18のような新河道が形成される．なお旧河道の上・下流端は流送土砂が沈澱堆積して閉鎖され，古い曲がった部分は三日月状の湖水となって残ることになるが，これを三日月湖あるいは河跡湖といっており，アメリカのミシシッピー川，わが国では北海道の石狩川などがその好例である．

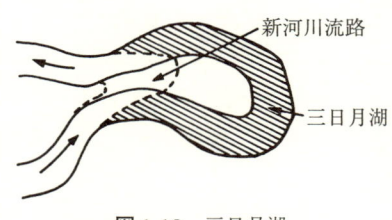

図1.18　三日月湖

(3) 河口洲（三角洲）

　河川が静かな海に流れ込むと流速は急に減じてほとんど 0 となり，河口を頂点として三角形の堆積地形ができる．このように川上の方を頂点に海に向かって広がった河口で扇状地に近い形態のものを河口洲あるいは三角洲という．砂や粘土を主とする低湿地であるが平坦なので都市が発達していることが多い．この三角洲は図 1.19 (b) の破線と実線で示されているようにしだいに堆積が下流側の前方へと進み，先端の斜面は波の作用を受けて砂が打ち上げられながら発達してくるもので，その成長には長年月を要するものである．しかし，どのような河川でも三角洲を生ずるというわけではなく，実際に顕著な三角洲をもっているのは世界の河川でもむしろ少数である．これはその発達に適する条件が，

① 流出する湖海の水深が比較的浅く，河川からの流送土砂量が豊富であること．
② 湖海が穏やかで，沈殿した土砂を奪い去るような波や潮流がないこと．
③ 堆積作用が長期にわたって行われていること．
④ その長年月の間に湖海の地盤が安定していて沈降などしないこと．すなわち沈降性の海岸ではないこと．

などで，以上の中のどれかに欠けるところがあれば十分な三角洲は発達しないことになる．三角洲で有名なのは地中海に注ぐナイル河やメキシコ湾に注ぐミシシッピー河口であるが，わが国でも信濃川・阿賀野川・木曽川・淀川・太田川・筑後川などの比較的波の静かな日本海や，同じく波の静かな内海に注ぐ河川にかなり発達している．これに反してアメリカのミシシッピー川と並んで世界一の大河川といわれる南米のアマゾン河口などは沈降性の海岸であり，潮汐の影響が大きいために河口洲はほとんどみられない．わが国の河川でも波の荒い外洋に注ぐ北上川などには同じくみられない．

　　（a）平面図　　　　　（b）側面図
　　　　　図 1.19　河口洲

（4） 河口形態

図1.20は海岸によくみられる低水路部の河口形態であって，同図（a）は季節風が顕著で漂砂の移動が激しく，潮汐の影響が大きくない所にできやすく，わが国では日本海側にこの種のものが多い．同図（b）は潮汐が大きくて干満による海水の出入りのために河口が深く掘られている例である．

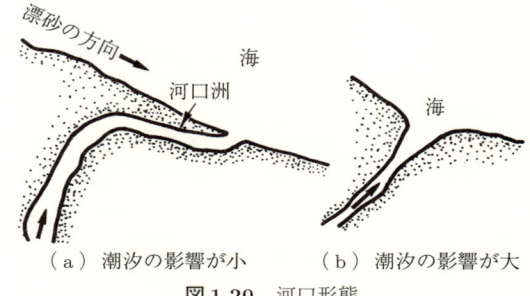

　（a）潮汐の影響が小　　（b）潮汐の影響が大
図1.20　河口形態

演習問題［1］

1.1　河川の浸食作用による河谷の変遷について考察せよ．
1.2　河谷の縦断形状とステルンベルグの法則について考察せよ．
1.3　河川流域と，その形状について考察せよ．
1.4　河川流水の3作用について考察せよ．
1.5　河川の地形形態における上流部，中流部および下流部について考察せよ．

第2章 水　文　学

　地球上における水循環の1過程として，われわれが日常この水を利用することによってうける恩恵はあまりにも偉大なものがある反面，洪水によってうける被害は実に甚大なものがあり，ここに洪水防御や洪水調節、内水排除，洪水予報などの的確な治水対策が要望されることになる．災害と直接関係のある水文要素といえば降水と流量とであるが，降水の流出現象は非常に複雑であり，古くからいろいろと研究がなされているが，いまだに未解決の点を多く残している．有名な水文学者のフォスター（Foster）は彼の水文学の著書において，「Rain-fall and Run-off」なる標題をつけている[1]ことから考えてみても，降水と流出とは水文学における最も重要な基礎概念であることがうかがえるものと思われる．以上は主として洪水対策を主体とした治水面に重点をおいて考察してみたが，水の循環過程を取り扱うものの中には低水時の流量を主体とした利水の問題，地下水，蒸発と浸透の問題など非常に広範囲であるが，これらはいずれも気象条件によって支配されていることになる．

2.1　気　　象

2.1.1　わが国の気候

　わが国は，北海道を除いて国土の大部分が温帯地方に位置しているので四季の変化がはっきりとし，気候は温和である．またアジア大陸の東にあって周囲を海で囲まれているために，梅雨や台風の影響をうけることもあって降水（上空より地上に降る水の総称）量が多い．たとえば東京の年降水量が約1600 mmも降るのに比べ，アメリカのサンフランシスコでは約475 mmしか降らず，さらに日本列島は南北に細長く地形が複雑であるために，地方によって気候も異なるのが特色である．北海道の旭川市と九州の宮崎市を1月の平均気温について比較してみると，前者は約-8.9℃，後者は約6.8℃とその差は15.7℃もあり，また1月の平均降水量は，東京都では約48 mmしか降らないのに新潟県の高田市では約501 mmもある．図2.1はわが国の気候区分の特色を示している．

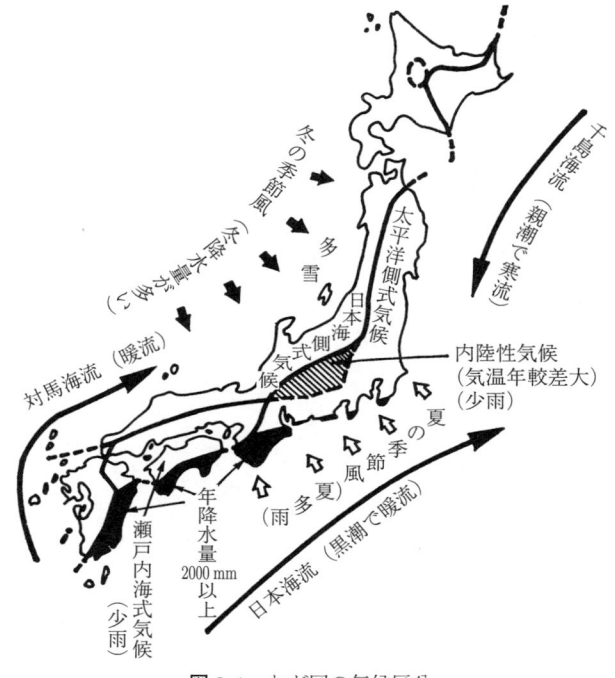

図 2.1 わが国の気候区分

2.1.2 気象の3要素

われわれの地球は乾燥空気・水蒸気・細塵からなる大気で包まれているが，この大気の現象に関する科学を気象学といい，そのうち気温・気圧・湿度を気象の3要素という．これらの要素が風・雲・雨・雪など大気の性質を支配することと密接なる関連性を有している．

(1) 気　温

大気の温度を気温というが，一般には地上からやや離れた1.5～2.0 mの高さの空気の温度をいっている．普通は摂氏（Centigrade）℃を用いるが，なおアメリカなどのように華氏（Fahrenheit）°Fを用いている国もある．この両者の関係は，

$$℃ = \frac{5}{9}(°F - 32) \tag{2.1}$$

である．

気温は図2.2に示されているように同じ地点では高さによって違い，約0.6〜0.7℃/100 m程度の温度降下となって12 km程度の高さで明らかに気温の状態が変わるので，ここに，

　　　　12 km 以上を成層圏，
　　　　12 km 付近を圏層面，
　　　　12 km 以下を対流圏，

といい，成層圏は温度の変化が少なく，大気が層をなし風の変動が少なくて雲はなく，対流圏は雨・雲・雷など大気の現象（気象）の大部分が生じ大気が変動しやすく，圏層面は上下両層の境界面である．

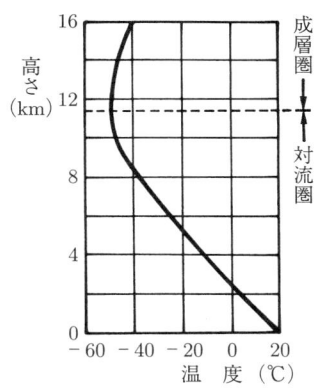

図 2.2　高度と気温

（2）気　　圧

地球は乾燥空気・水蒸気・細塵などからなる大気で包まれている．乾燥空気は無色無味無臭で，0℃，1気圧で1.293 kg/m³の重さを有し，その成分は窒素（N_2，78％）・酸素（O_2，21％）・その他である．水蒸気を含む空気を湿潤空気というが，細塵などは大気の位置で相当変化があり，海上で約70～340個/cm³程度で雲の粒心となる．大気の高さは約1000 km程度まで存在しているが，地表上のすべてのものはこの大気の圧力をうけており，これを気圧という．

その気圧は水銀柱760 mmの底の圧力とほぼ同じで，気温0℃，緯度45°の海面における760 mmHg（水銀柱）を1気圧とよび，標準に用いている．1ミリバール（mili-bar, mb）は，1000 dyne/cm²の圧力をいうから，1気圧は（水銀の比重を13.5951，重力加速度を980.665 cm/sec²とすると），

$$760\,\mathrm{mmHg} = 13.5951 \times 76 \times 980.665 \times \frac{1}{1000}$$
$$= 1013.250\,\mathrm{mb}\,(ミリバール) \tag{2.2}$$

となり，1気圧はほぼ1 kg/cm² に等しい．大気はそれ自体の圧力によって下方ほど圧縮され上空ほど稀薄になっているが，大気中の等圧面が平均海水面と交わる線を等圧線といい，天気図に示されている等圧線はこれであって，ミリバールで表した気圧の大きさが記入されている．気象庁は1992年12月より気圧の単位をミリバールからヘクトパスカル（hecto-Pascal, hPa）の国際単位系に変更したが，この両者は数値が同じなので単位を読み替えるだけでよい．

（3）湿　　度

大気の中には水蒸気が含まれていて，大気はその時の温度に応じてある限度までの水分を含むことができるが，この水分の多少が湿度である．

水蒸気を含んだ大気が冷却して露点に達し，さらに過飽和の状態になると水蒸気の一部が，細塵を心核として凝結し水滴となって現れる．この凝結によって雲・霧・雨・雪などを生ずるが，高い所では雲となり，地表面近くでは霧となるわけである．その雲の量を定めるには雲級を用いるが，雲の濃淡にかかわらず全天に雲のある場合を雲級の10とし，雲のない場合を0として，その間は目測によって分けて表2.1のようによんでいる．

表 2.1　雲　級

雲　級	0～2	3～7	8～10
名　称	快晴	晴天	曇天

2.1.3　気圧傾度と地衡風

（1）大気の環流

地球の表面は赤道付近において著しく熱せられ，ここに上昇気流を起こすが，両極付近では空気塊は冷却して密度が大きくなり周囲に流れ出す．さらに空気の粘性，地球自転の影響なども加わって地球を囲む大気層の中にほぼ一定した大環流系ができ，この環流によって季節に無関係な風を生じている．その最も著しいものは貿易風であって，赤道の南北30°付近から赤道に向かって北半球ではNE（北東），南半球ではSE（南東）の風となっており，この循環系のために北半球では北緯30°付近が下降気流となり温帯無風帯（亜熱帯高気圧帯）ができている．なお図2.3にも示されているとおり，北緯30～60°では偏西風（上空10000 m程度ではジェット気流ともよばれている）を生じ，この風速は

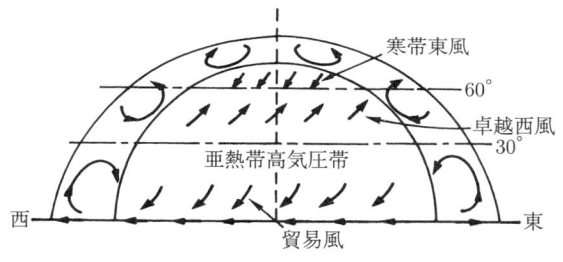

図 2.3 大気の還流

大変大きくて 100 m/sec に達することさえあり,わが国はこの区域にあるためこの風の影響をうけやすいが,北緯 60°付近はその上昇気流が生じ,これが寒帯無風帯である.それより北極までの間は極風という寒帯東風が生じ,この地区には極前線面ができている.南半球についてもまったく同様である.

（2）　気圧傾度と地衡風

隣り合った 2 つの等圧線の距離から地表面上の水平気圧傾度を知ることができるが,この気圧傾度が風を起こす原因になっている.地球は西から東に向かって自転しているから,その表面を動く物体はたとえば赤道から北に向かって動くものならば,回転の線速度の大きい所から小さい所に移るのであるから,図 2.4 において A にあったものが u_1 と v との合速度によって A′ に移る間に,B の地点は速度 u_2（$<u_1$）によって B′ に達しているに過ぎない.したがってこの物体は北に進めば右に偏向する.同様にして南に進む物体は左に偏向することになる.

気圧傾度と地球自転による偏向力のために起こされた風は,地表面での抵抗を考えなければ,すなわち地球面上数百 m の高さ（500 m 以上）になれば偏向力と気圧傾度力がつり合って等圧線に沿って吹くことになる.このような風を地衡風といっている.地衡風の方向は風の吹いていく方向に向いている人を考

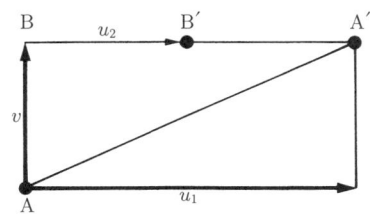

図 2.4　地球自転による偏向力（北半球）

えると，北半球においては左側（左手の少し前方）に，南半球においては右側（右手の少し前方）に低気圧が存在する．これをボイス・バロット（Buys-Ballot）の法則という．ボイス・バロットはオランダの気象学者であるが，気圧の高い方は北半球では低い方と反対の右側（右手の少し後方）にあることも提唱した．地表面近くの風は地表面における抵抗があるために，気圧傾度の方向と地衡風の方向との中間の方向をとり，高く昇るほど地衡風の方向に近づくことになるが，実際的には地衡風は等圧線が平行で，しかも地面や気象間の摩擦のないような場所で吹くものであり，数 km 以上の上層風は地衡風に近いと考えられる．この風の特性は，

① 図 2.5 のように等圧線に平行に，北半球では気圧の低い方向を左側にみて吹いている．南半球では反対に右側の方向が低圧となる．
② 気圧傾度の大きさに比例．
③ 緯度の正弦に逆比例する．したがって同じ気圧傾度ならば，北極では日本付近の約半分程度の風速にしかならないことになる．

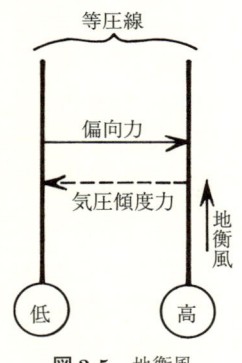

図 2.5　地衡風

2.1.4　台　　風
（1）　台風の成因

台風の卵は，赤道よりやや北の北緯 10°付近にある赤道前線上に多く発生する．赤道前線とは，北太平洋高気圧から吹き出す北東貿易風と南太平洋高気圧から赤道を越えて吹く南西季節風とが衝突する境界面で，この前線はかなり北上することがあり，そのような年は台風が多発する傾向にある．このように台風は，熱帯地方の海上に起こる熱せられた気流の激しい上昇によってでき，この熱せられた高温の空気が上昇すれば上空の気圧は断熱膨張し，その結果，温

度は下がって同時に水蒸気が飽和して液化熱が放出され，周囲の空気とは等温までには冷却されないため周囲の空気より軽く，いったん上昇しはじめた空気はますます上昇することになる．したがって上昇気流のある下側の低い層では周囲から空気を吸い込むことになり，北半球では前述のように右方への偏向力，北東貿易風などのため，時計方向と反対の左巻きの渦となって発達する．そして最大風速が17 m（秒速）を越えると台風とよばれ，図2.6のように偏東風に乗ってゆっくり西北西に進む．この時期はまた発達期にあたり，中心に向かって多量の水蒸気が流れ込み，上昇気流となって積乱雲をつくり，水蒸気を吸いとって水（雨）を吐き出す際，多くの熱を放出して周囲の空気を暖め，さらに上昇気流を強める．この繰り返しで，小さな空気の渦は大きな台風へと成長することになる．中心気圧が最低に，風速が最大になった頃に転向点に達し，台風は偏東風から偏西風に乗りかえ，鎌首をもたげて北上する．ここを過ぎるとエネルギー源の高温多湿な空気が急減するため，台風は衰弱期に入るが勢力圏は逆に広がり，速度も著しく大きくなり，時には時速100 kmを越えることさえある．このあたりから本土襲来が心配されるようになるが，偏西風が日本の上空を吹いているために，台風の襲来は避けられない宿命的なもののようでもある．

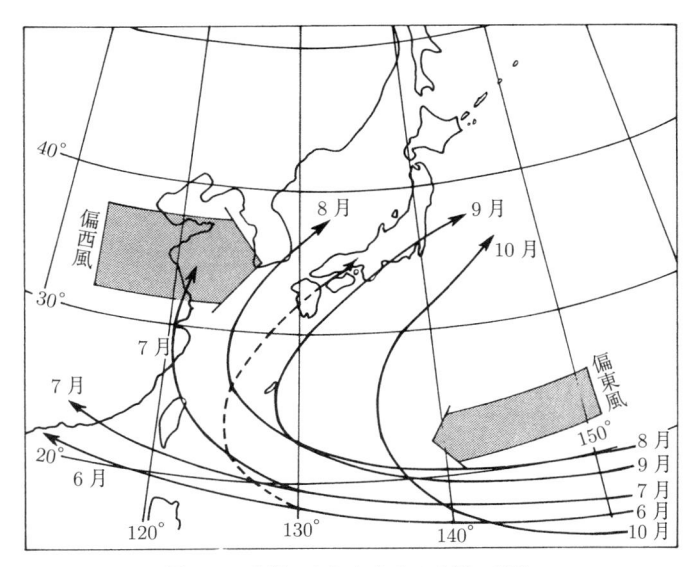

図2.6 時期により変化する台風の進路

（2） 台風の正体

　台風の大きさは，風速 25 m 以上の暴風圏の範囲と，1000 hPa（ヘクトパスカル）の等圧線の半径が広ければ広いほど大型ということになるが，普通は表 2.2 のようにその強さと大きさを表しており，台風の強さを表す指標が中心気圧を示す中心示度である．十分に発達した台風は図 2.7 に示すように直径 1000～2000 km 程度の大きな渦であって，強い上昇気流となっており台風の中心部では無風状態であるが，それ以外の地域では風速は中心からの距離の平方根におよそ逆比例している．その無風地帯が台風の目とよばれ，時には青空となっているが，これは吹き込む風によってできた渦の遠心力と吹き込もうとする風の力が互いにつり合って，そこから内側へは風が吹き込まなくなるためである．

　台風情報でいわれる風速は平均風速（海面または地面上 10 m の高さにおける 10 分間の平均速度）で，瞬間風速は平均風速の約 1.5 倍程度であるが，北半球では台風の中心進路の右側にあたる部分では，台風自身の風と台風を押し流す一般気流との方向が一致しているために，中心進路の左側の部分に比べると風速が特に激しいのが普通である．したがって図 2.8 に示すとおり右側を危険

表 2.2　台風の強さと大きさ

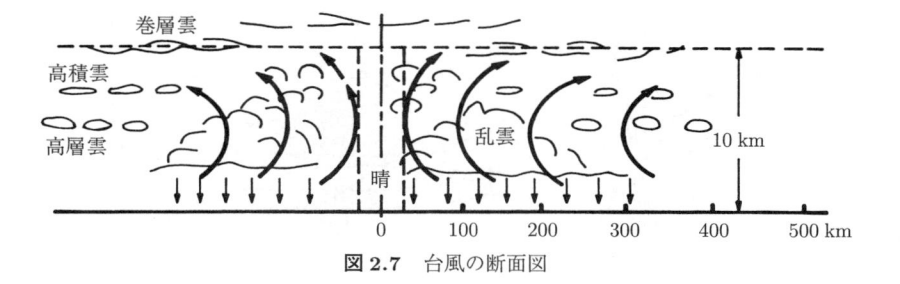

台風の強さ			台風の大きさ		
強さ	中心気圧 (hPa)	中心付近の最大風速 (m/sec)	大きさ	風速25m/sec以上の暴風雨圏の半径 (km)	1000hPaの等圧線の半径 (km)
猛烈な	900 以下	55 以上	非常に大きい	400 以上	600 以上
非常に強い	900～929	45～54	大　型	300 前後	300～600
強い	930～959	35～44	中　型	200 前後	200～300
並み	960～989	25～34	小　型	100 前後	100～200
弱い	990 以上	25 未満	ごく小さい		100 以下

図 2.7　台風の断面図

半円とよび，一方，帆船時代には帆船が暴風に吹き流されないように，台風の進行左側に出るように努力したので左側は可航半円ともよばれる．その代わりに左側は右側に比べて雨が多くなっているが，台風がその地域の左側（西側）を通る場合は風が強く，逆に右側（東側）を通った場合は雨が特に多いのが普通で，前者が風台風で後者が雨台風とよばれている．わが国における洪水，高潮などによる災害は台風が伴って起こるものが非常に多いのであるが，一方，農工業に大切な水資源をもってきてくれるものとして，台風の役割りを無視することもできない．

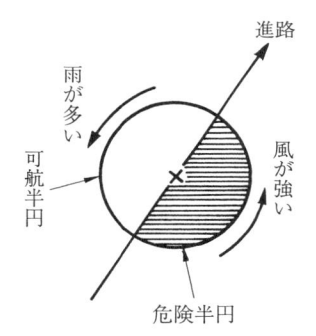

図 2.8　台風両側の半円（北半球の場合）

2.1.5 梅　　雨

水平方向のある大きさの大気のかたまりを気団といい，寒暖2気団の界面が前線面で，その海面との交線が前線であるが，図2.9に示されるとおり不連続線がつり合って前線が長く停滞する場合を停滞前線といい、梅雨はこの典型的な例である．

梅雨は一般的には，梅雨の走り・前期・中休み・後期と4段階に分かれるが，梅雨の走りがあるかないかの割合は約50%程度で，時にはそのまますぐ梅雨に入ってしまうこともある．梅雨のはじめの頃は前線の北側の高気圧の勢力が強

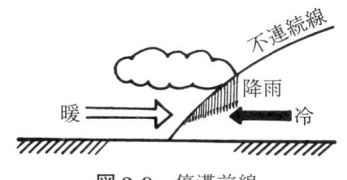

図 2.9　停滞前線

く，前線は日本の南に停滞して雨が降り続く日が多い．そして気温も低い日が多いが，梅雨の中休みには2つのタイプがあって，北の高気圧が強いと前線は南に下がり涼しくて比較的よい天気であるが，南の高気圧が強いと前線はぐんと北に上がって天気はよいけれどもむし暑い．特に梅雨の後期には南の高気圧がだんだんと勢力を強め，前線はわが国の南岸沿いに停滞したかと思うと北上して，しばしば陸上にも停滞して活動するのであるが，この時に台風などが接近してくると前線が刺激され大雨や集中豪雨のおそれも出てくることになる．

しかし梅雨の中心は東日本よりも中部地方以西の西日本にあるようで，年によっても非常にまちまちであるが，平年の梅雨入りと梅雨明けの大体の期日は表2.3に示すとおりである．

表2.3 平年の梅雨入りと梅雨明けの頃

地　方　名	梅雨入り(頃)	梅雨明け(頃)
沖　　　縄	5月12日	6月22日
奄 美 大 島	5月18日	6月29日
九 州 南 部	6月2日	7月15日
九 州 北 部	6月7日	7月19日
中　　　国	6月9日	7月18日
四　　　国	6月8日	7月14日
近　　　畿	6月9日	7月16日
東　　　海	6月11日	7月15日
関 東 甲 信	6月11日	7月16日
北　　　陸	6月12日	7月18日
東　　　北	6月12日	7月20日

全般的にみて梅雨前線は，北緯31～32°付近（鹿児島県と宮崎県の一部）沿いの本州南岸沖を東西に横たわることが多いので，その前線に沿った北側約300 km幅に入る九州や四国，中国や近畿，そして中部の太平洋側は常に雨天域に入ることになるが，梅雨前線をかなり離れた日本海側の北陸北部から東北方面にかけては直接の影響をうけない日も多い．さらに北海道では，北方の高気圧に覆われるので梅雨現象は現れない．この梅雨前線は北上するにつれて普通は弱まるのであるが，この期間の降雨量は一般に平年の年間降雨量に対して約10～20％程度となっている．

2.1.6 天気の動き

日本列島上空では図2.3で前述したとおり,天気は西から東に移ってくるので,「夕焼けがあると天気はよい」とよくいわれるのは,西の方の晴れているところが移ってくるからであって,移る速度はその時によって違うけれども普通は毎時40 km程度で,したがって1日に約1000 km程度動くことになる.たとえば中国の上海で雨が降っているとすれば約24時間後には九州,約48時間後には関東地方で雨が降るということになるが,天気を決める高気圧や低気圧は必ずしも真西から真東に移るわけでもなく,また勢力や速度が変わるなど複雑な気象状況によって変化するので,天気予報の難しい側面があるように思われる.

空気は気圧の高い方から低い方へと流れるので,風は高気圧のところから四方に向かって時計回りの右巻きの方向に吹き出し,低気圧は逆に反時計回りの左巻きの方向に風が中心に向かって吹き込むことになるが,南半球では向きは反対になる.

2.2 降　　水

大気中の水分は冷却され雨や雪となって地表面上に落ち,その一部はそのまま蒸発して大気に戻ることになるが,水文学では,上空より地上に降る水を総称して降水といい,雨・雪・霧・あられ・ひょうなどが含まれる.これらのなかで河川に関係するものは雨と雪が主体であるが,特に雨との関係が大きい.

2.2.1 水の循環

地球上における水はほとんど無限と考えられる海から,ほとんど皆無と考えられる砂漠地帯まで量的にかなり異なった状態で存在しており,また大気中には水蒸気・雲・雨滴などの状態で存在し,さらに陸地部では湖沼・河川のなかに,そして地下にもいろいろの状態で保持されている.これらの水は静止状態にあるものはほとんどなく,太陽から供給されるエネルギーや重力の作用などによって絶えずその状態を変え,また移動しているのであるが,図2.10に示すように陸地表面あるいは海洋面から水蒸気となって大気中に貯留され,それが雲となり,雨・雪となって地球表面に還元されるものである.地上に降った雨水はそのまま直接大気中に還元されるものもあるが,大部分のものは地表を流れて河川に流出し,いわゆる河川流として海岸に注ぎ込み,または地中に浸透

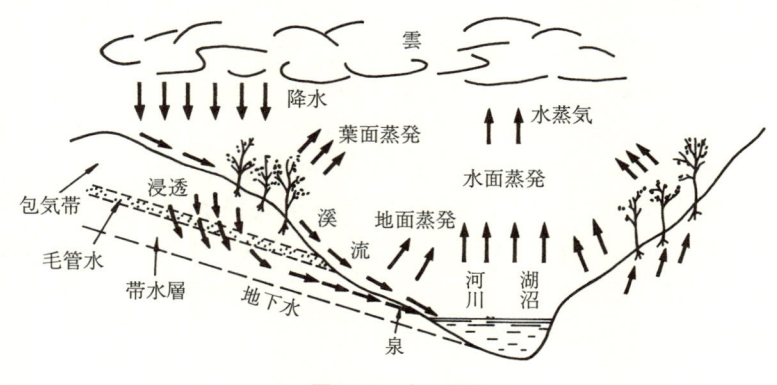

図2.10 水の循環

して地下水となって河川や直接海岸に流れ出すこととなる．この過程を流出といっている．

このような地球上における水の移動過程を水の水文学的循環という．その循環が平衡状態にある時は平穏無事であるが，いったん平衡状態が破れて地球上のある部分で大気中から陸地への水の供給が激減すれば，いわゆる渇水となり，逆に供給が激増すれば洪水となって社会生活や社会活動に多大の悪影響を及ぼすことになる．特に洪水は直接的に社会機構を破壊し，人命を奪って大災害の原因ともなり，防災工学上最も重要なものの1つである．わが国は地形が急峻でかつ狭小なことに加えて気象学上一時に多量の降水をみるような環境にあるため，古来からこのような大水害に見舞われる機会も多かったので，いままでのわが国の河川工事はほとんど洪水処理のための工事であったともいえよう．

2.2.2 降水の種類

地球上に降る降水は1秒間に約1200万トンもあり，これが1年間にまったく土の中に浸透せず，また空中へ蒸発しなかったとすると地球上は約750 mmの水の高さで覆われる計算になるが，幸いにもこの量が1年間における世界の平均降水量であり同時に蒸発量でもあるから，われわれは水浸しにならずにすむことにもなるわけである．しかしながら降水の実態は地形・標高・緯度・気象などの条件によって大きな違いがあるが，高く上がるにつれて気圧が低くなるとともに温度も下がり（一般に，約 $0.6 \sim 0.7$ ℃/100 m といわれている），温度が下がって冷却されると大気中の水蒸気は凝結して水滴となり，もはや大気中

2.2 降　水

にとどまることが不可能となって地上に降下することとなる．これが降水であるが，ある原因によって地上から大気中に上昇する気流が発生するとそれが降水をもたらす原因となるので，上昇気流の性質により降水の種類は次のように分けられる．以下，降水は降雨と解釈して述べることとする．

（1）　地形性降雨

湿度の高い気流が山脈や山地を越える時に起こる上昇気流によるもので，風が山を吹き越える時に雨を降らせ反対側は空が晴れているが，山地の雨にはこの例が多い．日本列島は北東から南西にかけて細長く横たわり，ほぼその中央を山脈がはしり四方を海に囲まれているため，冬季の日本海側での多量の降雪は北西の季節風が海岸山脈にあたり，上昇気流となるために起こるものである．また高い海岸山脈に囲まれた地方は乾燥したところが一般に多い．

（2）　前線性降雨

冷たい空気と暖かい空気とはなかなか混合しにくい性質があるために，冷たい空気のところに暖かい空気が吹き寄せると暖気流が冷気流の上面を上昇する温暖前線と，冷気流が進んで暖気流を押し上げる寒冷前線とがあるが，図2.11のように閉塞前線と停滞前線もある．停滞前線の梅雨については前述したとおりであるが，日本周辺では冬の間は西北方に高気圧の気団があり，だんだん夏に移るとともにこの気団が衰弱して東南方に高気圧気団が発達してくる．この両者気団境界の前線は東南方の気団の発達が速ければ速く北方に押し上げられるが，その発達が遅ければ前線は長く停滞して長い梅雨が続くことになる．

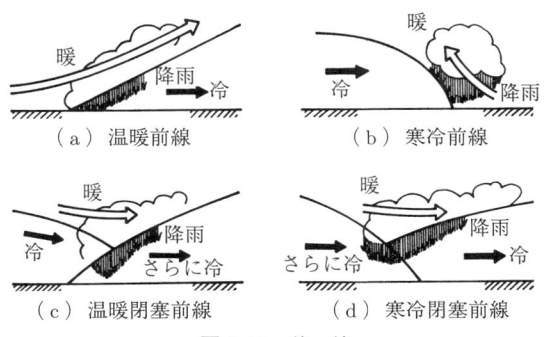

（a）温暖前線　　　　（b）寒冷前線

（c）温暖閉塞前線　　　（d）寒冷閉塞前線

図2.11　前　線

（3） 低気圧性降雨

低気圧や台風のように風が四方からその中心に向かって吹き寄せると，図 2.12 のようにその中心部では空気が吐け口を失うために強い上昇気流となり，降雨の原因となるものであるが，前述したように台風のような移動性低気圧では前線性の降雨を伴うことも多い．

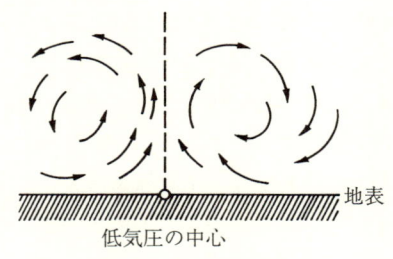

図 2.12　低気圧性降雨

（4） 不安定性驟雨

雷雨などのように大気が不安定になって急激な上昇気流を起こす場合であるが，大気中の上層部の空気が冷えていて下層部の空気が相当に暖まっている場合には，上下のつり合いは破れて上下の空気が転倒する．この時に発生する上昇気流は非常に激しく，にわか雨や夕立など豪雨の原因となることが多い．

しかし実際の降雨はそれぞれ独立した原因によることはむしろ少なく，（1）と（2），あるいは（2）と（4）との組み合わせなどという具合に複合によることが多い．

2.2.3　わが国の降雨特性

わが国の降雨特性を季節的な順序によって述べると次のようになっている．

（1）　冬　　季

12月から3月頃までにかけて北西の季節風が海岸山脈にあたり，日本海側一帯に地形性降水（降雨と降雪）があるが，太平洋側は降水の少ない季節となっている．日本列島は北東から南西にかけて細長く横たわり，ほぼその中央を山脈がはしり四方を海に囲まれているため，代表的な冬の天気は西高東低型とよばれる気圧配置によるものである．この気圧配置と日本の地形とが日本海側の雪と東日本のからっ風をつくりだすのであるが，西高東低型というのは西のシベリア大陸に高気圧があり東のアリューシャン方面に低気圧が生まれる型で，

このためわが国の冬の天気はほとんど北西季節風に支配される．このような気圧配置の時，高気圧と低気圧との気圧差は 80 hPa に達することもあり，図 2.13 に示すように西から東へ吹き込む風は相当に強く日本列島はこの強い風が吹き込む途中に位置しているのであるが，この風は大陸にある間は冷たくまた乾燥している．シベリアの気温をみると奥地では $-30 \sim -50$ ℃程度であるが，これが日本海の上空をわたってくると性質が一変することになる．すなわち日本海の冬の表面水温は北の方で $0° \sim -2$ ℃程度であるが，沿岸になると 10 ℃程度なので冷たく乾燥していた風は下から暖められ，それと同時に海面からの蒸発でかなりの高さまで湿気をおびてくることになる．こうして変質した季節風はすでに海上にある時から雪を降らせるが，これが日本の山岳にぶつかると吹き上げる形になって空気は強制的に上昇させられ，日本海で得た多量の水蒸気が雪となって降ってくる．一方，これが内陸の山岳地帯を吹きぬけて太平洋側にくると吹き下ろしの風となり，空気は乾燥するので本格的なからっ風が吹くというわけである．

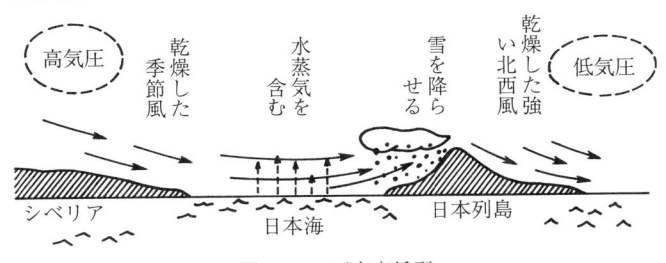

図 2.13 西高東低型

（2） 春　季

この時期の雨は低気圧性のものが多い．また春にも一時長雨の時期があって「菜種梅雨（なたねつゆ）」ともいわれるが，雨量は多くない．しかし 1969 年 4 月 24 日から 26 日にかけて太平洋側を通った雨は低気圧の速度が遅く，尾鷲（おわせ）（三重県）では 545 mm の大雨が降り 4 月としての新記録をつくった．

（3） 梅雨期

夏型の気圧配置が完成する前の停滞前線性降雨が北海道を除いて全国的にみられるが，梅雨については前述したとおりである．

（4） 夏　季

西日本ではすでに台風の接近することがあり，そのための豪雨に注意しなけ

ればならない．また風が一方の山腹を吹き上がり，反対側の山腹に沿って吹き降りる時に山腹を上がるにつれて雲ができ雨を降らせる．この時，空気は100m上昇するごとに約0.5℃ずつ温度を下げ山岳に雨を降らせた後，反対側の山腹を降りる時には100mにつき逆に1℃ずつ温度を上げ，このため山麓の気温は最初に上昇する時の気温よりぐっと高くなる現象が生ずることがある．これがフェーン（föhn）現象とよばれ，ヨーロッパのアルプス地方で名付けられたものであるが，わが国の地形でいうと，太平洋側の湿った空気が強い太平洋高気圧の影響で，日本列島の中央部山岳地帯を越えた場合に日本海側でこの現象が起き，1933年7月25日には山形県の気温が日本最高記録40.8℃になったこともある．

（5）台風期

大体夏のおわりから秋のはじめ頃にかけて台風がわが国に接近または上陸することが最も多く，台風進路に近い地域では地形性または温暖前線性の豪雨があるが，台風については前述したとおりである．

（6）秋季

10月から11月頃にかけては全国的に降雨の少ない季節となっている．しかし夏にはいったんシベリア奥地まで北上した寒冷前線は9月中旬から，10月上旬頃にかけて，こんどは逆に日本を南に向かって通過するが，これが秋雨前線とよばれるもので秋の長雨を起こすことがある．

2.2.4 降雨の観測

雨量の単位は，ある面積の上に降った雨がそのままその面積の上にたまったとして，その深さをmm（ミリメートル）で表している．したがって測る時間によっては，10分間雨量・1時間雨量・1日雨量・1つの降雨についての総雨量などがある．降雨は河川流出の供給源であるので流出現象を考える時には，流域内における降雨状況を正確に把握することが必要であるが，その降雨量を観測測定するには雨量計が用いられる．雨量計には普通雨量計・自記雨量計・遠隔観測雨量計の3種類に分類されるが，特に日雨量は定時から翌日の定時までに降った雨量を意味しており，わが国では午前9時が定時と定められている．一方，24時間雨量とは任意の時刻における24時間間隔の雨量であって，日雨量とは意味が違うことに注意する必要がある．また雨量精度は0.1mmまで読めるようになっている．

(1) 雨量計の種類
(a) 普通雨量計

普通雨量計は最も簡単で一般に普及しており，まず図 2.14（a）の雨量計を観測する場所に図 2.15 のように設置し，図 2.14（b）の貯水びんをその内部に入れ雨量計の雨受けから入った雨水をこの貯水びんに貯留させ，ある時間内にたまった雨水を同図（c）の雨量ますで測定すれば，この時間内に降った雨量となる．雨量計は銅製あるいは亜鉛引鉄板製で雨受けの部分は刃形状となっており，雨量ますはガラス製で雨水を高さで読みとれるように目盛が施されている．また積雪は雨量計にたまった雪を一定量の熱湯を加えて溶かし，後で加えた熱湯量を差し引いたものを雨量に換算している．

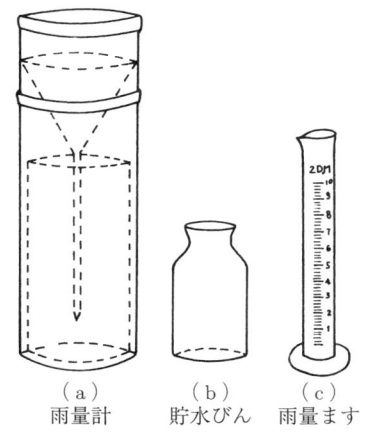

図 2.14 普通雨量計

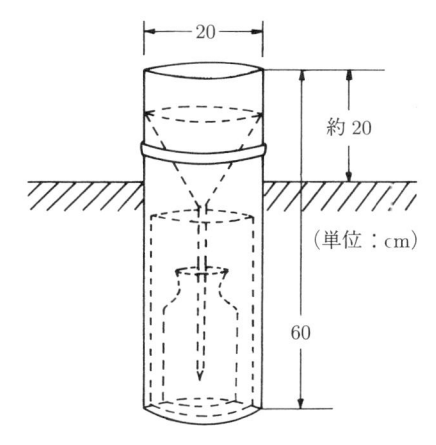

図 2.15 普通雨量計の設置

(b) 自記雨量計

自記雨量計は回転するドラムに巻かれた自記紙にペンで自記させるようにしたもので，雨受けから入る雨水を排水する機構から分けると，サイホン式と転倒ます式の 2 型式があり，さらに自記記録されるための時計も 1 日・7 日・1 箇月・3 箇月巻きなど，かなり長時間にわたって連続観測ができるものもある．

1) サイホン式自記雨量計

図 2.16 に示すように雨量計の雨受け部分（普通口径は 20 cm）から入った雨水はゴム管を通じてフロート室に入るが，このフロート室にはパイプが取り付けられているフロートがあって，雨水量に応じて上下するようになり，パイプに設けられたペン書き装置を動かして時計仕掛けで回転している自記円筒上の

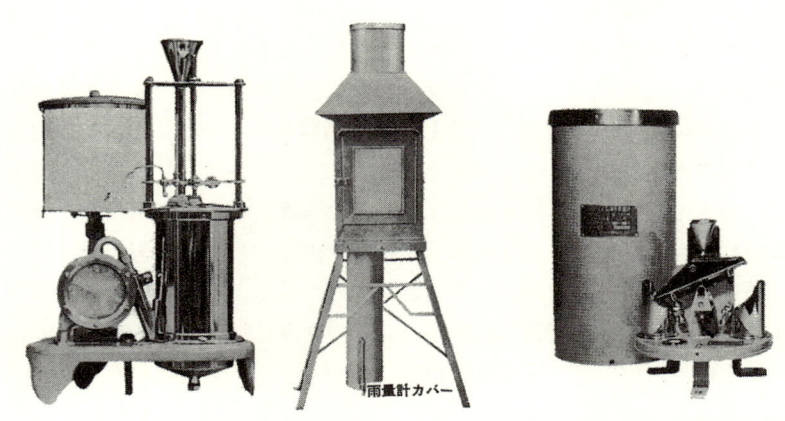

図 2.16 サイホン式自記雨量計　　**図 2.17** 転倒ます式自記雨量計

記録紙に記録させるものである．そしてフロート室内の雨水は 20 cm の高さに達すると，サイホン（siphon）の作用によって自動的に雨量計下部の貯水円筒に排水されるようになっている．

2）　転倒ます式自記雨量計

図 2.17 に示すように器体内部に左右同形の小形のバケットがあって，普通の状態では一方のバケットは他方のものよりも低い位置で水平軸によって安定の悪いつり合いを保っている．そして降雨があって雨量計の雨受けからの雨水が高い位置のバケットに貯留されて，ある一定量たまると雨バケットのつり合いは破れバケットは転倒して雨水は流れ，次にもう一方のバケットにたまるようになる．なおバケット転倒の際に電接装置が働いて，ペン書きによる記録装置に伝導されて雨量の計量ができるようになっているので遠隔観測のできるのが特徴である．

（c）　遠隔観測雨量計

人間が住んでいないため観測人に頼ることができない地方で，雨量の状況を把握したい場合には，遠隔観測用雨量計が用いられる．

1）　無線ロボット雨量計

上述の転倒ます型を利用したものであるが，自動無線発信装置と受信装置を備え電気的に遠隔操作できるようにしたもので，受水部分から入った雨量が転倒ますにごく微少の一定量（普通 0.5 mm）が貯留されると，ますは転倒し，転倒のたびごとに同時に電流が流れ，パルス発生装置により発生したパルスと

タイムマークをもとに紙テープに放電穿孔させ，これを解析機にかけて雨量を測定する．

　2）　レーダー（radar）雨量計

地上のアンテナから大気中の雨滴に電波（一般に 3 cm 程度の波長）を発射し，この電波が雨滴で反射して戻った電波を受信して，雨滴の量とそこまでの距離を求める方法で気象庁などでも採用されており，集中豪雨の把握や雨雲追跡の面などからも将来発展性のある方法として注目されている．

（2）　雨量計設置場所の選定

雨量計の設置場所は河川流域内の雨量分布状況を正確に把握しえるように選定しなければならないが，これについては次の事項を考慮する必要がある．

① 　降雨は流域の地形，標高および風向などに支配されるから流域内を分水嶺によっておもな支派川に区分し，これら流域の降雨特性をつかみえるよう観測所を配置する．なお連絡の不便な主要地点には，長期巻自記雨量計を置くなどの配慮が必要である．

② 　主要観測所は流域を代表する主要地点であることはもちろんであるが，なるべく連絡の便利な地点を選定し，雨量の速報によって洪水予報に役立つよう連絡の手段を考慮する必要がある．

③ 　国土交通省・都道府県・電力会社・JR などの諸機関はそれぞれ観測所をもっているから，その現況を把握してこれと重複しないよう，また観測記録を総合的に利用しえるように，あらかじめ十分連絡しておく必要がある．

④ 　雨量観測所の位置は，観測人が常時居住する付近で観測に便利な四方が開けた場所をなるべく選ぶべきであって，雨量計の位置は付近の家屋より 10 m 以上離れることが望ましい．

2.2.5　降雨量とその分布

（1）　雨量の地理的・地形的分布

一般に雨量の比較には年雨量が用いられるが，地球上では赤道付近が多雨で緯度が高くなるにつれて減少する傾向がある．赤道無風帯には南北の貿易風が相合して湿った空気が常に上昇しているために降雨が多く，緯度±30°の範囲に地球上における全雨量の 2/3 程度が降るといわれているが，地形的な要素がより大きく影響している．年雨量が 2500 mm 以上になるのは，南米のアマゾ

ン川流域やマレー半島など熱帯雨林気候の赤道付近や，おおむね雨期と乾期に分かれる熱帯草原気候のインドやインドシナなどであるが，特に南洋のポナペ島では約 4875 mm，南米コロンビアのクイブドーでは約 7140 mm の大雨も観測されているようである．わが国における本州の年平均雨量は約 1800 mm 程度であるが，おもな国の同雨量の概略値は表 2.4 に示すとおりである．

表 2.4　おもな国の年平均雨量概略値

国　　　名	雨量(mm)	国　　　名	雨量(mm)
イ ギ リ ス	1200	イ タ リ ア	500
フ ラ ン ス	800	ア メ リ カ	800
ド イ ツ	700	ブ ラ ジ ル	1600
ノ ル ウ ェ ー	900	中　　　国	700
ス ウ ェ ー デ ン	700	イ ン ド	2200
ス イ ス	1200	日 本(本 州)	1800
ス ペ イ ン	600	日 本(北海道)	1100

　海洋や大きな湖水などは水蒸気の供給源であるから，これらから近い所ほど雨は多く，沿岸から離れるほど雨は少なくなる．また季節風のあたる海岸山脈では海側の斜面が多雨で，反対側の斜面は少なく，瀬戸内海沿岸に雨量が少ないのはこのためである．

（2）　わが国の降雨分布

　降雨の量を表すには，前述の雨量計によって降下した降雨がどれだけの高さまでたまったかその高さを mm で表す．各地域の降雨量の大小は一般に年間降雨量で比較されるが，季節の相違などによっても変化があり，九州・四国の南部・紀州において最も大きく，北海道など北方は小さく大体の平均値を示すと表 2.5 のとおりである．

表 2.5　わが国における各地の年平均雨量概略値

地　方　名	雨量(mm)	地　方　名	雨量(mm)
北 海 道 東 部	900	山　　　陰	2000
北 海 道 西 部	1200	瀬 戸 内 海	1500
東　　　北	1700	紀 伊 半 島	2600
関　　　東	1600	南　　　海	2600
東　　　海	2300	北　九　州	2000
北　　　陸	2500	南　九　州	2500

(3) 最大日雨量

わが国の河川はその規模も小さいので,河川の洪水流量を決定するものは1日の雨量(日雨量)や数日間の連続雨量などであり,したがって河川計画では最大日雨量が問題となる.しかし日雨量は朝9時から翌朝9時までの雨量であるから,最大日雨量はあくまでも日雨量の最大であって24時間間隔の最大ではないので注意しなければならない.そのような時は,むしろ最大24時間雨量といった方がよいであろう.わが国の最大24時間雨量は未公認記録でにあるが,1957年7月25日から26日にかけて長崎県西郷村に降った1109 mmである.世界記録としてはフィリピンのバギオで1911年7月14日から15日にかけて1168 mm,さらにレユニオン島シラオス(インド洋西部,フランス領)で1952年3月16日から17日にかけて1870 mmという記録がある.表2.6に,わが国における記録的な最大日雨量を示す.

表2.6 わが国における記録的な最大日雨量

地点名	雨量(mm)	年月日
尾 鷲(三重県)	806.0	1968年9月26日
高 知(高知県)	628.5	1998年9月24日
彦 根(滋賀県)	596.9	1896年9月7日
宮 崎(宮崎県)	587.2	1939年10月16日
名 瀬(沖縄県)	547.1	1903年5月29日
熊 本(熊本県)	480.5	1957年7月25日
徳 島(徳島県)	471.5	1891年8月2日
那 覇(沖縄県)	468.9	1959年10月16日
長 崎(長崎県)	448.0	1982年7月23日
室戸岬(高知県)	446.3	1949年7月5日

注)理科年表(文部科学省 国立天文台編)2002年版によるものである.

(4) 最大時間雨量

小さい流域からの流出量や排水量の設計,または市街地排水の設計には最大時間雨量が問題となる.わが国では普通1時間の雨量を雨量強度あるいは時間雨量とよび,洪水時などにおける雨量の1つの標準としている.表2.7は,わが国における記録的な最大時間雨量を示している.

(5) 集中豪雨

普通の梅雨は前線に沿った1000 kmもの広い範囲に雨が降るのであるが,集中豪雨はせいぜい直径数十km程度の狭い地域に何百mmという豪雨が降ることになる.普通の梅雨前線の雨雲の高さは約2~3 km程度であるが,集中豪雨

表 2.7　わが国における最大時間雨量

地 点 名	時間雨量(mm)	年　月　日
清　水（高知県）	150.0	1944 年 10 月 17 日
潮　岬（和歌山県）	145.0	1972 年 11 月 14 日
銚　子（千葉県）	140.0	1947 年 8 月 28 日
宮　崎（宮崎県）	139.5	1995 年 9 月 30 日
尾　鷲（三重県）	139.0	1972 年 9 月 14 日
八丈島（静岡県）	129.5	1999 年 9 月 4 日
高　知（高知県）	129.5	1998 年 9 月 24 日
長　崎（長崎県）	127.5	1982 年 7 月 23 日
室戸岬（高知県）	123.8	1949 年 7 月 5 日
津　　（三重県）	118.0	1999 年 9 月 4 日

注）理科年表（文部科学省　国立天文台編）2002 年版によるものである．

域には約 10 km にも達する巨大な積乱雲が発達している．前述の長崎県西郷村における集中豪雨の時も，豪雨の中心からわずか 40 km 離れた熊本県天草地方では 100 mm 程度しか降っていない．この集中豪雨は図 2.18 に示すように，非常に水蒸気を含んだ空気が強いジェット気流に乗って舌状に吹き込んでおり，その舌状に入り込んだ湿った空気を湿舌とよんでいるが，この湿舌によって運ばれてきた湿った水蒸気を上昇気流によって上空へ吹き上げる激しい空気の流れによって雨粒に変え，局地的に大雨を降らせるのである．

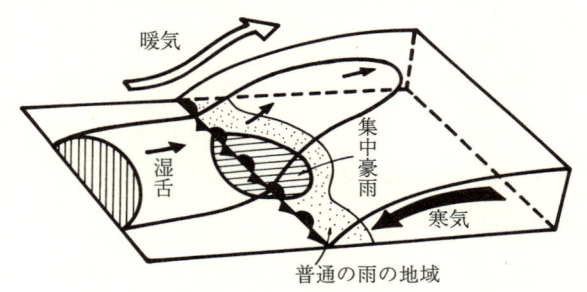

図 2.18　集中豪雨の模型図

2.2.6　流域の平均雨量

河川における流出問題を考える時には，まず対象としている河川流域全体に降った雨量すなわち面積雨量を知らなければならないのであるが，河川の流出問題を取り扱う場合には常に流域内の面積雨量が対象となるので，これを流域平均雨量といっている．

しかし流域内で実際に観測される雨量は雨量計による，いわゆる地点雨量であるので，これらの地点雨量から流域平均雨量を推算する必要が生じてくる．ここでは，一般的に比較的多く用いられている計算法について述べることとする．

(1) 算術平均法

流域内に存在するすべての観測所の雨量の総和を観測所数で割って求める方法であり，流域内にほぼ一様に観測所が配置されている場合には有効な方法であるが，不規則に配置されている場合には誤差が増大する欠点がある．しかし計算に個人的誤差を伴わず，また簡単で客観的であることが有利である．

(2) 等雨量線法

流域内および流域外の観測点における地点雨量を参照して等雨量線図をつくり，隣の等雨量線で囲まれた地域の面積を a_i，等雨量線上の雨量をそれぞれ R_i および R_{i+1} とすると，次式によって流域平均雨量 $\overline{R}$ が計算される．

$$\overline{R} = \sum_{i=1}^{n} \frac{R_i + R_{i+1}}{2} \cdot \frac{a_i}{A} \tag{2.3}$$

ただし，　i：分割地域の番号
　　　　　A：流域面積

この方法は地形・風向・高度などを考慮でき合理的であるが，等雨量線図をつくる時に個人的誤差の入る欠点がある．

(3) ティーセン(thiessen)法

図2.19に示されているように流域内外の雨量観測点を地図上に記入し，それらを互いに結んで多数の三角形をつくる．次に各辺の垂直2等分線を描くと流域は多くの多角形に分割され，その中には必ず1つの観測所が含まれるようになる．i 番目の観測所 E における雨量を R_i，それが含まれている多角形の面積を a_i とすると，次式から流域平均雨量 $\overline{R}$ が計算される．

$$\overline{R} = \sum_{i=1}^{n} R_i \cdot \frac{a_i}{A} \tag{2.4}$$

ただし，　n：分割された地域の数
　　　　　A：流域面積

この方法ではいつも同じ結果が得られて，個人的な誤差が入らないという利点があるので，最も広く用いられている．

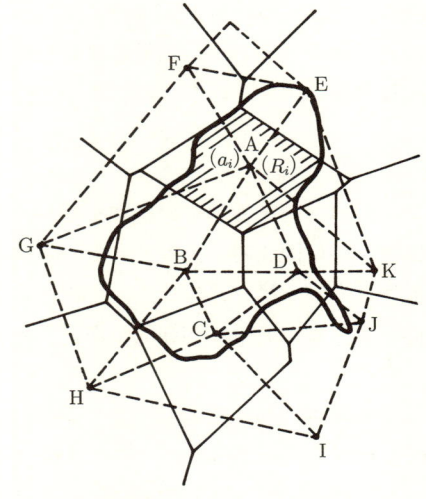

図 2.19 ティーセン法

2.3 水位と流量

水位は河川の各地点での水面の高さを1つの基準面から測って定められ，流量とは1断面を1秒間に流れる水量をいい，特定の地点で随時測定されるが，両者とも河川にとってはきわめて重要なものである．

2.3.1 水位観測所の基準面と水位

河川水位はある基準面から測った水面の高さを示すものであって，基準面としては東京湾における隅田川河口の霊岸島量水標で測った水位の平均海面をとり，これを東京湾中等潮位とよんで，T.P. の記号で表している．しかし古くから河川や港湾工事の行われた所では，それぞれの河川や港湾に都合のよい水面を基準面としており，次のようなものがある．

（a） **A.P.**（Arakawa Peil）

東京湾霊岸島量水標の0mを基準面とするもので，これは東京湾中等潮位よりも 1.1344 m 低い．この基準面は東京湾のほぼ大潮干潮面に相当しているので，多摩川・荒川などの河川工事として採用されている．

（b） **Y.P.**（Yedogawa Peil）

江戸川河口の堀江の量水標の0mを基準面とするもので，東京湾中等潮位よ

りも 0.8402 m 低く，利根川本川・支川などの基準面として採用されている．

（c） **O.P.**(Osaka Peil)

大阪湾の最低干潮面に相当する水位を基準面とするもので，東京湾中等潮位よりも 1.0455 m 低く，淀川・大阪湾などの基準面として採用されている．

また河川の水位は一定ではなく，降雨の状況などによって絶えず変動しているのであるが，次のような水位の名称がある．

（i） **最高水位**（H.H.W.L.：highest high-water level）

ある期間（普通は年間）を通じて観測された水位中最も高い水位．

（ii） **平均水位**（M.W.L.：mean water-level）

ある期間を通じて観測された水位を平均した水位．

（iii） **平水位**（O.W.L.：ordinary water-level）

ある期間を通じて観測された水位のうち，ある水位よりも高い水位と低い水位との回数が等しくなるような水位で，一般に（ii）よりわずかに低い．

（iv） **最低水位**（L.L.W.L.：lowest low-water level）

ある期間を通じて観測された水位中最も低い水位．

（v） **平均低水位**（M.L.W.L.：mean low-water level）
　　　平均高水位（M.H.W.L.：mean high-water level）

平均水位を境にこれよりも高い水位を高水位，低い水位を低水位といい，低水位の平均値を平均低水位，そして高水位の平均値を平均高水位という．

（vi） **最多水位**（G.N.W.L.：the greatest number-water level）

ある期間中に回数の最も多かった水位をいう．

2.3.2 水 位 計

水位を観測する計器が水位計であるが，水位を数値で直接読みとるようにした水位標（普通量水標とも一般にいわれている）と，機械的，電気的操作によって記録する間接的観測の自記水位計（自記量水標ともいう）がある．

（1） 水 位 標

水位標は図 2.20 に示すように，普通 1 cm 間隔に目盛った標尺を水面にたてて基準面からの水位の高さを目読する形の量水標で，従来から古く使用されている．この量水標の特徴は設置にあまり経費がかからず，また目読で簡単に水位を測定することができるということであるが，水位を読みとる時に個人的な誤差も考えられるので注意をしなければならない．水位は通常，毎日午前・午

図 2.20　大河津量水標（信濃川水系）

後の定時（6 時・18 時）に観測が行われ，cm 単位で読みとる．なお洪水時における水面は特に波立ちなどのために動揺しているので，ごく短い時間内で最高と最低との水位を読みとってその平均値を求めるようにするとよい．

（2）　自記水位計

自記水位計は水位の変化を機械的あるいは電気的装置によって自記させるようにした形式の水位計で，これらを大きく分類すると，機械的自記水位計（フロート式）と電気的自記水位計になる．

（a）　フロート式自記水位計

フロートと錘を結ぶワイヤーが図 2.21 に示す左側の滑車にかけられていて，水位の変動に応じてフロートの位置が移動するとワイヤーは滑車を動かし，滑車と直結するドラムの記録紙上に水位の変動をペン書きに記録させる装置としたものであるが，ぜんまい仕掛けによる右側の方にある時計装置によって定刻ごとの記録ができるようになっている．なお水位計は図 2.22 のようにフロートを昇降させる井戸を設け，河水をこれに導いて測定を行うが，水位変化が多い箇所では波などの影響を受けやすいので，導水管には波浪防止のフィルターなどを設けるのが普通である．

図 2.21 フロート式自記水位計

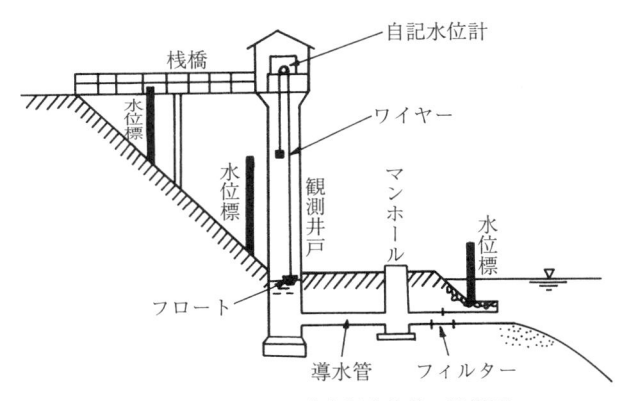

図 2.22 フロート式自記水位計の設置図

(b) 電気的自記水位計

　河川の各地点に設けられた水位観測所の測定結果を一括してすみやかに処理することは，治水あるいは利水上からみても重要なことではあるが，フロート式自記水位計では不可能である．このため各観測値の資料の搬送をなんらかの方法によって集中管理方式として採用したものが電気的自記水位計のねらいで，数値あるいは記号として必要な場所に電送するものである．

2.3.3　河川の流速分布と平均流速
(1)　河川の流速分布

　河川の任意断面の流速分布は，河川の横断面形状，側壁の粗さの状況，河川の勾配や水深などによって変化する性質があり，特に自然河川では複雑に変化

する要素が多いために，図2.23のように横断面では不規則な分布を示している．特に鉛直方向の流速分布は重要であって，従来までに実験的・理論的に多くの研究が行われているが，一般には図2.24のように流速は河底から少し離れると急に増し水面に近づくにつれ大きくなる．水面近くでは空気の摩擦抵抗や風などの影響があるために，流速が最大となる位置は，一般に水面からいくぶん下がったほぼ $0.2H$ の位置にあり，また平均流速が現れる位置は多くの実験・実測の結果では水面からほぼ $0.6H$ 程度の深さと考えられている．

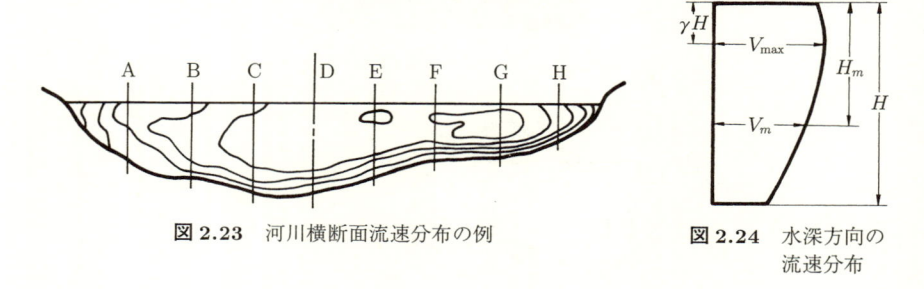

図 2.23 河川横断面流速分布の例

図 2.24 水深方向の流速分布

（2） 平均流速

河川横断面の流れの平均流速を求める公式は多数の式が発表されているが，シェジー公式型と指数公式型に大別することができる．前者は式（2.5）によって表され，C はシェジーの係数とよばれるもので，潤辺の粗度 n，径深 R によって異なるものである．なお I は水面勾配，V_m を平均流速とすると，

$$\left. \begin{array}{l} V_m = C\sqrt{RI} \\ C = f(n, R) \end{array} \right\} \quad (2.5)$$

この式の最も代表的なものとしては，1869年にガンギレーとクッター（Ganguillet-Kutter）によって発表されたクッター公式とよばれるもので，式（2.6）で C を推算するものである．

$$\left. \begin{array}{l} C = f(n, R) = \dfrac{23 + \dfrac{1}{n} + \dfrac{0.00155}{I}}{1 + \left(23 + \dfrac{0.00155}{I}\right)\dfrac{n}{\sqrt{R}}} \\ V_m = C\sqrt{RI} \quad (\text{m/sec}) \end{array} \right\} \quad (2.6)$$

式中の n は水路周壁の性質によって異なる粗度係数で，表2.8[2] による n を

表 2.8　粗度係数 n の概略値

水路または河道の材料および潤辺の状態	n の範囲
自 然 河 川	
1. 線形・断面ともに規制正しく，水深が大きいもの，ただし砂床の場合	0.025～0.033
2. 線形・断面ともに規制正しく，礫床，草岸のもの	0.030～0.040
3. 蛇行線形，淵瀬があるもの	0.033～0.045
4. 〃　　多少石礫および草があるもの	0.035～0.050
5. 〃　　水深が小さいもの	0.040～0.055
6. 〃　　石礫床，水深が小さいもの	0.040～0.060
7. 水草が多いもの	0.050～0.080
土砂地盤に開削した水路	
1. 粘土性の地盤，洗掘がない程度の流速	0.016～0.022
2. 砂質ローム，粘土質ローム地盤であって良好状態のもの	0.020 (平均値)
3. 土地盤，直線状，断面整正な新水路	0.017～0.025
4. 〃　　蛇行した鈍流	0.022～0.030
5. 〃　　石礫底，両岸に草が茂っているもの	0.025～0.040
6. 断面一様な直線水路，底は泥砂	0.012～0.018
7. 〃　　　　　底は砂まじり小砂利	0.020 (平均値)
8. 〃　　　　　底は砂利　径 1～3 cm	0.022 (〃)
9. 〃　　　　　　　〃　　径 2～6 cm	0.025 (〃)
10. 〃　　　　　　　〃　　径 5～15 cm	0.030 (〃)
岩盤に開削した水路およびトンネル	
1. 水平層岩盤，両岸を切りならし，また幅に対し水深の著しく大きい場合	0.020 以下
2. 水平層岩盤，両岸を切りならさず，または水深の割合に大きい場合	0.020 (平均値)
3. 水平層をなさない岩盤，著しく突出を残さないように掘ったもの	0.025～0.035
4. 水平層をなさない岩盤，突出が多い場合	0.035～0.045
5. 岩盤なし巻立てトンネル	0.030～0.040
6. 岩盤なし巻立てトンネル，表面を切りならしたもの	0.025～0.030
7. 岩盤掘抜きトンネル，セメントガンで凹凸を切りならしたもの	0.012～0.025
石 工 水 路	
1. れんがモルタル積み	0.012～0.017
2. 切石モルタル積み	0.013～0.017
3. 粗石モルタル積み	0.017～0.030
4. 粗石空積み	0.025～0.035
5. 両岸石張り，底面平坦な土	0.025 (平均値)
6. 両岸石張り，不規則	0.028～0.035

使用する．

　後者の指数公式型における最も代表的なものとしては，1889年にマンニング（Manning）によって発表された式 (2.7) によって表されるマンニング公式である．

$$V_m = \frac{1}{n} R^{2/3} I^{1/2} \quad (\mathrm{m/sec}) \tag{2.7}$$

この式はマンニングおよび他の人々によって実測流速により検討された結果,クッター公式に劣らない精度を有し,さらに形が簡単であるためしだいに重要視され,現在ではほとんどこの式が用いられている.n はマンニングの粗度係数とよばれるもので表2.8に示すような値であるが,近似的には前述のクッター公式中の n と同一の値を用いてよい.

なお実際の河川では水深 H に比較して水面幅が広いので,$R \fallingdotseq H$ として差しつかえなく計算も単純化されるが,現在のところ n の正確な値をみいだす方法が確立されていないので,実際の流路では実測値から帰納的に検討することも多い.

2.3.4 流量観測

流量とは,河川のある地点の河川横断面を通過して単位時間内 (1秒間) に流下する水量を容積で表したもので,容積として普通は m³ (立方メートル) を用いているので,流量の単位は m³/sec である.流量を測定するには,堰(三角堰・四角堰・広頂堰など),ベンチュリメーター (venturimeter),オリフィス (orifice) などの計測器による測定法が考えられるが,これらはいずれも比較的流量の少ない実験用水路,人工水路あるいは管水路などに用いられる方法であって,河川のように流量の多い場合には,各種の流速計あるいは浮子を用いて河川断面内のいろいろな点の流速を測定し,これらから流量を求める必要がある.

(1) 流速計による流量測定

この流速計を用いる方法は,低水時における流量観測法ということもできる.

(a) 流 速 計

流速計は羽根車の構造から分けていくつかの形式があるが,ある時間内の羽根車の回転数から流速の大きさを求めるもので,羽根車の一定回転数ごとに電気的接触による電気式記録装置をもつ流速計と,音響装置を備え一定回転数ごとに打音を発する音響式流速計とがある.これらの流速計は一般に流速測定の範囲が 0.30~2.50 m/sec 程度に使用されるもので,これ以上の流速の場合には浮子を用いなければならない.

1) わん型流速計

図 2.25 はわん型流速計のうち代表的なプライス (price) 式流速計であるが，流速計を流れに向けると軸のまわりに取り付けた数個のコップは水流の水圧を受けて軸が回転するものである（図 2.26）．

2) 羽根車式流速計

わが国で広く採用されているこの形式の流速形には，広井式（図 2.27）や森式などがある．羽根車がプロペラ式のため構造も比較的簡単である．

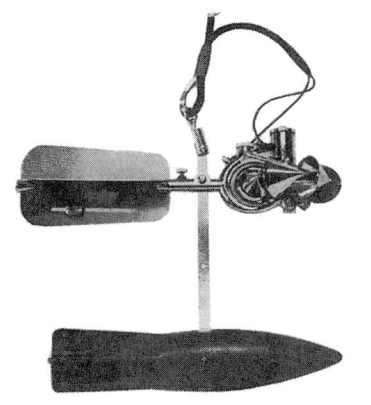

図 2.25　プライス式流速計

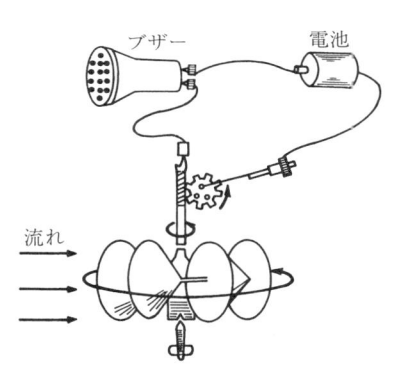

図 2.26　プライス式流速計の原理

図 2.27　広井式流速計

(b) 流速測定法

流速の測定について，流速測線上の正しい平均流速を求めるには，測線上のどのような点を選んで流速を測定するかが重要な問題であるが，実用的には3点法・2点法・1点法・精密法・成全法などが用いられている．

1) 3点法

水面から20%，60%，80%の3点の流速を測定して，次の式から平均流速 V_m を求める方法である．

$$V_m = \frac{1}{4}(V_{0.2} + 2V_{0.6} + V_{0.8}) \tag{2.8}$$

2) 2点法

水面から水深の20%，80%の2点の流速の測定値を平均して，これを平均流速 V_m とする方法である．

3) 1点法

水面から60%の点の流速を測定して，これを平均流速 V_m とする方法である．

4) 精密法

この方法は上記のような各断面の限られた点の流速を測るのとは異なり，測点数をできるだけ多くとって，測定の精度をよくしようとするもので，普通は図2.28のように，水面や河床に近い部分はほかの部分よりも測点数を多くとるようにする．なお各断面での測点数は，ほぼ次の標準に従って定めるとよいとされている．

$$25\sqrt{A} \geq N \geq 14\sqrt{A} \tag{2.9}$$

ただし，A：測定断面積（m²）
　　　　N：測点数

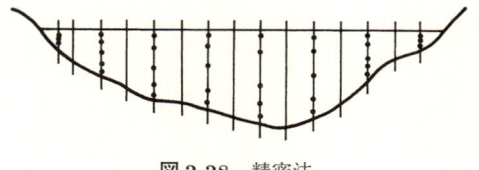

図 2.28 精密法

5) 成全法

この方法は測定断面の鉛直線に沿って流速計を等しい速度で水面から静かに下ろし，河底に到達してから同じ要領で流速計を引き上げ，その間の経過した時間と流速計の回転数からその鉛直線上の平均流速 V_m を求める方法である．

なお観測に必要な施設としては，低水流量の場合には船を使用したり橋を利用する方法などが用いられる．また各測点での流速計の観測時間をどのくらいにするかは，流速計の形式と流速によって多少異なり，プライス型では1 m/sec程度で回転数はほぼ1.5回/sec，羽根車式では流速が1 m/secで回転数が3.6回/sec程度であって，測定時間は普通30〜60秒程度であるが，乱流などの影響も考慮する場合には3〜5分程度が適当であろうと思われる．

（2） 浮子による流量測定

低水時の流量観測では流況の変化が少ないので，流速計によって十分に時間をかけて流速分布を比較的正しく測定できるが，洪水時の流量観測では流況の変化が激しく，また流速が非常に大きくて流速計を水中に保持することが難しく危険でもあるので，浮子による観測が行われている．

（a） 浮子の種類

浮子には表面浮子・二重浮子・棒浮子の3種類がある．

1） 表面浮子

図2.29（a）のような浮子で，木製のものかあるいはびんのようなものを水面に浮かせて流下させ，平均流速を求めようとするものである．一般にこの浮子では水面の流速だけを観測しているから，平均流速とは相当の違いが考えられるので，観測時の流水の状況や風の影響などを考慮に入れながら普通は，この表面流速の70〜90%程度の値をとって平均流速としている．これは浮子でも最も簡単なものであるが正確さは期待できない．

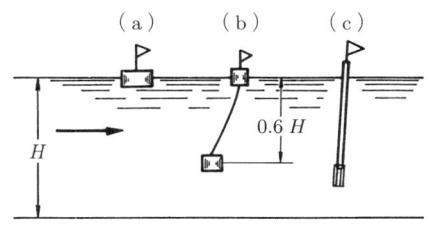

図 2.29 浮子の種類

2） 二重浮子

二重浮子は図2.29（b）のように表面浮子と水中を流れる2つの浮子をひもで結び，表面流速と水中での流速の2つの影響を兼ねさせるようにして，平均流速に近づける目的で考案された浮子であるが，ひもの長さを水深の60%程度にとれば平均流速に近い流速が求められるといわれている．しかしながら流速

の大きい場合では，ひもの緩みなどの影響で表面浮子と同じく正しい結果は期待できないようである．

3) 棒浮子

これは図2.29（c）のように竹などの棒の下部に鉛あるいは砂などの錘を詰め，流れに対してほぼ垂直の状態で流下させるようにした浮子である．従来この棒浮子の流下速度と流水の平均速度との関係について，実測上あるいは理論上から多くの提案が試みられているが，わが国では浮子の流下速度 V と流下の平均流速 V_m との間に更正係数 α を導入して，次の式から平均流速を求めている．なお α は一般に表2.9に示すような値を用いている．

$$V_m = \alpha V \tag{2.10}$$

表 2.9 更正係数 α の値

浮子 No.	浮子の種類	更正係数 (α)
1	0.5m 浮子	0.86〜0.90
2	1m 〃	0.89〜0.94
3	2m 〃	0.93〜0.95
4	4m 〃	0.95〜0.97

(b) 浮子による流量測定

浮子によって流量を求めるには，まず河川の平面の形状がほぼ直線状に近く，河幅・水深などの変化の少ない場所を選び，図2.30のように横断面を適当な間隔で等分し，それぞれ各断面の中央鉛直線の位置に浮子を投入して，平均流速 $V_1, V_2, V_3, \cdots\cdots, V_n$ を測定し，流量を次式によって求める．

$$Q = A_1 V_1 + A_2 V_2 + A_3 V_3 + \cdots\cdots + A_n V_n \tag{2.11}$$

この場合，測定に必要な水路の延長 L は直線状の部分が少なくとも 30 m 以上は必要であって，任意に選んだ2つの横断面の間を流下する時間 T を測定することによって，浮子の流速 $V(=L/T)$ を求めることができる．

浮子は見やすいように，普通は水面から出ている部分に着色したり，あるいは夜間の観測であれば電池を浮子中に入れ，豆電球をつけるような方法も用いられている．浮子を投下する装置としては測定箇所に橋があればそれを利用するとよいが，ない場合は，河川を横切ってワイヤーを張り，図2.31のように浮子の投下装置を設けて浮子をつり，滑車を利用して定めた位置に投下する．

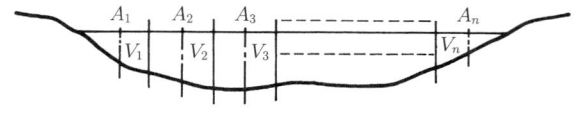

図 2.30 浮子による流量測定

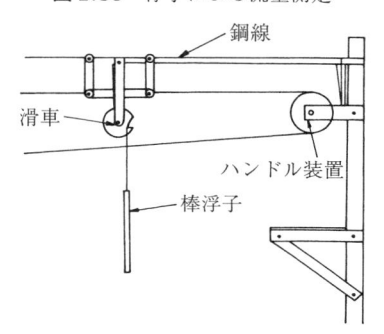

図 2.31 浮子投下装置

2.3.5 水位流量 ($H \sim Q$) 曲線

河川のある地点における水位を H とすると，その断面での流水断面積 A および径深 R はともに H の関数である．いま河状はその付近でほぼ一様であって断面の変化もなく，流水は水面勾配 I のほぼ等流状態であると考えると，前述のマンニング公式から流量 Q は，

$$Q = \{A(H)\}\frac{1}{n}\{R(H)\}^{2/3} I^{1/2} \tag{2.12}$$

したがって Q は H によって一義的に決まることになり，Q と H との間には完全な相関関係があるので，H を縦軸に，Q を横軸にとってプロットして近似曲線で連ねると図 2.32 のような曲線が得られる．これを水位流量 ($H \sim Q$) 曲線といい，ほぼ放物線形となっているので，

$$\left.\begin{array}{l} Q = aH^2 + bH + c \\ Q = (aH + b)^n \end{array}\right\} \tag{2.13}$$

などの式の形で表され，それぞれの係数 a，b，c，n は観測による実測資料から最小自乗法で定められる．この曲線方程式は各河川の流量観測地点ごとにつくられ，低水時における流量記録の大部分はこれらを利用して求められる．式 (2.13) 中の n の値は水路断面形によって決まり，図 2.33 のように放物線形断

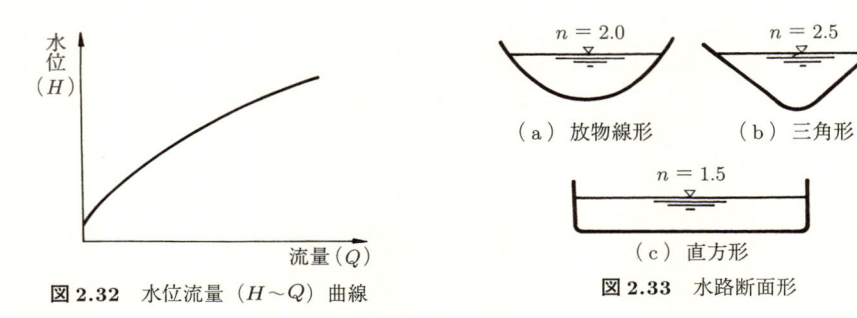

図2.32 水位流量 ($H \sim Q$) 曲線

図2.33 水路断面形
(a) 放物線形 $n = 2.0$
(b) 三角形 $n = 2.5$
(c) 直方形 $n = 1.5$

面ならば2，三角形断面ならば2.5，直方形断面ならば1.5をとるべきであるが，実際の河川ではその形によりこれらの中間の値をとることが多い．

2.3.6 流況曲線

流量の名称としては，各種水位の名称と対応して，平均流量・平均高水量・平均低水量・高水量・低水量・平水量・最多流量などがあるが，1年間の水位流量年表から同一流量の起きた度数を調べ，小さい流量から大きい流量の順に流量（Q）と度数（f）とを並記して表2.10（a）のように一覧的に表示したものが度数表であり，これら Q と f との関係を表す曲線が度数曲線である．また度数表について度数の欄の代わりに大きい流量から小さい流量の順に，同じく表2.10（b）に示すようにその度数を逐次加えて日数としたものが流況表であり，これら Q と日数（F）との関係を表す曲線が流況曲線で，それを図示したものが流況曲線図である．図2.34に水力発電関係で一般に表示されている度

表2.10 度数表と流況表の一例

(a) 度数表		(b) 流況表	
流量（m³/sec）	度数（回，日）	流量（m³/sec）	日数（日）
5.00	1	5.00	365
5.10	3	5.10	364
5.20	2	5.20	361
5.30	3	5.30	359
⋮	⋮	⋮	⋮
85.00	2	85.00	4
105.00	1	105.00	2
120.00	1	120.00	1
	計 365		

数曲線と流況曲線図を示しているが，横軸の F はその Q に対する超過確率（1年のうちでの超過する日数）を表している．したがって同じく，$F=95, 185, 275, 355$ に対応する流量は，それぞれ，豊水量・平水量・低水量・渇水量とよばれている．この流況曲線図は発電所の使用水量の決定などに利用される非常に重要なものである．

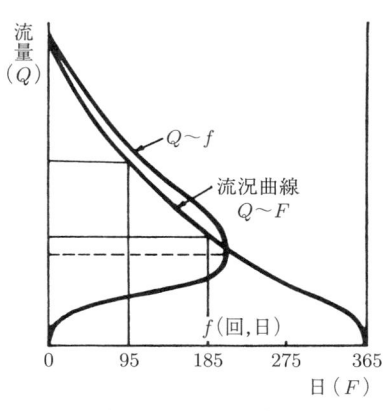

図 2.34 流況曲線図

2.4 流 出

2.4.1 降雨と流出

河川流域とは，その中に降った雨水が河谷に流れ出し，それらが互いに合流してやがて1本の河道となって流下し，そのまま，または多くの河道に分かれて海に注ぎ込むような陸地全域をいい，そして河道とは流域から流れ出した雨水を集めて運ぶ道筋ということができる．河道はその勾配や断面積および構成物質の粗さなどによって一定の運搬容量をもっているので，流域に降る雨水の量がある一定の量以上となると，それを運びきれなくなって河道からあふれ出してしまう．このような状態になった時には，河道に沿う地域に水が氾濫するわけで，いわゆる洪水となるわけである．

地表にある量の降雨があるとその一部は草や木の葉に付着し，一部は地面の凹んだ部分にたまって地面貯留となるが，地面貯留が100%に達すると図2.35のように地表流がはじまり，表面流出となって流れることになる．しかし，いったんは地下水となった水もやがては河道に流出するわけであり（地下水流出），また地表面を流れて河道に入る前に地下に浸透するものや地表に達する

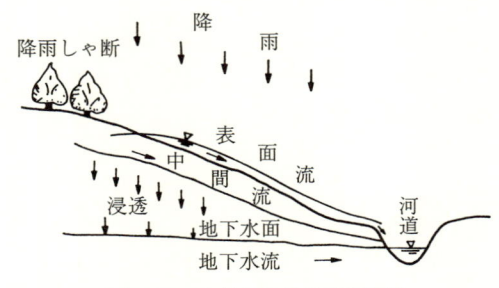

図 2.35 山地における流出過程

や否や地下に浸透するが，河道に入る前に地表面に浸出して同表面を流れるもの（中間流出あるいは 2 次流出）があるが、洪水などで問題になるのは降雨直後の表面流出であり，逆に渇水量などを問題にする場合には地下水流出が対象となってくる．

雨量と流出の問題を簡単化して考える時には，ある時間内の総雨量 R の中の O だけが流出となったものとして，

$$O = fR \tag{2.14}$$

で表し，f を流出係数または流出率といって経験的にこの値を推定しているが，物部はわが国の河川の洪水時の値として表 2.11 を与えている[3]．

表 2.11 流出係数 f の値

急峻な山地	0.75～0.90	かんがい中の水田	0.70～0.80
三紀層山丘	0.70～0.80	山地河川	0.75～0.85
起伏のある土地および樹林	0.50～0.75	平地小河川	0.45～0.75
平らな耕地	0.45～0.60	流域の半分以上が平地の大河川	0.50～0.75

2.4.2　流出曲線と流出成分
（1）流出曲線

河川流域内の 1 地点で流量を観測すると，その量は絶えず変化しているのでその結果を整理し，縦軸に流量を，横軸に時間をとって図示したものを流出曲線あるいはハイドログラフ（hydrograph）といっている．また河川において観測される流量を流出量というが，河川流量あるいは単に流量ということもあり，この流量を観測地点より上流の流域面積で割ったものを流出高といい，雨量の単位と同じく mm（ミリメートル）で表す．この流出高と雨量の比が流出係数

f となる．

洪水時のハイドログラフの一例を示したものが図2.36であるが，このような図を洪水流出量曲線ということもある．この図について考察すると，A点は洪水流出がはじまる点であるが，ABの曲線はこの洪水をもたらした降雨がなかったとした時の流出量（流量）の自然てい減曲線を示したもので，この降雨による流出の増分はABとAPBの曲線で囲まれた部分であるということができる．そしてAPを増水部，PSGBを減水部というが，後者の曲線を特に，てい減曲線ということがある．P点はいわゆるQの最大であって，その流量を頂点流量，ピーク（peak）流量または最大洪水流量といい，洪水の大きさを示す重要な指標である．またB点の位置を適当に推定してABの間の時間を洪水継続時間というが，常識的な意味でのB点は洪水流出が終わる点と考えるのが普通である．

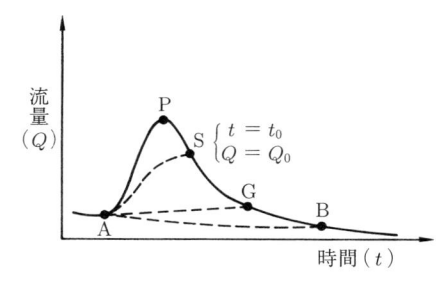

図2.36　洪水時のハイドログラフ

（2）流出成分

図2.36のAGB以下の流量で囲まれる部分は地表に降った雨水が地中に浸透して地下水となり，それが河道に流出したものを表し，地下水流出成分といい，そのような現象を地下水流出という．同図のAPSとASとで囲まれる部分は，流域の地表面を流下して河道に流出したものを表し，表面流出成分といい，その現象を表面流出という．さらに同図のASGとAG（近似的に直線と仮定する）とで囲まれる部分は，雨水が地上の表面近くにある多孔質の土層に浸透し，その中を流れて地表または河道に流出してくるもの，あるいは地表面上に降った雨水は横の方向に運動したりして地中に浸透し，再び山腹に出たりする経路をとり，したがって表面流出と地下水流出の中間経路をとるものを表し，この成分を中間流出（2次流出）といっている．

流出成分には以上のような3つの成分があるが，このほか流域内で河道部や自然湖沼などの表面積が大きい時には，その中に直接降った雨水が問題となる

ことがある．このような降雨分を河道降雨という．また洪水流出を対象とする時，比較的すみやかに流出してくる成分を直接流出，遅いものを間接流出ということもあるが，前者は表面流出と中間流出とを含み，後者は地下水流出を意味している．

以上の流出成分は洪水時に常に現れるというものではなく，降雨の状況によっていろいろの組み合わせのハイドログラフが考えられる．長時間強い雨が続く場合には3成分が現れるが，夕立のように強い雨ではあるが短時間の場合には表面流出成分だけのこともある．また弱い雨が続く時は地下水流出成分だけであるが，やや強い雨の時は中間流出成分も現れてくる．このように降雨状態と後述する土湿状態によってハイドログラフを構成する流出成分が異なり，必然的にその流出機構が違ってくる．

(3) 減水曲線の特性

減水曲線はてい減曲線ともいい，これは主要降雨の後に起こって河谷や流域に貯留された水の減水状況を示し，同一地域内での類似流域ではほぼ同じような減水曲線を呈する．減水部の成分は表面流出および中間流出，地下水流出の3つであり，これら流水の経路はそれぞれ別個であって，減水の形も異なっているので，その合成である減水曲線の形は各成分に応じて決まるものと考えられる．

バーンズ (Barnes)[4],[5] は，各成分ごとに片対数方眼紙上で流量と時間の関係が直線になることをみいだしており，図2.36に示したように減水部の第1折曲点 $S(t=t_0, Q=Q_0)$ 以後の部分に対して，

$$Q = Q_0 K_r^{-(t-t_0)} \quad \text{あるいは} \quad Q_0 e^{-\alpha(t-t_0)} \qquad (2.15)$$

ただし，K_r は減水係数といわれるもので，$\alpha = \log_e K_r$ なる関係がある．

なお減水曲線部を片対数紙にプロットすると直線上に並ばず，図2.37のよう

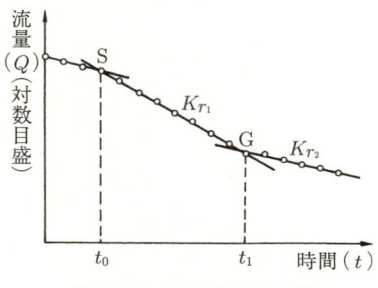

図2.37 流出成分の分離

に折線状を呈するのが普通である．これは減水係数が一定したものではなく，流量成分の範囲ごとに近似的に定数と考えられるもので，この折線の第2折曲点は，直接流出と基底流出（基底流量）の分離点であると考えられ，ハイドログラフにおける基底流出の分離によく利用される．

（4） 実用的な流出成分の分離法

洪水流出の出水解析法では，洪水に関係のある直接流出とあまり関係しない地下水流出をあらかじめ分離して，降雨との関係を解析していく方法がとられており，流出成分の分離が行われる．しかし実際問題として降雨と流出量の資料だけによって，これらの流出成分を的確に分離することは困難であるが，前述の減水係数を用いるバーンズの方法をはじめとしてホルトン（Horton）[6]や石原[7]らのように基底流量が初期流量に等しく一定値であると仮定する方法，立神[8]のようにハイドログラフ上で流量の立ち上がり点と低減部の折曲点を直線で結ぶ方法などの研究が行われているが，洪水ピーク時のハイドログラフの解析に重点をおくかぎり大差はない．一般的には減水部分を図2.37のように3直線に近似的に分離し，第1折曲点 t_0 で表面流出，第2折曲点 t_1 で中間流出が終わったと考えて流量の立ち上がり点よりこの t_1 までを図2.38のように直線で結び，これより下の部分を基底流量として実用的に分離している場合が多い．

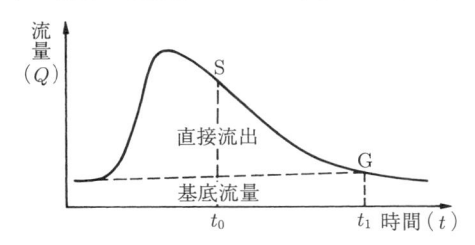

図 2.38 ハイドログラフ上での流出成分の分離

2.4.3 損失雨量と有効雨量

（1） 損 失 雨 量

河川流出の供給源はいうまでもなく降雨であるが，流域に降った雨がそのまま全部流出するものではなく，蒸発散によって直接大気中へ還元される量も少なくない．一般に流域に降った雨の中で河川流出とならない降雨分を損失雨量といい，その現象を降雨の損失現象という．損失雨量の原因としては，

① 地表面からの蒸発，これには水面と地面がある．

② 葉面からの蒸発，これを蒸散という．
③ 樹木の生長に費やされる水．
④ 他流域への漏水．

などがあり，陸地では森林地帯や草木の繁茂した地域で多く，地面からの蒸発と植物の葉からの蒸散とを合わせて1年間に森林で100～200 mm，雑草地や畑で250～300 mm，水田で400 mm程度であるといわれている．

（2） 有効雨量の推定

降雨 (R) から前述の損失雨量 (R_l) を差し引いたものが有効雨量 (R_e) となるが，図2.39のハイドログラフの立ち上がりまでの降雨が初期損失雨量に相当し，全体の損失雨量と基底流量が対応することになるので，有効雨量と直接流出とが対応する．

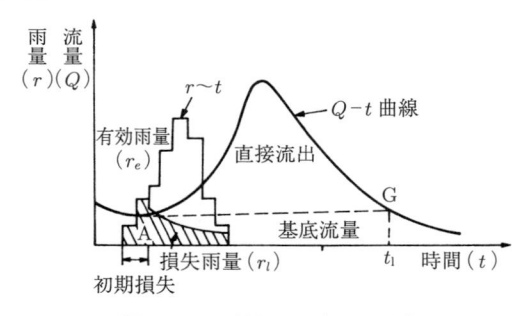

図 2.39 雨量と流出成分の対応

出水解析に必要なのは有効雨量の時間的分布である．一般に損失は洪水期間の全体にわたって生じているものと思われるが，その時間的配分の詳細については現在なおよくわかっていない．この損失雨量の推定方法には前述のホルトン型の浸透能曲線を適用した研究もあるが，資料がある程度多くないと適用できないので，一般的に考えられている次の実用的方法について説明する．

まず前述の 2.4.2 項（4）の要領で基底流量を分離して図 2.39 のように雨と流量を対応させ，総雨量と直接流出量との関係から総雨量，すなわち一連雨量から直接流出量（雨に換算して算出しておく）を差し引いて得られる値を損失雨量として，総雨量（累加雨量とする）と損失雨量（累加損失雨量とする）との関係を各洪水資料について図 2.40 のように求め，この関係図を用いて各時間までの累加雨量から求められる累加損失雨量を推定する．次に，その累加損失雨量から時間ごとの損失雨量を求め，これをそれぞれの時間雨量から差し引い

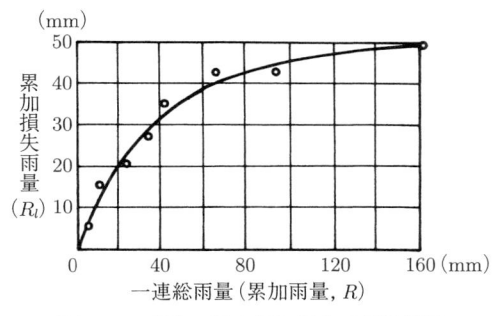

図 2.40　累加雨量と累加損失雨量関係図

て有効雨量とする．この方法は考え方も簡単であるので，よく用いられている．

2.4.4　低水流出量の推定法

降雨時に流域の地表面に貯留された雨水に起因する表面流出が終了して，流出が表土層中の水分や地下水の浸出によってかん養されている状態における流出量のハイドログラフが自然減水曲線であるが，この減水特性は各河川流域の中間流出および地下水流出の特性と機構を間接的に表現するものとして重要視される．この自然減水曲線は無降雨時の低水流量推定の指針となることから実用的にも重要な意味があるが，主として地下水流出の特性に影響してくることとなる．

地表から浸透した雨水は地下水面に達して自由地下水となり，または不透水層の間の浸水層に入って被圧地下水になるのであるが，これらは不透水層の傾きに従って地下を流動して泉などの形で湧き出し，河川に入るか直接河岸または海岸に浸出することとなる．平地の河川では付近の地下水面が河川水位よりも低く，河水が地中に浸透している場合が少なくないが，特に洪水時には著しい．洪水中の河川の流水に加わる地下水流出は，ハイドログラフにおいては基底流量として取り扱われる．

2.4.5　洪水流出量の推定法

洪水流出現象に影響する要素は，気象学的要素と流域のもっている物理的要素とに大別することができるが，前者は降水の形式（雨か雪であるということ）・降雨強度・降雨継続時間・前期降雨と初期土壌含水量・雨域の移動と降雨の地域分布など，特に雨域の大きさは一般に数百 km^2 とされているので流域

面積が 1000 km² 程度より大きくなると雨域の移動方向も問題となる．後者については流域面積・土地利用開発と土質の状況・流域形状と標高・勾配などが考えられるが，洪水流出量の推定法は，洪水災害を防止するための河川改修計画を決定するにあたってのきわめて重要な問題となるので，ここでは同流出量を求める方法について述べることとする．

（1） 実測による方法

この方法は洪水時の洪水流速を求めるとか，水位を測定するとか，河川の勾配を測定するなど，洪水そのものを直接なんらかの方法で実際に測定して洪水流量を求めるもので，これを確実に行うことができれば最も信頼性の高い方法ではあるが，実際には実測上いろいろな障害があり，またこれに伴う誤差もあるのが普通である．現在のところ実測上では次の方法が一般に使われている．

（a） 流速測定法

前述したように洪水時に実際の流速を測定することは危険も伴い，また実測が困難であるが，洪水時の水のエネルギー急増による河床の変化など問題点を含んでいるといえよう．

（b） 水位流量($H \sim Q$)曲線法

この方法は過去の資料さえ整っていれば，その時の洪水時の水位を測定することによって，その水位に対応する流量がすぐにわかるので簡単で便利な方法であるが，これも資料の数が少ないとたとえ資料があっても河床がたえず変動しているために，的確さは期待できないであろう．

（c） 洪水痕跡法

これは水理学上のマンニングあるいはクッターなどの平均流速公式により，洪水の起きた直後に洪水が残した痕跡を調査して，これから洪水時の水面勾配を求め，その時の河川の河積を乗じて洪水流量を求めようとする方法である．

（2） 流出公式による方法

この方法は合理式，あるいは物部式，ラショナル（Rational）式ともよばれ，流域を図 2.41 に示すように模型的に細長い長方形流域を考え，流域の上流端 M から末端 N までの距離を l とし，この流域全体に一様に継続時間 t_r の一様強度の雨が降ったものとし，流域の先端に降った雨水が地表および河道を流れて N まで達するに要する時間を t_l とする．

$t_r > t_l$ としてこの雨による地点 N での流量図を考えると，雨の降りはじめ $t=0$ から $t=t_l$ までは流量はほぼ直線的に増加し，$t=t_l$ になれば N には全流

(a) 流域図

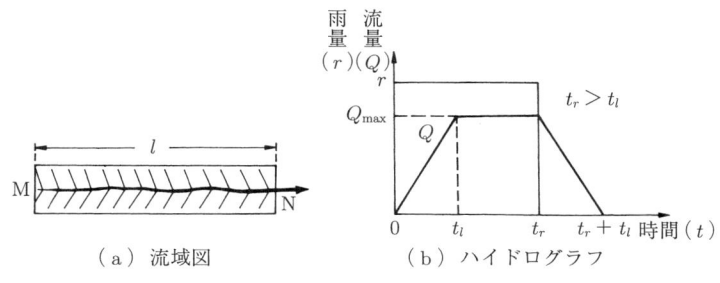

(b) ハイドログラフ

図 2.41　合理式模型図

域からの流出水が到達して流量の最大値，すなわちピーク流量 Q_max は，

$$Q_\text{max} = f \frac{r}{3600 \times 1000} \times A \times 1000^2 = \frac{frA}{3.6}$$
$$= 0.2778 frA \quad (\text{m}^3/\text{sec}) \tag{2.16}$$

に達する．ただし，r は雨量強度（mm/hr），A は流域面積（km²），f は前述の表 2.11 に示す流出係数であるが，この流出係数の値にかなりの幅があるので，どの値を採用すればよいかを決めるのは実際には難しい問題といわなければならない．なお上式の 0.2778 は流量に m³/sec の単位を用いたために，1 時間当たりの降雨の mm を m に，hr を sec に，流域面積の km² を m² に換算した結果の値である．

洪水が流域の最遠点からある地点まで到達する時間 T については，洪水の到達速度 v_1 あるいは v_2 とした時，ルチハ（Rziha）は次の式を提案している．

$$\left. \begin{array}{l} v_1 = 20\left(\dfrac{h}{L}\right)^{0.6} \quad (\text{m/sec}) \\[4pt] v_2 = 72\left(\dfrac{h}{L}\right)^{0.6} \quad (\text{km/hr}) \\[4pt] T = \dfrac{L}{v_1} \quad (\text{sec},\ L: \text{m}) \\[4pt] T = \dfrac{L}{v_2} \quad (\text{hr},\ L: \text{km}) \end{array} \right\} \tag{2.17}$$

ただし，L：流域の最遠点から河川に沿って，その地点までの距離
　　　　h：流域の最遠点とその地点との標高差（m）

また 24 時間（1 日）継続する場合の雨量 R がわかっている時は，T 時間に対する最大雨量強度 r_T は次の物部公式によって求められる[9]．

$$R_0 = \frac{R}{24} \text{ (mm)}, \quad r_T = R_0 \left(\frac{24}{T}\right)^{2/3} \text{ (mm/hr)} \quad (2.18)$$

したがってRの資料はあるけれどもrの資料が得られない場合には，式（2.18）のr_Tの値を式（2.16）のrに代入すればピーク流量$Q_{\max}$が推定できることになる．

（3） 比流量による方法

比流量とは，河川のある地点で最大流量がその流域の単位面積当たりどのくらいの割合になるかを示した量であるが，最大流量としては一般に後述する基本高水のピーク流量にとることが多い．すなわち，

$$\text{比流量} = \frac{\text{最大流量}}{\text{流域面積}}$$

（流量を m³/sec，流域面積を km² とすると，比流量の単位は m³/sec/km² となる）

したがって比流量と流域面積がわかっていれば，ごく簡単な計算で最大流量が求められることになる．しかしながら比流量は流域あるいは降雨特性などの水文量に支配されて変わる値であるから，容易に決められる値ではない．表2.12 はわが国におけるおもな河川の比流量であるが，およそ流域面積が 1000 km² 以下の中・小河川においては 5～12 程度，5000 km² 以上の比較的大きな河川では 1～5 程度の値を示している．

表 2.12　比流量表

地　方	河 川 名	地 点 名	流域面積(A) (km²)	基本高水のピーク 流量(Q)(m³/sec)	比流量 (Q/A)
北　海　道	石　狩　川	石 狩 大 橋	12697	9300	0.73
東　　　北	北　上　川	狐　禅　寺	7060	13000	1.84
関　　　東	利　根　川	八　斗　島	5150	17000	3.30
北　　　陸	信　濃　川	小　千　谷	9719	13500	1.39
中　　　部	木　曽　川	犬　　　山	4688	16000	3.41
近　　　畿	淀　　　川	枚　　　方	7281	17000	2.34
中　　　国	太　田　川	玖　　　村	1481	12000	8.10
四　　　国	吉　野　川	岩　　　津	2768	17500	6.32
九　　　州	筑　後　川	夜　　　明	1440	10000	6.94

（4） 単位図法

単位図法はユニットグラフ（unit graph）法ともいわれ，経験的事実に基づいて 1932 年にアメリカのシャーマン（Sherman）によって提案された方法[10]で，線形現象における重ね合わせの原理を応用したものであるが，今日では洪

水流量を求める最も有力な方法としてわが国でも大いに活用されている．単位図とは単位流量，すなわち流域全体に一定の単位継続時間と一様強度の有効雨量があった場合，流域の出口下流端で得られるハイドログラフをいい，当初においてはある流域に1日間（24時間）1インチ（inch）の有効雨量が単独で降った場合に，下流端で新しく生じたハイドログラフと定義されたものであるが，その基本仮定は次のとおりである．

① 同一流域での地域的，時間的に一様強度で一定継続時間の有効雨量は常に一定の流出を生じる．
② 同一の流域では，有効雨量の強度が変わっても流出量の時間的配分は変わらない．すなわち有効雨量の強度によってハイドログラフの縦距は比例する．
③ 長い継続時間の有効雨量による流出は，短時間に分割した雨量のそれぞれに対する流出を算術的に加えたものに等しい．

以上3つの仮定は流出現象，特に洪水流出の非線形からみて非常に多くの議論の余地があることはいうまでもないことであるが，第1の仮定は，その雨が孤立しても長時間降雨の初期および中期，後期にあっても，すなわち降雨の時間的分布と無関係に一定の流出を生じるということである．それは，単位図は1つの流域には1個与えられることを意味しており，単位図の独立仮定とも考えられる．第2の仮定は，比例仮定ともいわれ，第3の仮定は，単位時間の雨による流出の算術的加算により，長時間連続降雨による流出が得られることを意味し，単位図の加算仮定ともいえるわけである．図2.42は単位図法の解析図であるが，雨の降り方を表す AB（雨量図）はハイエトグラフ（hyetograph）

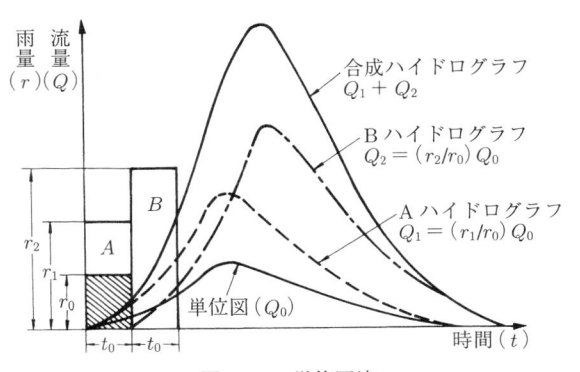

図2.42 単位図法

ともいわれている.

シャーマンは以上3つの仮定を出したが，その根拠については具体的な説明を与えているわけではないが，単位図が広くアメリカの河川に適用され成果をあげているという事実は，これらの仮定が工学的な意味で成り立っているということであろう. しかし，このような概念を流域が比較的小さい上に急勾配で，かつ雨量強度の大きいわが国における河川の流出現象にそのまま適用できるかどうかは大いに疑問であり，単位図の特性については由良川を中心として石原らによって活発に研究され，その成果もとりまとめられている[11].

(5) 流出関数法

普通の単位図は図表で表されるが，もし，この図表が解析的な関数 $K(t)$ で表現できれば，$r'_e(t)=1$（有効単位雨量）による総流出量 $Q(t)$ は，

$$Q(t)=\int_0^\infty K(t)dt \tag{2.19}$$

で計算できるが，このような解析方法を総称して流出関数法とよんでいる.

単位図の関数に，$K(t)=\lambda e^{-\lambda t}$ の形を用いたものに柴原の研究[12]，管原・丸山の研究[13]がある. また $K(t)$ を比流量 q（m³/sec/km²）で表し，有効雨量強度 $r_e(t)$ を mm/hr の単位にとり，比流量の時間的変化を $q(t)=at^n e^{-\alpha t}$ で表した著者らの研究[14]もあるが，ここに一例として著者らの方法について述べる.

いま，短時間 dt の間に図 2.43 に示すように単位強度の有効雨量があった時の流出量を比流量 q に変換し，その時間的変化を，

$$q=at^n e^{-\alpha t} \tag{2.20}$$

ただし，a, n, α：定数
とすると，単位雨量が全部流出するとすれば，その量は $1\times dt$ であるから，

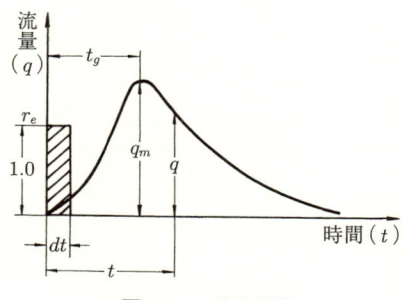

図 2.43 流出関数

$$\int_0^\infty q\,dt = \int_0^\infty at^n e^{-\alpha t}\,dt = 1 \cdot dt \tag{2.21}$$

となる．ここで，q を $\mathrm{m^3/sec/km^2}$，雨量強度を $\mathrm{mm/hr}$ の単位を用いると，

$$q = \frac{0.2778\alpha^{n+1}}{\Gamma(n+1)} t^n e^{-\alpha t}\,dt \tag{2.22}$$

上式で最大流量 q_m になる時刻を t_g とすると，$dq/dt=0$ となる t の値は 0，n/α，∞ であるが，$t=0$，∞ では q_m となりえないから，当然 $t_g=n/\alpha$ でなければならない．この関係を式 (2.21) に代入して α を消去すると，

$$q_m = \frac{0.2778 n^{n+1}}{\Gamma(n+1) e^n t_g}\,dt \tag{2.23}$$

となる．一方，式 (2.22) において降雨の微小継続時間 dt を τ_0 にとると，

$$q = \frac{0.2778\alpha^{n+1}}{\Gamma(n+1)} t^n e^{-\alpha t}\tau_0, \quad t > \tau_0 \tag{2.24}$$

となり，降雨継続時間が τ_0 である場合の近似式となる．

次に式 (2.20) で $d^2q/dt^2 = 0$ とおいて，その折曲点（変曲点）を求めると，

$$\left.\begin{array}{l} \text{第 1 折曲点：} t_r = \dfrac{n-\sqrt{n}}{\alpha} = t_g - \dfrac{\sqrt{n}}{\alpha} \\[4pt] \text{第 2 折曲点：} t_f = \dfrac{n-\sqrt{n}}{\alpha} = t_g + \dfrac{\sqrt{n}}{\alpha} \end{array}\right\} \tag{2.25}$$

前述したように，表面流出がなくなったとみなされる減水部の第 1 折曲点 C（図 2.38 の S）以後は，一般に，

$$q = q_0 e^{-At} \tag{2.26}$$

で表されるので，図 2.44 のように C 点以後の総流出量が変化しないように係数 A を決定して修正流出量曲線に変換している．

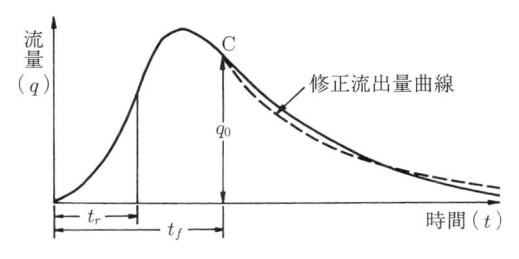

図 2.44 修正流出量曲線

この方法は有効雨量と直接流出量とを対応させているが，流出係数の概念を用いて解析することもでき，単位図と同様に各流量を合成すれば各時刻の流出量が求められることになる．なお $n=1$ の特別な場合が佐藤・吉川・木村の与えた流出関数である[15]．この方法を使用する利点は，関数形がわかっているので流出の諸性質が間接的ではあるが解析的に求められること，α の値を他の水文量，たとえば雨量強度などの関数として与えることができるので，大洪水と小洪水とで単位図を違うように解析もできること，関数形が与えられているので計算の時には数表を用いることができる利点のあることなどである．

（6） 貯留関数法

降雨と流出量との間の連続条件を主眼とした洪水流出現象のシミュレーション（simulation）による方法であって，流域の有効雨量と流域下流端の流出量または河道上流端の流入量と下流端の流出量との記録から，ハイドログラフをその遅滞時間だけずらして，流域または河道貯留量と流出量との関係を調べた．その結果，上昇および減水時でほぼ1つの曲線になることを示し，この関係を用いて連続方程式と洪水流出追跡法によって流出解析を行いえることを提示するとともに，さらにその洪水流出追跡法を適用して解析した結果を基礎とし，山地河川流域の総合貯留関数およびそれを応用した洪水流出計算法を解析提案した木村の研究[16]がある．

（a） 基礎的関係

雨量 r (mm/hr) を流域の流入量とし，仮想的な流出量（流量）を Q_l (m³/sec)，流域貯留量を S_l (m³) とすると，連続の条件から次式が成立する．

$$\frac{1}{3.6} f_K A r - Q_l = \frac{dS_l}{dt} \tag{2.27}$$

次に1次遅れ時間を T_l とすると，流出量 Q は $Q_l(t) = Q(t+T_l)$ によって T_l だけ遅らせればよい．ここに A (km²) は流域面積であり，f_K は流入係数である．さらに仮想的な貯留量 S_l と Q_l との間に次の関係を仮定する．

$$\frac{dS_l}{dt} = \psi(Q_l) \cdot \frac{dQ_l}{dt} \tag{2.28}$$

ここで，S_l は Q_l の1価関数とし，$\psi(Q_l)$ は洪水流の貯留関数である．

（b） 解 析 法

図 2.45 における水平分離によって得られたハイドログラフについて，そのピーク流出量をはさんで式 (2.25) を t_1 から t_2 まで積分し，かつ第1近似とし

て Q_l の代わりに S_l が使えるものとし,さらに $Q_1 = Q_2$ となるように t_1 と t_2 を選ぶと $S_{l_1} = S_{l_2}$ となるはずであるから,次式より f_K の第 1 近似が計算される.

$$f_K = \frac{\int_{t_1}^{t_2} Q dt}{\dfrac{A}{3.6} \int_{t_1}^{t_2} r dt} \tag{2.29}$$

この場合,t_1,t_2 の 1 組から f_K の値が推定されるが,数組についての平均値を求めたほうがよい.また t_1 および t_2 に対応する流出量があまり小さくないように t_1,t_2 を選ぶと誤差が小さくなる.

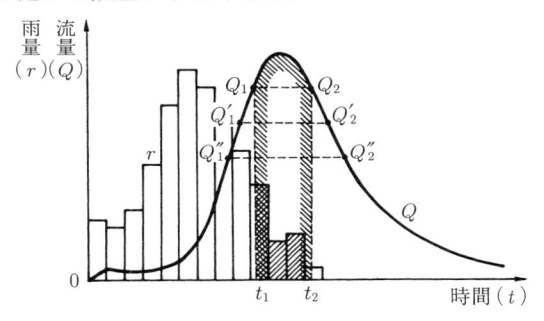

図 2.45 貯留関数法の説明図

次にハイドログラフの立ち上がり時刻を時間原点に選び,$S_l(t=0) = 0$ として式 (2.27) によって S_l と Q_l との関係を求める.すなわち任意時刻における S_l は,

$$S_l = \frac{f_K A}{3.6} \int_0^t r dt - \int_0^t Q dt \tag{2.30}$$

によって計算され,このようにして求められた S_l とそれと同時刻における Q とを図に描くと,もし 1 本の曲線上に並べば求めた f_K が流入係数であり,$T = 0$ である.ループ (loop) を描く場合には,$T_l = 0$ としたことが不適当であるので,T_l の値(普通は 1〜3hr)を仮定してハイドログラフを T_l だけ時間原点の方へ移動させて,前と同様の操作を繰り返す.このようにして結局,Q_l と S_l との関係が 1 価関数の関係,すなわち図で 1 本の曲線で表されるようになればよいわけである.

(c) 貯留関数法の特徴

本解析法の特徴とするところは,

① ハイドログラフの追跡については流域および河道の洪水を同一の方法で

取り扱っている．
② 貯留関数によって洪水の非線形性を導入できる．
③ 流入係数によって実際河川の複雑な水量の連続関係を簡単な形で近似している．
④ 基礎的な水文資料としては流入量と流出量だけを期待する立場をとるとともに，定数の総合化により基礎資料の不足を補っている．
⑤ 主観的な考慮の余地が比較的少なく，また基本式が微分方程式で表されているので，自動計算機の利用に適している．
などである．

(7) 水理学的方法

河川流域内における雨水の挙動はきわめて複雑であるが，その運動を水理学的に究明して計算を進めるもので，流出現象の中に内蔵する力学的な法則から出発して，その内部的な機構を究明した後に普遍性をもつ流出理論を組み立てようとするものである．洪水の流出現象は雨水の流れという面からみると，面的特性をもつ山腹斜面では全面にわたって有効雨量の供給を受け，線的特性をもつ河川道部では全線にわたって山腹斜面からの流出水の供給を受けながら雨水が流下していく現象であると考えることができる．いま，その供給の割合が面積的に一様であると仮定すると，

河道部に対しては図 2.46 を参照して，

$$\left. \begin{array}{l} 運動方程式 : A = KQ^P \\ 連続方程式 : \dfrac{\partial A}{\partial t} + \dfrac{\partial Q}{\partial x} = q(t) \end{array} \right\} \quad (2.31)$$

山腹斜面に対しては図 2.47 を参照して，

$$\left. \begin{array}{l} 運動方程式 : h = K' q^{P'} \\ 連続方程式 : \dfrac{\partial h}{\partial t} + \dfrac{\partial q}{\partial x'} = r - f_P \end{array} \right\} \quad (2.32)$$

が成立する．ただし，A, Q, x は河道の流水断面積・流量・距離であり，h, q, r, f_P は斜面上の水深・単位幅当たりの流量・降雨強度・浸透能である．

岩垣・末石はこうした関係を利用した流出解析法を提案した[17]．すなわち，まず主要な支川の合流点，平均勾配の急変する点，あるいは流域の形状などを考慮して流域と流路を図 2.48 のように適当に小さく分割する．次に分割された流路に付随する小流域からの流入が一様であると仮定し，小流域の面積 ΔA

図 2.46 河道の流れ

図 2.47 山腹斜面の流れ

（a）流域分割図　　　（b）長方形の模型流域図

ΔA：流域面積
ΔL：流路延長

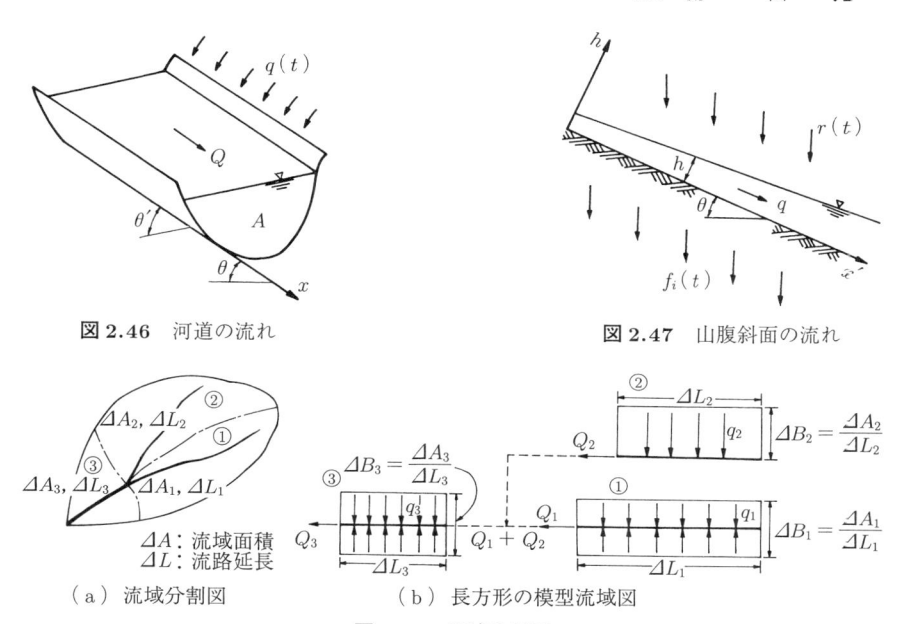

図 2.48 流域分割図

を分割流路長 ΔL で割った値，または，その半分の値を斜面長とする斜面を付随させる（このどちらの値をとるかは小流域と流路との相対関係による）．このようにすると流域は多くの長方形の山腹斜面とその中を流れ，かつそれらを互いに結ぶ河道網とからなる模型的なものに変換される．変換流域においては流れはすべて1次元的に取り扱うことができ，その流域内では斜面の勾配および粗度は同じく，河道もその上・下流を通じて断面および勾配，粗度は同じとするもので，適当な $n/\sqrt{\sin\theta}$ および $n'/\sqrt{\sin\theta'}$ の値を仮定することによって流出量が計算される．なお，この計算にあたっては特性曲線法を利用すると便利である．

まず図 2.48（b）において雨量が流域斜面を流下して河道に流入する量 q を各分割流域に対して求め，これを各河道の上流端から集めて①および②流域の下流端のハイドログラフ Q_1，Q_2 を求める．次に Q_1+Q_2 のハイドログラフを③流域に流入させ，この流量が横からの流入量 q_3 を集めながら河道を流下して生ずる③流域下流端のハイドログラフ Q_3 を算定する．この計算を順次に行って下流の流量を求めていく方法で，各小流域の地質，地被状態などの相違，任意地点におけるハイドログラフを推定できるなど現象論的には比較的合理的で

あるという特徴をもっている．

2.4.6　融雪出水による流出量推定法

本州日本海側の各地では年間降水量の約 20～50％が冬の雪として降ることになるが，一般に降雪の多い日本海側の河川においては融雪による春季の出水が目立っている．しかし，この融雪出水はまた，発電その他公共用水の供給源ともなるので利水上の見地からみてもきわめて重要な問題となっている．しかしながら降雪は降雨と違って一時に河川に流出してくるわけではなくいったんは流域に貯留され，春になって気温の上昇に加えて降雨や風などを伴う場合には，かなりの出水をひき起こすこともあるが，前線性や台風性の降雨などによる普通の出水に比べ，その供給水量の集中度が低いため大洪水の危険性はまずないと考えてよいであろう．その代わり出水の継続時間がきわめて長く，長時間高水位を持続するので河床変動・内水問題・堤体や河川工作物などに与える影響は実に大きいものがあるといわなければならない．

（1）　融雪に関係する気象因子

融雪出水の解析においては，積雪に加わる熱エネルギーとこれに対する応答を研究しなければならない．熱エネルギー源の気象因子としては，気温・日射・風・湿度・雨・地熱などが考えられるが，地熱は積雪下では地面はかなりの深さまで冷えているので，その影響は非常に小さく，日射はこの影響が気温に反映され，風は局地的にみた場合，融雪量とよい相関をもっているが流域全体を考えた場合，定量的な把握も困難であるけれども結果的には雪面上の空気を乱し，雪面温度を変化させるのであるから，雪面上の気温変化がこれを反映するであろう．また湿度と雨は雨が暖雨なら考慮されるが熱量としては案外小さいともいわれている．このように積雪にかかる熱エネルギー入力の指標として気温が最も重要視されてよく，また気温は観測や観測結果の定量的処理の容易さといった利点もあるので，以上の点を考慮して，熱エネルギー入力の指標として気温だけを取り上げて解析しているものが多い．

（2）　融雪出水に関する従来の研究

融雪出水に関する研究は，1930 年頃よりアメリカで活発に行われたが，熱収支に基づく理論的方法と気温日数（degree-day）法による経験的方法に大別することができる．前者は太陽の放射による熱量，空気から伝えられる熱量，そして降雨から供給される熱量などを理論的に結びつけて融雪出水量を求めよう

とするもので，ウィルソン（Wilson）の融雪に関する熱力学的研究が特に注目されている[18]．また，ライト（Light）も同様の理論的研究を行っており[19]，その厳密性は高く評価されるが，計測などの点で難点があって実用性に乏しい欠点がある．後者は融雪の因子をもっぱら気温にかぎって融雪出水量を推算する方法であって，その指標として気温日数を考え，アメリカにおいて実用的方法として発展したもので，野外での観測調査および研究において注目すべき結果が発表されている[20]．わが国においても，1950年頃よりこの種の研究がなされている[21),22)]．境は独自の気温日変化方程式を提案してこれを発展させ，わが国の河川においては気温日数に代えて気温時数の必要なことを強調し，気温時数による0℃以上の積算気温と融雪出水量を対応させ，北海道河川の沙流川流域について研究した[23]．この研究は，わが国の河川が急流でかつ流域面積も小さいため，気温日数法を用いた時の矛盾を気温時数の概念を導入することによって解決した点において，大いに注目されるものといえよう．しかしながら，これらの方法は凍結線・雪線など境界線の時間的変動の考慮や標高差による気温分布の取り扱いなどが理論的，そして具体的に明らかでない欠点があるので，気温の分布を地域的なものへ発展させる方法の1つとして，体積気温の概念を導入し，実際的適用例として北陸（石川県）河川の手取川について解析研究した著者らの研究もある[24]．

（3） 融雪出水の実用的計算法

実際の河川流域では，森林・斜面の傾斜や方向・高度などが融雪量に複雑な影響を与えるだけでなく，放射・気温・湿度・風速などの因子を全地域について正確に推定しにくいために，すでにあげた理論的方法の適用はなかなか困難である．そのためにいろいろの実用的方法が考察されてきたが，ここでは最も代表的な気温日数法と気温時数法について述べることとする．

（a） 気温日数法による融雪量

アメリカでは実用的方法として，最も重要な気象因子である気温に着目して解析したこの方法が広く用いられている．気温日数（degree-day）とは日平均気温の0℃（氷点）以上の気温差であって，たとえば日平均気温を5℃とすれば5気温日数という具合に定義し，単位気温日数当たりの融雪量あるいは出水量を気温日融雪率（degree-day factor）とよんでおり，およそ1～7 mm/℃day程度となっている．すなわち，

$$\text{気温日融雪率}(f_s) = \frac{\text{融雪量}}{\text{気温日数}} \tag{2.33}$$

この f_s の値は融雪の初期には少ないが以後だんだん増加し，融雪の終期には再び減少する．これは初期には雪や土により遅滞が著しいが後には雪質のザラメ化により流出が早くなり，また融雪の終期には積雪のある面積が減少するためと考えられる．

高度の変化する山地流域では，融雪期には積雪の厚さは一般に下部ほど薄くなり，高い上部に雪があるが下部には雪がないという状態が現れる．この場合，積雪深が0になる境界線を雪線(snow-line)という．雪線は時間とともに上下に変化し，降雪時にはほぼ等高線に沿うのが普通であるが，融雪期には，森林のある地域や北向斜面では低く林のない地域や南向斜面では高くなって，必ずしも等高線とは一致せず複雑な様相を呈する．したがって山地流域の融雪量を解析するには雪線の変化を観測しなければならない．またこの方法の欠点と考えられるのは，1日平均気温（普通には最高および最低気温の平均値）をもって計算するので，実際に日中のある時間において融雪の起こるような気温であっても，日平均気温が0℃以下であるならば気温日数の値は0となる不合理のあることである．したがってより正確を期するためには，0℃以上の積算気温を用いるのであるが，これらについては著者らの研究も発表されている[25],[26]．

(b) 気温時数法による融雪量

アメリカなどの河川では時間の単位は日変化で十分であろうが，わが国の河川では不十分であって，したがって1時間単位とし，精度上からも積算気温面積と融雪出水量との相関に着目した気温時数 (degree hour) による方法が望ましいと考えられる．いま気温時融雪率 (degree-hour factor) を f_s' とすれば，f_s' はサーモグラフ(thermograph, 毎時気温曲線)からハイドログラフ(hydrograph, 毎時流量曲線)へのグラフ上での面積変換率ともいうべきものであって，融雪出水総量を ΣQ，積算毎時気温を D，流域面積を A とすると，f_s' は次式で与えられる．

$$f_s' = \frac{\Sigma Q}{AD} \tag{2.34}$$

しかし一般に各因子の単位の取り方により，同じく融雪出水量を Q，積算気温を D，流域面積を A として，普通は気温時融雪率 f_s' を次式で定義している．

$$f_s' = \frac{\Sigma Q \times 3600^{(\text{m/℃·hr})}}{AD \times 1000^2} = \frac{3.6 \Sigma Q^{(\text{mm/℃·hr})}}{AD} \tag{2.35}$$

ただし，ΣQ：ハイドログラフにおける1時間単位の全流出量（Q の単位は m³/sec），

A：流域面積（km²），

D：積算気温で 0 ℃以上の1時間単位気温 T の和（T の単位は ℃）．

式 (2.35) により 0 ℃以上の積算気温と，それにより生ずる融雪出水量とを比較して f_s' を決定するのであるが，まず1日当たりの積算気温により，どれだけの融雪出水量があるかをハイドログラフ上で決定することが必要となる．その決定方法などについては同じく著者らの研究もある[27]．

2.5 水文統計

水工計画の基礎となる降雨量や河川流量などの水文諸量は，自然界における物理的要素と多分に確率的要素に支配される不定量であって諸般の水工計画に際し，これをいかに推定し計画に取り入れるかは基本的ながら難しい問題であるといわなければならない．こうした問題に対する1つの接近方法として，これら水文諸量の観測系列を，ある自然法則に従う確率過程ないし確率系列の実現値すなわち時系列標本とみなし，その間に内在する統計的法則を追求し，これを水工計画に役立てようとする研究が有用視されるわけである．また河川計画の根幹をなす計画高水流量の決定に際し，関連する諸因子間のバランスをはかるためにもオペレーションリサーチ（operation research, OR）的手法の研究とともに，これら水分統計に関する研究は，長期的な河川計画や水資源開発計画などの基礎理論を確立する上での重要な課題であるといわなければなうない．

2.5.1 水文量の統計学的性格

水文諸量の取り扱いに統計的概念の導入が試みられたのは 19 世紀の終わりないし 20 世紀の初期といわれるが[28]，1930 年前後より欧米各国で各種の具体的方法が研究され，わが国でも 1945 年頃より石原・岩井[29]〜[32]の研究以来詳細な研究ならびに実際問題への具体的な応用が試みられてきており，今日，石原・岩井の提唱による確率洪水・確率渇水など確率水文量の概念は以前から広く普及し，水工計画上大きな役割をはたすに至っている．

水工計画上問題にされるべき水文諸量の統計学的性格としては，その分布特性と定常性，特に経年的変動の特性であろう．自然界における諸量の経年的変動の問題については，これまでにも主として地球物理学者によって気候学的観点より研究がなされてきているが，11年周期，ブリックナー（Brückner）周期（35年周期），89年周期や700年周期説，さらにその気候学的な説明もいくつか提唱されている[33]．これらの周期的変動はおもに太陽活動・気圧変動・年輪・豊・凶作・湖や河川の平均水位・結氷期などに基づいて論じられたものであるが，水工計画上重要な洪水流量や渇水流量などの水文諸量もまた自然界における自然量にほかならないから，これに周期性が内在する可能性は十分考えられる[34),35)]．そして石原らも指摘しているように，大河川や大湖沼などの地域・期間の平均量を示すような水文諸量には気候的変化が反映する可能性が考えられるとしても，中・小河川の洪水流量など小流域でしかも短時間的性格をもつ水文諸量には，地域的ないし局所的歪曲度が大きくなり偶発的性格が強くなるものと推論できよう．このような考え方が裏付けられるとすれば，水工計画上有力な指針となりえるはずである．

2.5.2 水文量の確率分布曲線と再現期間
（1） 水文量の度数分布
一般に，ある地点で観測された降水量や流出量の度数分布図をみると，図2.49にみられるように水文量の計測時間単位が大きくなるにつれて，左右対称な分布に近づく傾向があるが，ほとんどのものは値の大きい側に長く尾を引く非対称分布を示す．水工計画で問題となるのは，これら分布の値の大きい側（豪雨・洪水の場合）または値の小さい側（干ばつ・渇水の場合）の比較的出

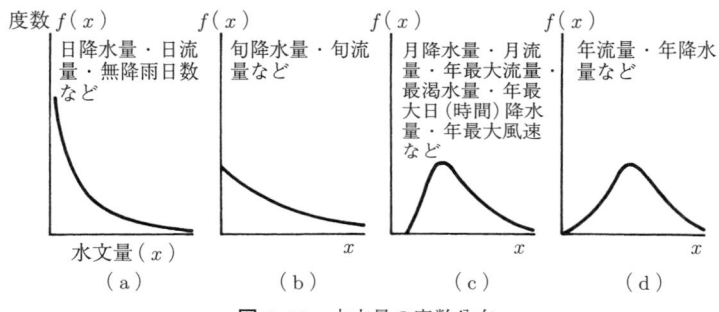

図2.49 水文量の度数分布

現頻度の小さい値である．

（2） 確率分布曲線

　長期間にわたる水文量観測の結果，その資料を基礎に観測の n 個を観測値の欄に値の小さいものから大きい順に並べ，これをまた適当なグループ別に分類して，各グループの算術平均の値を求めて，X_1，X_2，……，X_i とした資料の分類表をつくっておくと，各グループごとの分類数，y_1，y_2，……，y_n を観測総数 n で割ったもの，すなわち y_1/n，y_2/n，……，y_i/n などは各グループごとの観測値の起こる確率を示すことになる．そこで，グループごとの平均値 X_1，X_2，……，X_i と分類数，y_1，y_2，……，y_i との関係を図 2.50 に示すように表したものを分布曲線という（頻度曲線，あるいは度数曲線ともいう）．いま分布曲線と x 軸で囲まれた面積を n 等分し，それぞれの幅の中心 x_1，x_2，……，x_n を考えると，x_1，x_2，……，x_n の左側の面積は，$\frac{1}{n} \times \frac{1}{2} = \frac{1}{2n}$，$\frac{1}{n} \times \left(\frac{1}{2}+1\right) = \frac{3}{2n}$，……となって，一般に x_i を超えない確率は，

$$P(x_i) = \frac{2i-1}{2n} \tag{2.36}$$

で表されるが，これが後述するヘーズンプロット（Haxrn plot）とよばれるものである．また図 2.50 において y 軸の値を観測総数 n で割って百分率（％）で示した分布曲線を特に確率分布曲線ともよんでいる．

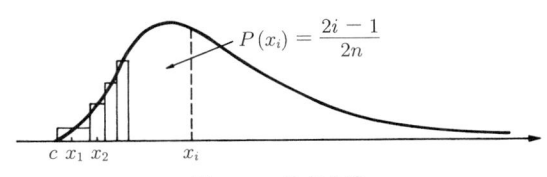

図 2.50 分布曲線

（3） 再現期間

（a） 超過確率，非超過確率

　いま図 2.51 に示すように水文量 x がある値 x_u を超える確率 $S(x_u)$，および x_s 以下となる確率 $P(x_s)$ をそれぞれ x_u の超過確率あるいは x_s の非超過確率という．また水文量の度数分布が関数 $f(x)$ で表せるものとし，

$$F(x) = \int_{-\infty}^{x} f(x)dx \tag{2.37}$$

とおくと次式となる．

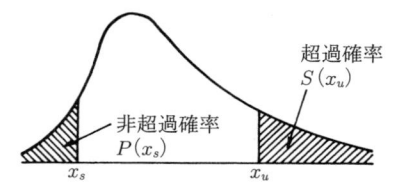

図 2.51 超過・非超過確率

$$P(x) = F(x), \quad S(x) = 1 - F(x) \tag{2.38}$$

（b）再現期間

確率水文量 x_u を超えるか，または x_s 以下の水文量が出現する割合が T 年に1回と期待される時，この T 年を x_u または x_s のリターンピリオド（return period，再現期間）とよび，x_u または x_s を T 年確率水文量という．いま x の度数分布の推定に用いた資料数 N が統計年数 K 年のものとすると，その年平均生起回数 $n = N/K$ を用いて，

$$T = \frac{1}{n\{1 - F(x_u)\}} \quad \text{または} \quad T = \frac{1}{n\{S(x_u)\}} \tag{2.39}$$

と定義される．資料として年最大または年最小値のものを用いた時は，当然 $n = 1$ となり，この場合は厳密には，再現期間は T 年に1年という具合に定義をすべきであろうと思われる．

2.5.3 正規分布と対数正規分布，極値（最大値）分布

（1）正規分布

前述の分布曲線のなかで代表的なものは $x = m$ を中心に左右対称となるガウス（Gauss）の正規分布（normal distribution）曲線で，次式で表される．

$$f(x) = \frac{1}{\sigma\sqrt{2\pi}} e^{-\frac{(x-m)^2}{2\sigma^2}} \tag{2.40}$$

上式は誤差関数として，観測誤差などのように作意の入らない量の分布がこの関数で表されることがよく知られており，図2.52に示すように両側無限で平均値，中央値，再頻値はすべて m である．また負の入らない正だけの分布では m の座標原点を実際分布の平均値（$\bar{x}$）に移して考えるが，σ は標準偏差である．式(2.40)の積分表示は，

$$F(x) = \frac{1}{\sigma\sqrt{2\pi}} \int_{-\infty}^{x} e^{-\frac{(x-m)^2}{2\sigma^2}} dx \tag{2.41}$$

となる．この式 (2.41) を正規分布関数，またはガウスの誤差関数という．この式において $\frac{x-m}{\sigma}=t$ とおけば，$F(t)=\frac{1}{\sqrt{2\pi}}\int_{-\infty}^{t}e^{-\frac{t^2}{2}}dt$ となるが，さらに $\frac{t}{\sqrt{2}}=\xi$ とすれば，

$$F(\xi)=\frac{1}{\sqrt{\pi}}\int_{-\infty}^{\xi}e^{-\xi^2}d\xi \qquad (2.42)$$

この積分は簡単には得られないが，左右対称であることから，

$$\Phi(\xi)=\frac{2}{\sqrt{\pi}}\int_{0}^{\xi}e^{-\xi^2}d\xi \qquad (2.43)$$

などの形で多くの数学書に誤差関数表として数値が記載されている．たとえば式 (2.43) の表を使えば，$F(\xi)=\frac{1}{2}\{1+\Phi(\xi)\}$ として求めることができる．

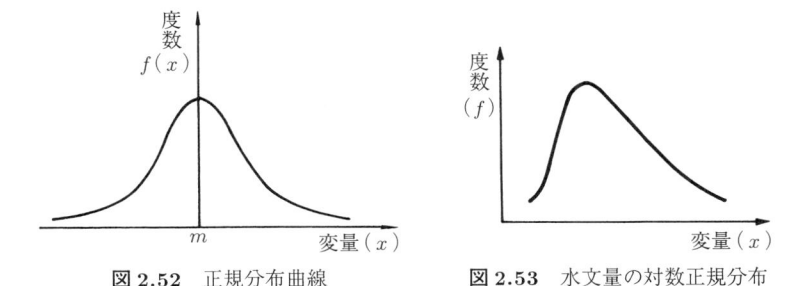

図 2.52 正規分布曲線　　図 2.53 水文量の対数正規分布

(2) 対数正規分布

水文量を1変数の問題として統計的に取り扱う場合，これにどのような分布形式があてはめられるべきかについては，多年の研究の蓄積があるにもかかわらず今日なお定説が得られていない．したがって対数正規分布の実用は，まず経験的に進められたもので，図2.53のような非対称分布は「その変量の対数変換によって正規分布に近似できる」ところから，一般によく用いられている．

(a) 水文量の非対称分布

われわれが河川・水文学方面において取り扱う水文量は，年最大降水量や年最大洪水流量など，前述の図2.49（c）の非対称分布であって，対数正規分布もこれに属するものであるが，この分布形式を水文量のスレード（Slade）型分布として図2.54のように整理することができる．

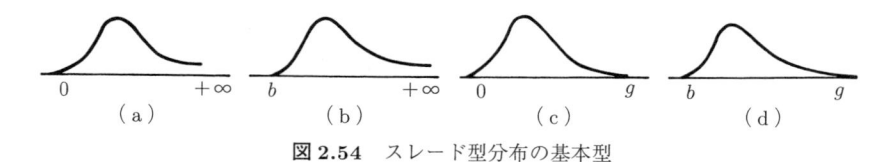

図 2.54 スレード型分布の基本型

$$\begin{aligned}
F(\xi) &= \frac{1}{\sqrt{\pi}} \int_{-\infty}^{\xi} e^{-\xi^2} d\xi \\
\xi &= \alpha \log \frac{x}{x_0} & 0 < x < \infty \quad (\text{a}) \\
\xi &= \alpha \log \frac{x-b}{x_0-b} & b < x < \infty \quad (\text{b}) \\
\xi &= \alpha \log \frac{x}{x_0} \frac{g-x_0}{g-x} & 0 < x < g \quad (\text{c}) \\
\xi &= \alpha \log \frac{x-b}{x_0-b} \frac{g-x_0}{g-x} & b < x < g \quad (\text{d})
\end{aligned} \right\} \quad (2.44)$$

これらの式において，(a)は(b)の形式で$b=0$とおいた特別形式であるので(b)と一括論議することができる．(d)の形式は(c)の形式より一般化された形式であり，スレードも当初これを提案しているが，これに含まれる定数が4個もあり，分布特性の記述には都合がよいとしても定数が多くなるにつれ高次の積率を考える必要があり，実用上必ずしも得策ではない．また(d)の形式で$b=0$を簡単化した(c)の形式は定数は3個となって一応実用にはなるはずであるが，その後の角屋の研究によると，あまり実用価値を期待できず実用的には(b)の形式だけを考えて十分なことが明らかにされている[36]．

最大雨量などの水文観測資料の値とその度数との関係が対数正規分布をなすとか，平均値や標準偏差がどうなっているかなどを知る図2.55に示すような対数確率紙を使用すると計算の手間が省けて便利である．

この対数確率紙は縦軸に非超過確率P（％），横軸には変量xの対数目盛がつけられており，xが対数正規分布として表されると図上で直線として表現されるようになっている．したがってこの紙上に各標本の点をプロットし，これらの点が直線上におかれた時は対数正規分布になることが確認される．これからこれらの諸点に平均的な貫入直線を引けば，与えられた超過確率あるいは非超過確率に対応するxの概略値を求めることができる．

一般にわれわれが取り扱う水文量は，図2.56のような非対称分布をなすことが多いことは前述したが，変量(x)を次の式で変換して正規分布に改めてい

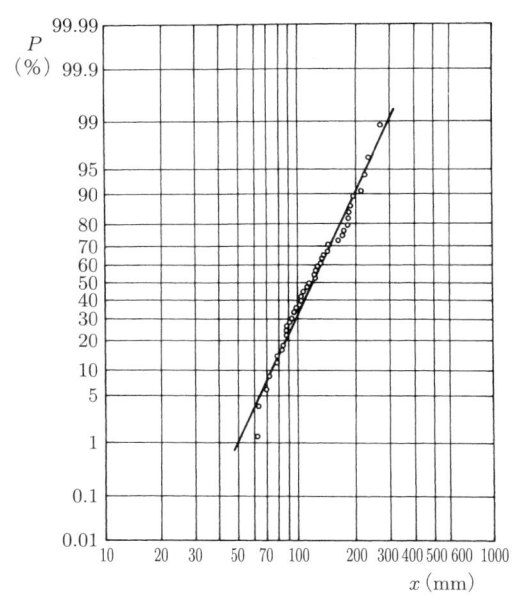

図 2.55 対数確率紙による推定（ヘーズンプロット）

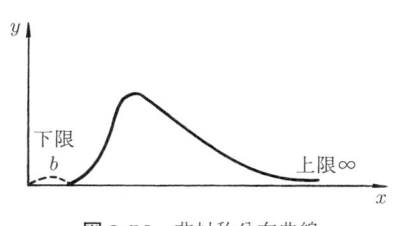

図 2.56 非対称分布曲線

る．

$$\left.\begin{array}{l}\xi = \alpha \{\log (x-b) - \log (x_0-b)\} \\ \log (x-b) = \dfrac{1}{\alpha}\xi + \log (x_0-b)\end{array}\right\} \quad (2.45)$$

ただし，b は下限値で図 2.56 の分布における立ち上がり点，x_0 は分布の平均値，α は定数係数である．ξ は，

$$\Phi_0(\xi) = \dfrac{2}{\sqrt{\pi}} \int_0^\xi e^{-\xi^2} d\xi \quad (2.46)$$

の表（ガウスの誤差関数表）における正規変数を表すもので，$S(\xi)$ を超過確率

とすれば，

$$S(\xi) = \frac{1}{2}\{1 - \Phi_0(\xi)\} \tag{2.47}$$

の関係がある．式（2.47）より，

$$\Phi_0(\xi) = 1 - 2S(\xi) \tag{2.48}$$

すなわち，式（2.48）と誤差関数表を用いることにより，任意の超過確率に対する ξ が計算される．

超過確率とは，ある値を超過する確率のことで，分布関数ではその値以上になる分布曲線の全体の面積に対する比率であり，年最大値のように年間単位の統計資料の場合には，われわれが洪水年 100 年というのは超過確率 1/100 という意味である．

（3） 極値（最大値）分布

年最大雨量，年最大流量など，ある期間の最大値だけを対象とすると，これらの分布には次式で示される極値（最大値）分布の適用できることが多い．

$$\left.\begin{aligned}
&F(x) = \exp(-e^{-\xi}) \\
&\text{グンベル（Gumbel）分布}: \xi = \alpha(x - x_0) \\
&\text{対数極値分布 A 型}: \xi = \alpha \log \frac{x+b}{x_0+b} \\
&\qquad\qquad\text{B 型}: \xi = \alpha \log \frac{u - x_0}{u - x}
\end{aligned}\right\} \tag{2.49}$$

ただし，α は分散の状態を示す定数係数，x_0 は分布の平均値，b, u は定数である．特にグンベル分布は河川の洪水流量を対象に考え出されたものであるが，年間最大降水量を処理する分布関数としても一応考えられている．すなわち年間の最大日雨量ならば，これを 1/365 の確率で起こる量と考え，そのような極値が N 年間だけ観測された時に，それらを $365N$ 個の中から N 個だけとった標本として順序統計学的に扱うものである[37]．しかしチャウ（Chow）はこのような非対称分布に関する取り扱いは，どの方法でも簡単にすれば結局次の式の形に導かれることを示した[38]．

$$x = \bar{x} + \sigma K \tag{2.50}$$

ただし，$\bar{x}$ は平均値，σ は標準偏差，K は度数係数とよばれるもので，チャウによればグンベル分布は上式において，

$$K = -\frac{\sqrt{6}}{\pi}\left(r + \log_e\left(\log_e \frac{T}{T-1}\right)\right) \tag{2.51}$$

に帰するが，r はオイラー (Euler) の定数で 0.5772 に等しく，T は洪水年で $1/T$ が超過確率になる．なおグンベル分布に対する解法（曲線へのあてはめ法）としては，グンベルの方法[39]・角屋の方法[40] などがある．

2.5.4 対数正規分布の解法

対数正規分布の解法は変数の変換式である前述の式 (2.45) を推定することで，その解法として水文学関係では一般に，岩井法・順序統計学的方法・積率法（石原・高瀬法）が用いられている．順序統計学的方法はアメリカにおいて発展してきた方法であるが計算が面倒なので，著者は実用的数表によって簡略化した[41]．

資料の整理は水文量を抽出して，これを大きさの順に並べる．大きさの順に並べることは計算そのものにとっては必ずしも必要なことではないが，このようにしておくと確率紙にプロットする場合や適合度検定の時に便利である．

確率計算は式 (2.45) に所要の洪水年に対する ξ の値を代入すると，超過確率（年）に対する確率変数値が計算される．次に与えられた確率変数値の超過確率を求めるには，式 (2.45) に必要な確率変数値の x を与え，その x に対する ξ の値を計算すればよい．ξ は式 (2.48) と誤差関数表とから計算されることは前述したが，著者の計算した表 2.13 によれば[42]，洪水年 N (年) に対する正規変数 (ξ) の値が容易に求められる．

計算例は表 2.14 に示す近畿地方の A 観測所における年最大日雨量系列（統計年数 $n=42$）について示す．

(1) 岩 井 法

変数の変換式である式 (2.45) において，推定すべき定数は b, x_0, α である．

(a) b の 推 定

下限値 b は分布曲線の両端部の適合を重視し，最大値と最小値を順次に対応させて，次式で求める．

$$b = \frac{x_s x_r - x_0{}^2}{(x_s + x_r) - 2x_0}$$

しかし資料が完全にこの対数正規分布に従うことはありえないから，これらの b はある程度のバラツキを示すのでその平均をとるのであるが，この計算は

表 2.13 各洪水年に対する正規変数表

N(年)	ξ	N(年)	ξ	N(年)	ξ	N(年)	ξ	N(年)	ξ	N(年)	ξ
10	0.9062	40	1.3860	70	1.5481	100	1.6450	170	1.7814	440	2.0067
11	0.9442	41	1.3932	71	1.5521	101	1.6476	175	1.7885	450	2.0118
12	0.9780	42	1.4008	72	1.5560	102	1.6502	180	1.7955	460	2.0166
13	1.0084	43	1.4079	73	1.5597	103	1.6528	185	1.8023	470	2.0213
14	1.0361	44	1.4145	74	1.5635	104	1.6554	190	1.8089	480	2.0260
15	1.0614	45	1.4213	75	1.5672	105	1.6579	195	1.8153	490	2.0305
16	1.0848	46	1.4276	76	1.5709	106	1.6604	200	1.8215	500	2.0350
17	1.1065	47	1.4342	77	1.5745	107	1.6629	210	1.8332	550	2.0565
18	1.1263	48	1.4404	78	1.5780	108	1.6654	220	1.8446	600	2.0757
19	1.1455	49	1.4464	79	1.5815	109	1.6678	230	1.8554	650	2.0931
20	1.1630	50	1.452	80	1.5849	110	1.6701	240	1.8656	700	2.1094
21	1.1798	51	1.4578	81	1.5883	111	1.6725	250	1.8753	750	2.1242
22	1.1955	52	1.4634	82	1.5917	112	1.6749	260	1.8847	800	2.1375
23	1.2102	53	1.4693	83	1.5950	113	1.6772	270	1.8936	850	2.1506
24	1.2246	54	1.4746	84	1.5982	114	1.6795	280	1.9022	900	2.1630
25	1.2380	55	1.4797	85	1.6014	115	1.6818	290	1.9105	950	2.1750
26	1.2509	56	1.4849	86	1.6046	116	1.6841	300	1.9184	1000	2.1850
27	1.2639	57	1.4901	87	1.6077	117	1.6863	310	1.9260		
28	1.2749	58	1.4952	88	1.6108	118	1.6885	320	1.9335		
29	1.2861	59	1.4999	89	1.6138	119	1.6907	330	1.9407		
30	1.2967	60	1.5047	90	1.6168	120	1.6929	340	1.9476		
31	1.3069	61	1.5094	91	1.6198	125	1.7034	350	1.9542		
32	1.3170	62	1.5141	92	1.6228	130	1.7135	360	1.9606		
33	1.3270	63	1.5186	93	1.6257	135	1.7232	370	1.9672		
34	1.3359	64	1.5231	94	1.6285	140	1.7324	380	1.9733		
35	1.3453	65	1.5274	95	1.6314	145	1.7414	390	1.9792		
36	1.3537	66	1.5317	96	1.6342	150	1.7499	400	1.9850		
37	1.3622	67	1.5359	97	1.6369	155	1.7582	410	1.9906		
38	1.3702	68	1.5400	98	1.6396	160	1.7662	420	1.9961		
39	1.3782	69	1.5441	99	1.6423	165	1.7739	430	2.0014		

全資料数 (n) の10%の対 (もっとも近い整数をとる) について行う.

すなわち表 2.15 のように最大値 (x_s) と最小値 (x_r) を順次に対応させ, $\dfrac{n}{10} = \dfrac{42}{10} \fallingdotseq 4$ の対応数を計算してその平均を求める. ここで, i の 1 は 1 番大きい値と 1 番小さい値の対応, i の 2 は 2 番目に大きい値と 2 番目に小さい値の対応である.

表 2.14 計算例に用いた年最大日雨量系列

大きさの順位	年最大日雨量 (mm)	大きさの順位	年最大日雨量 (mm)	大きさの順位	年最大日雨量 (mm)
1	270.5	15	137.5	29	95.5
2	234.0	16	134.0	30	94.0
3	221.0	17	131.0	31	92.0
4	210.0	18	127.2	32	88.5
5	193.0	19	126.0	33	88.0
6	188.5	20	124.0	34	87.5
7	185.0	21	123.8	35	85.0
8	182.9	22	116.0	36	84.0
9	181.0	23	112.5	37	78.0
10	175.0	24	108.0	38	77.0
11	170.7	25	103.8	39	71.0
12	161.5	26	103.0	40	68.3
13	142.5	27	101.5	41	63.7
14	142.0	28	99.5	42	62.5

表 2.15 下限値 b の計算

i	x_s	x_r	$x_s + x_r$	$(x_s + x_r) - 2x_0$	$x_s x_r$	$x_s x_r - x_0^2$	b_1
1	270.5	62.5	333.0	91.6	16906.25	2337.76	25.52
2	234.0	63.7	297.7	56.3	14905.80	337.31	5.99
3	221.0	68.3	289.3	47.9	15094.30	525.81	10.98
4	210.0	71.0	281.0	39.6	14910.00	341.51	8.62

ただし, $b_1 = \dfrac{x_s x_r - x_0^2}{(x_s + x_r) - 2x_0}$, $\Sigma b_1 = 51.11$. $\therefore\ b = \dfrac{51.11}{4} \fallingdotseq 12.8$

(b) x_0 の 推 定

表 2.16 の年最大日雨量 (x) について,

$$\frac{\Sigma \log x}{n} = \log x_0$$

の真数 x_0 を求める.

$$\log x_0 = \frac{1}{n} \Sigma \log x = \frac{87.4299}{42} = 2.08166$$

$\therefore\ x_0 = 120.7$

(c) α の 推 定

次式で求める.

表 2.16 変数の変換式推定の計算（岩井法）

n	x	$\log x$	$x-b$	$\dfrac{x-b}{x_0-b}$	$\left\{\log\dfrac{x-b}{x_0-b}\right\}$	$\left\{\log\dfrac{x-b}{x_0-b}\right\}^2$
1	270.5	2.4322	257.7	2.3883	0.3781	0.1430
2	234.0	2.3692	221.2	2.0500	0.3118	0.0972
3	221.0	2.3444	208.2	1.9296	0.2855	0.0815
4	210.0	2.3222	197.2	1.8276	0.2619	0.0686
5	193.0	2.2856	180.2	1.6701	0.2227	0.0496
6	188.5	2.2753	175.7	1.6284	0.2118	0.0449
7	185.0	2.2672	172.2	1.5959	0.2030	0.0412
8	182.9	2.2622	170.1	1.5765	0.1977	0.0391
9	181.0	2.2577	168.2	1.5589	0.1928	0.0372
10	175.0	2.2430	162.2	1.5032	0.1760	0.0310
11	170.7	2.2322	157.9	1.4634	0.1654	0.0274
12	161.5	2.2082	148.7	1.3781	0.1393	0.0194
13	142.5	2.1538	129.7	1.2020	0.0799	0.0064
14	142.0	2.1523	129.2	1.1974	0.0782	0.0061
15	137.5	2.1383	124.7	1.1557	0.0628	0.0039
16	134.0	2.1271	121.2	1.1233	0.0505	0.0026
17	131.0	2.1173	118.2	1.0955	0.0396	0.0016
18	127.2	2.1045	114.4	1.0602	0.0254	0.0006
19	126.0	2.1004	113.2	1.0491	0.0208	0.0004
20	124.0	2.0934	111.2	1.0306	0.0131	0.0002
21	123.8	2.0927	111.0	1.0287	0.0123	0.0002
22	116.0	2.0645	103.2	0.9564	-0.0194	0.0004
23	112.5	2.0512	99.7	0.9240	-0.0343	0.0012
24	108.0	2.0334	95.2	0.8823	-0.0544	0.0030
25	103.8	2.0162	91.0	0.8434	-0.0740	0.0055
26	103.0	2.0128	90.2	0.8360	-0.0778	0.0061
27	101.5	2.0065	88.7	0.8221	-0.0851	0.0072
28	99.5	1.9978	86.7	0.8035	-0.0950	0.0090
29	95.5	1.9800	82.7	0.7665	-0.1155	0.0133
30	94.0	1.9731	81.2	0.7525	-0.1235	0.0153
31	92.0	1.9638	79.2	0.7340	-0.1343	0.0180
32	88.5	1.9469	75.7	0.7016	-0.1539	0.0237
33	88.0	1.9445	75.2	0.6969	-0.1568	0.0246
34	87.5	1.9420	74.7	0.6923	-0.1597	0.0255
35	85.0	1.9294	72.2	0.6691	-0.1745	0.0305
36	84.0	1.9243	71.2	0.6599	-0.1805	0.0326
37	78.0	1.8921	65.2	0.6043	-0.2187	0.0478
38	77.0	1.8865	64.2	0.5950	-0.2255	0.0509
39	71.0	1.8513	58.2	0.5394	-0.2681	0.0719
40	68.3	1.8344	55.5	0.5144	-0.2887	0.0833
41	63.7	1.8041	50.9	0.4717	-0.3263	0.1065
42	62.5	1.7959	49.7	0.4606	-0.3367	0.1134

計算　$\Sigma \log x = 87.4299,\quad \log x_0 = \Sigma \log x / n = 87.4299/42 = 2.08166.$

∴ $x_0 = 120.7.\quad \Sigma\left\{\log\dfrac{x-b}{x_0-b}\right\}^2 = 1.3918$

$$\frac{1}{\alpha} = \sqrt{\frac{2}{n}\Sigma\left\{\log\frac{x-b}{x_0-b}\right\}^2}$$

この場合は,

$$\frac{1}{\alpha} = \sqrt{\frac{2}{42}\times 1.3318} = 0.2574$$

以上,各定数が推定されたので変換の式は,

$$\log(x-12.8) = 0.2574\,\xi + 2.0330 \tag{2.52}$$

(2) 積率法(石原・高瀬法)

変数の変換式である式(2.45)において推定すべき定数は,b, x_0, α であるが,この方法では図と表を用いた総合的な計算によって,これらが同時に推定される[43]。

(a) 修正ひずみ係数 C_s の計算

$$\bar{x} = \frac{\Sigma x}{n}$$

表 2.17 変数の変換式推定の計算 (積率表)

n	x	$x-\bar{x}$	$(x-\bar{x})^2$	$(x-\bar{x})^3$	n	x	$x-\bar{x}$	$(x-\bar{x})^2$	$(x-\bar{x})^3$
1	270.5	141.0	19881.00	2803221.000	22	116.0	−13.5	182.25	−2460.375
2	234.0	104.5	10920.25	1141166.125	23	112.5	−17.0	289.00	−4913.000
3	221.0	91.5	8372.25	766060.875	24	108.0	−21.5	462.25	−9938.375
4	210.0	80.5	6480.25	521660.125	25	103.8	−25.7	660.49	−16974.593
5	193.0	63.5	4032.25	256047.875	26	103.0	−26.5	702.25	−18609.625
6	188.5	59.0	3481.00	205379.000	27	101.5	−28.0	784.00	−21952.000
7	185.0	55.5	3080.25	170953.875	28	99.5	−30.0	900.00	−27000.000
8	182.9	53.4	2851.56	152273.304	29	95.5	−34.0	1156.00	−39304.000
9	181.0	51.5	2652.25	136590.875	30	94.0	−35.5	1260.25	−44738.875
10	175.0	45.5	2070.25	94196.375	31	92.0	−37.5	1406.25	−52734.375
11	170.7	41.2	1697.44	69934.528	32	88.5	−41.0	1681.00	−68921.000
12	161.5	32.0	1024.00	32768.000	33	88.0	−41.5	1722.25	−71473.375
13	142.5	13.0	169.00	2197.000	34	87.5	−42.0	1764.00	−74088.000
14	142.0	12.5	156.25	1953.125	35	85.0	−44.5	1980.25	−88121.125
15	137.5	8.0	64.00	512.000	36	84.0	−45.5	2070.25	−94196.375
16	134.0	4.5	20.25	91.125	37	78.0	−51.5	2652.25	−136590.875
17	131.0	1.5	2.25	3.375	38	77.0	−52.5	2756.25	−144703.125
18	127.2	−2.3	5.29	−12.167	39	71.0	−58.5	3422.25	−200201.625
19	126.0	−3.5	12.25	−42.875	40	68.3	−61.2	3745.44	−229220.928
20	124.0	−5.5	30.25	−166.375	41	63.7	−65.8	4329.64	−284890.312
21	123.8	−5.7	32.49	−185.193	42	62.5	−67.0	4489.00	−300763.000
計						5440.4		105450.10	4422807.014

$$\sigma_x = \sqrt{\frac{\Sigma(x-\bar{x})^2}{n-1}}$$

$$C_{s1} = \frac{\Sigma(x-\bar{x})^3}{(n-1)\sigma_x^3}$$

より C_{s1} を計算する（表 2.17 参照）．

$$\bar{x} = \frac{\Sigma x}{n} = \frac{5440.4}{42} = 129.5$$

$$\sigma_x = \sqrt{\frac{\Sigma(x-\bar{x})^2}{n-1}} = \sqrt{\frac{105450.10}{41}} = 50.7$$

$$C_{s1} = \frac{\Sigma(x-\bar{x})^3}{(n-1)\sigma_x^3} = \frac{4422807.014}{41 \times 130323.843} = 0.815$$

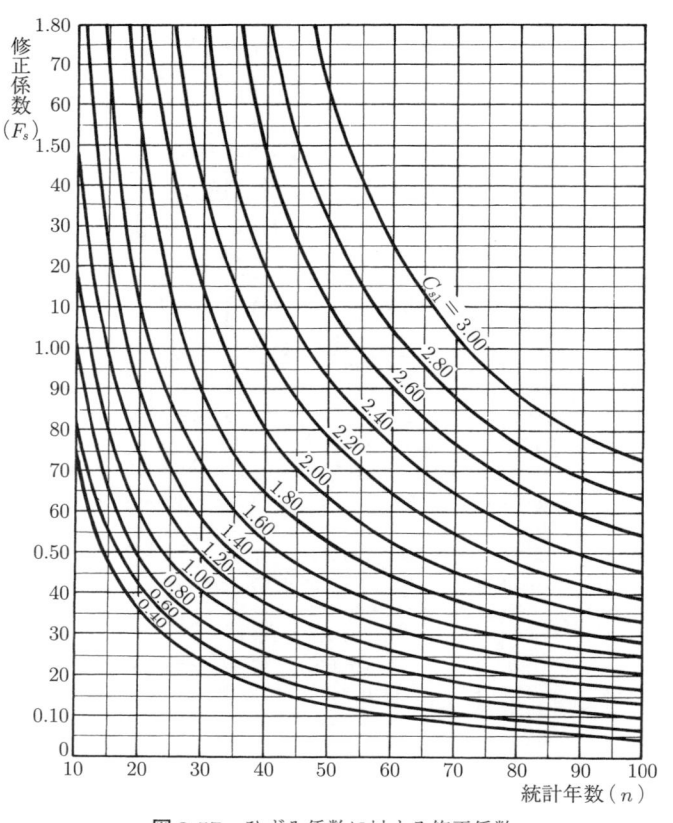

図 2.57 ひずみ係数に対する修正係数

図 2.57 はひずみ係数 C_{s1} に対する修正係数の図で，横軸に統計年数 n，縦軸に修正係数 F_s がとってある．計算された $C_{s1}=0.815$ と $n=42$ に対する F_ε を求めると，$F_s=0.255$ となるので修正ひずみ係数 C_s は，

$$C_s = C_{s1}(1+F_s) = 0.815 \times 1.255 = 1.023$$

（b） b, x_0, α の推定

計算された C_s に対して表 2.18 より，$1/k$, A_1, C_1 を求め，

$$b = \bar{x} - A_1 \sigma_x$$

$$\log(x_0 - b) = \sigma_x \cdot \log C_1$$

$$\frac{1}{\alpha} = \frac{0.4343}{k}$$

により計算する．なお x_0 は直接に確率計算には必要でなく，$\log(x_0-b)$ が必要である．x_0 を推定したい時は表 2.18 より $-A_2$ を求め，$x_0 = \bar{x} + A_2 \sigma_x$ により計算する．

表 2.18 より $C_s=1.023$ に対して，$1/k=0.453$, $A_1=3.041$, $C_1=2.890$ となるから，

$$b = \bar{x} - A_1 \sigma_x = -24.5$$

$$\log(x_0 - b) = \log C_1 \cdot \sigma_x = 2.1658$$

$$\frac{1}{\alpha} = \frac{0.4343}{k} = 0.1967$$

以上，各定数が推定されるので変換の式は，

$$\log(x+24.5) = 0.1967\,\xi + 2.1658 \tag{2.53}$$

（3） 順序統計学的方法

変数の変換式 (2.45) において推定すべき定数は，b, x_0, α であるが，この方法では $b=0$ としているので，x_0, α だけとなり式 (2.45) は次のようになる．

$$\log x = \frac{1}{\alpha}\xi + \log x_0 \tag{2.45$'$}$$

α を計算するには $\sigma_{\log x}$ と σ_ξ を求めなければならない．$\sigma_{\log x}$ は資料値の積率，σ_ξ はプロッティングポジション (plotting position) の積率に相当するものである．ここで，プロッティングポジションとは各観測資料値のもっている確率を示しており，それを定める方法にはトーマスプロット (Thomas plot, 非母数法)・ヘーズンプロット (Hazen plot, 略算法)・調整確率法の 3 つがある．調整確率法は最も厳密な方法であるが計算が非常に難しく，しかも任意の中間

表 2.18 変数の変換式推定の定数計算（積率法）（その 1）

$1/k$	C_s	A_1	$-A_2$	C_1	$1/k$	C_s	A_1	$-A_2$	C_1	$1/k$	C_s	A_1	$-A_2$	C_1
0.010	0.021	141.421	0.004	141.417	0.190	0.407	7.410	0.067	7.343	0.460	1.040	2.993	0.154	2.839
0.015	0.031	94.277	0.006	94.271	0.200	0.429	7.036	0.069	6.967	0.470	1.065	2.926	0.157	2.769
0.020	0.042	70.707	0.007	70.700	0.210	0.450	6.704	0.073	6.631	0.480	1.091	2.862	0.160	2.702
0.025	0.053	56.563	0.009	56.554	0.220	0.471	6.389	0.077	6.312	0.490	1.117	2.800	0.163	2.637
0.030	0.063	47.135	0.010	47.125	0.230	0.492	6.108	0.080	6.028	0.500	1.144	2.741	0.166	2.575
0.035	0.073	40.400	0.013	40.387	0.240	0.515	5.853	0.084	5.769	0.510	1.171	2.683	0.169	2.514
0.040	0.084	35.348	0.014	35.334	0.250	0.538	5.613	0.087	5.526	0.520	1.198	2.628	0.172	2.456
0.045	0.095	31.186	0.016	31.170	0.260	0.561	5.378	0.091	5.287	0.530	1.225	2.575	0.175	2.400
0.050	0.106	28.275	0.017	28.258	0.270	0.584	5.194	0.094	5.100	0.540	1.252	2.524	0.178	2.346
0.055	0.116	25.703	0.019	25.684	0.280	0.607	5.001	0.097	4.904	0.550	1.279	2.475	0.181	2.294
0.060	0.127	23.560	0.021	23.539	0.290	0.630	4.826	0.101	4.725	0.560	1.307	2.427	0.184	2.243
0.065	0.138	21.747	0.023	21.724	0.300	0.653	4.661	0.104	4.557	0.570	1.335	2.381	0.187	2.194
0.070	0.149	20.191	0.025	20.166	0.310	0.676	4.507	0.107	4.400	0.580	1.363	2.336	0.189	2.147
0.075	0.159	18.843	0.026	18.817	0.320	0.699	4.363	0.110	4.253	0.590	1.391	2.293	0.191	2.102
0.080	0.170	17.664	0.028	17.692	0.330	0.722	4.227	0.113	4.114	0.600	1.420	2.252	0.193	2.059
0.085	0.180	16.623	0.030	16.653	0.340	0.745	4.099	0.116	3.983	0.610	1.449	2.212	0.195	2.017
0.090	0.191	15.698	0.032	15.666	0.350	0.769	3.979	0.120	3.859	0.620	1.479	2.175	0.197	1.976
0.095	0.202	14.869	0.033	14.836	0.360	0.793	3.865	0.123	3.742	0.630	1.509	2.135	0.199	1.936
0.100	0.213	14.125	0.035	14.090	0.370	0.817	3.757	0.127	3.630	0.640	1.539	2.098	0.201	1.897
0.110	0.234	12.837	0.038	12.799	0.380	0.841	3.655	0.130	3.525	0.650	1.569	2.062	0.203	1.859
0.120	0.256	11.764	0.042	11.722	0.390	0.865	3.557	0.133	3.424	0.660	1.600	2.027	0.205	1.822
0.130	0.277	10.856	0.046	10.810	0.400	0.890	3.465	0.136	3.329	0.670	1.631	1.993	0.208	1.785
0.140	0.298	10.077	0.049	10.028	0.410	0.915	3.377	0.139	3.238	0.680	1.663	1.961	0.211	1.750
0.150	0.320	9.402	0.053	9.349	0.420	0.940	3.293	0.142	3.151	0.690	1.695	1.929	0.214	1.715
0.160	0.342	8.811	0.056	8.755	0.430	0.965	3.213	0.145	3.068	0.700	1.727	1.898	0.217	1.681
0.170	0.364	8.289	0.060	8.229	0.440	0.990	3.137	0.148	2.989	0.710	1.760	1.868	0.220	1.648
0.180	0.385	7.825	0.064	7.761	0.450	1.015	3.063	0.151	2.912	0.720	1.793	1.838	0.223	1.615

表 2.18 変数の変換式推定の定数計算（積率法）（その2）

$1/k$	C_s	A_1	$-A_2$	C_1	$1/k$	C_s	A_1	$-A_2$	C_1	$1/k$	C_s	A_1	$-A_2$	C_1
0.730	1.827	1.809	0.225	1.584	0.990	2.889	1.258	0.274	0.984	1.250	4.553	0.919	0.301	0.618
0.740	1.861	1.781	0.227	1.554	1.000	2.939	1.242	0.275	0.967	1.260	4.636	0.908	0.302	0.606
0.750	1.895	1.754	0.229	1.525	1.010	2.990	1.226	0.276	0.950	1.270	4.721	0.898	0.302	0.596
0.760	1.930	1.728	0.232	1.496	1.020	3.042	1.210	0.277	0.933	1.280	4.808	0.888	0.302	0.586
0.770	1.965	1.702	0.234	1.468	1.030	3.095	1.195	0.279	0.916	1.290	4.897	0.878	0.302	0.576
0.780	2.001	1.677	0.237	1.440	1.040	3.149	1.180	0.280	0.900	1.300	4.988	0.868	0.301	0.567
0.790	2.037	1.652	0.239	1.413	1.050	3.203	1.166	0.281	0.885	1.310	5.081	0.858	0.301	0.557
0.800	2.074	1.628	0.241	1.387	1.060	3.259	1.152	0.282	0.870	1.320	5.176	0.848	0.301	0.547
0.810	2.112	1.605	0.243	1.362	1.070	3.316	1.138	0.283	0.855	1.330	5.273	0.838	0.300	0.538
0.820	2.150	1.582	0.245	1.337	1.080	3.374	1.124	0.284	0.840	1.340	5.372	0.829	0.300	0.529
0.830	2.188	1.559	0.247	1.312	1.090	3.433	1.110	0.285	0.825	1.350	5.473	0.820	0.301	0.519
0.840	2.226	1.537	0.249	1.288	1.100	3.493	1.097	0.286	0.811	1.360	5.576	0.811	0.301	0.510
0.850	2.266	1.516	0.251	1.265	1.110	3.554	1.084	0.287	0.797	1.370	5.682	0.802	0.301	0.501
0.860	2.306	1.495	0.253	1.242	1.120	3.617	1.071	0.288	0.783	1.380	5.791	0.793	0.301	0.492
0.870	2.347	1.474	0.255	1.219	1.130	3.680	1.058	0.289	0.769	1.390	5.903	0.784	0.301	0.483
0.880	2.388	1.454	0.256	1.198	1.140	3.745	1.045	0.290	0.755	1.400	6.018	0.775	0.301	0.474
0.890	2.430	1.434	0.258	1.176	1.150	3.812	1.033	0.291	0.742	1.410	6.135	0.766	0.300	0.466
0.900	2.473	1.415	0.260	1.155	1.160	3.880	1.021	0.292	0.729	1.420	6.255	0.758	0.300	0.458
0.910	2.516	1.396	0.262	1.134	1.170	3.949	1.009	0.293	0.717	1.430	6.378	0.749	0.300	0.449
0.920	2.560	1.378	0.263	1.115	1.180	4.019	0.997	0.294	0.703	1.440	6.503	0.741	0.300	0.441
0.930	2.605	1.360	0.265	1.095	1.190	4.090	0.985	0.295	0.690	1.450	6.631	0.733	0.300	0.433
0.940	2.650	1.342	0.267	1.075	1.200	4.163	0.973	0.296	0.677	1.460	6.763	0.725	0.300	0.425
0.950	2.696	1.324	0.268	1.056	1.210	4.238	0.962	0.297	0.665	1.470	6.898	0.717	0.300	0.417
0.960	2.743	1.307	0.269	1.038	1.220	4.314	0.951	0.298	0.653	1.480	7.038	0.709	0.300	0.409
0.970	2.791	1.290	0.271	1.019	1.230	4.392	0.940	0.299	0.641	1.490	7.181	0.701	0.299	0.402
0.980	2.839	1.274	0.273	1.001	1.240	4.472	0.930	0.330	0.530	1.500	7.327	0.693	0.298	0.395

値に対しては厳密に求めにくいので実用的でなく，他の2方法が用いられている．この2方法はそれぞれ理論的根拠を有するものであり，F_r を非超過の確率，r は資料を小さいものから大きいものの順に並べた時の順位，n は全資料数とすると，

$$F_r = \frac{r}{n+1} \cdots\cdots \text{トーマスプロットの場合}$$

$$F_r = \frac{2r-1}{2n} \cdots\cdots \text{ヘーズンプロットの場合}$$

となり，洪水年（超過確率）は，$T = \dfrac{1}{1-F_r}$ となる．

(a) x_0 の推定

表2.19 の年最大日雨量資料（x）について，

$$\log x_0 = \frac{1}{n} \Sigma \log x = \frac{87.4299}{42} = 2.08166$$

表 **2.19** 変数の変換式推定の計算（順序統計学的方法）

n	x	$\log x$	$\log^2 x$	n	x	$\log x$	$\log^2 x$
1	270.5	2.4322	5.9156	22	116.0	2.0645	4.2622
2	234.0	2.3692	5.6131	23	112.5	2.0512	4.2074
3	221.0	2.3444	5.4962	24	108.0	2.0334	4.1347
4	210.0	2.3222	5.3926	25	103.8	2.0162	4.0651
5	193.0	2.2856	5.2240	26	103.0	2.0128	4.0514
6	188.5	2.2753	5.1770	27	101.5	2.0065	4.0260
7	185.0	2.2672	5.1402	28	99.5	1.9978	3.9912
8	182.9	2.2622	5.1175	29	95.5	1.9800	3.9204
9	181.0	2.2577	5.0972	30	94.0	1.9731	3.8931
10	175.0	2.2430	5.0310	31	92.0	1.9638	3.8565
11	170.7	2.2322	4.9827	32	88.5	1.9469	3.7904
12	161.5	2.2082	4.8761	33	88.0	1.9445	3.7811
13	142.5	2.1538	4.6389	34	87.5	1.9420	3.7714
14	142.0	2.1523	4.6324	35	85.0	1.9294	3.7226
15	137.5	2.1383	4.5723	36	84.0	1.9243	3.7029
16	134.0	2.1271	4.5246	37	78.0	1.8921	3.5800
17	131.0	2.1173	4.4830	38	77.0	1.8865	3.5589
18	127.2	2.1045	4.4289	39	71.0	1.8513	3.4273
19	126.0	2.1004	4.4117	40	68.3	1.8344	3.3650
20	124.0	2.0934	4.3823	41	63.7	1.8041	3.2548
21	123.8	2.0927	4.3794	42	62.5	1.7959	3.2253

$\Sigma \log x = 87.4299$, $\Sigma \log^2 x = 183.1044$.

2.5 水文統計　**93**

$$\therefore \quad x_0 = 120.7$$

しかし確率計算には x_0 は直接的に必要でなく，$\log x_0$ そのものが必要である．

（b）α の推定

次のようにして $\sigma_{\log x}$ と σ_ξ を求めて，

$$\frac{1}{\alpha} = \frac{\sigma_{\log x}}{\sigma_\xi}$$

で計算する．

1）　$\sigma_{\log x}$ の計算

次の式で計算する．

表 2.20　σ_ξ の数値表（トーマスプロット）

n	σ_ξ	n	σ_ξ	n	σ_ξ	n	σ_ξ	n	σ_ξ	n	σ_ξ
10	0.5575	37	0.6479	64	0.6678	91	0.6769	118	0.6825	290	0.6953
11	0.5668	38	0.6489	65	0.6682	92	0.6772	119	0.6828	300	0.6957
12	0.5747	39	0.6500	66	0.6686	93	0.6775	120	0.6829	310	0.6959
13	0.5818	40	0.6510	67	0.6691	94	0.6778	125	0.6837	320	0.6963
14	0.5880	41	0.6521	68	0.6695	95	0.6781	130	0.6845	330	0.6964
15	0.5935	42	0.6530	69	0.6700	96	0.6784	135	0.6850	340	0.6967
16	0.5985	43	0.6539	70	0.6704	97	0.6786	140	0.6857	350	0.6971
17	0.6030	44	0.6547	71	0.6703	98	0.6788	145	0.6864	360	0.6972
18	0.6070	45	0.6555	72	0.6712	99	0.6790	150	0.6870	370	0.6974
19	0.6108	46	0.6563	73	0.6716	100	0.6792	155	0.6876	380	0.6977
20	0.6142	47	0.6571	74	0.6720	101	0.6974	160	0.6879	390	0.6978
21	0.6174	48	0.6580	75	0.6724	102	0.6795	165	0.6884	400	0.6980
22	0.6203	49	0.6589	76	0.6727	103	0.6797	170	0.6889	410	0.6982
23	0.6231	50	0.6597	77	0.6730	104	0.6802	175	0.6892	420	0.6983
24	0.6256	51	0.6605	78	0.6733	105	0.6803	180	0.6896	430	0.6984
25	0.6279	52	0.6611	79	0.6737	106	0.6804	185	0.6899	440	0.6986
26	0.6301	53	0.6617	80	0.6740	107	0.6809	190	0.6904	450	0.6987
27	0.6322	54	0.6623	81	0.6743	108	0.6810	195	0.6908	460	0.6990
28	0.6342	55	0.6629	82	0.6746	109	0.6811	200	0.6913	470	0.6992
29	0.6361	56	0.6635	83	0.6748	110	0.6813	210	0.6917	480	0.6993
30	0.6379	57	0.6641	84	0.6751	111	0.6815	220	0.6924	490	0.6994
31	0.6396	58	0.6647	85	0.6754	112	0.6817	230	0.6928	500	0.6995
32	0.6412	59	0.6652	86	0.6757	113	0.6818	240	0.6934		
33	0.6427	60	0.6658	87	0.6759	114	0.6819	250	0.6936		
34	0.6441	61	0.6663	88	0.6761	115	0.6822	260	0.6942		
35	0.6454	62	0.6668	89	0.6763	116	0.6823	270	0.6945		
36	0.6467	63	0.6673	90	0.6766	117	0.6824	280	0.6948		

$$\sigma_{\log x} = \sqrt{\overline{\log^2 x} - \log^2 x_0}$$

$$\overline{\log^2 x} = \frac{\Sigma \log^2 x}{n} = \frac{183.1044}{42} = 4.35963$$

$\log x_0 = 2.08166$ ……上述の計算により，

$$\sigma^2_{\log x} = \overline{\log^2 x} - \log^2 x_0 = 4.35963 - (2.08166)^2 = 0.02632$$

$$\therefore \ \sigma_{\log x} = 0.1622$$

2) σ_ε の計算

① トーマスプロット

表 2.20 より $n=42$ に対する σ_ε を求めると 0.6530 であるから，

表 2.21 σ_ε の数値表（ヘーズンプロット）

n	σ_ε	n	σ_ε	n	σ_ε	n	σ_ε	n	σ_ε	n	σ_ε
10	0.6632	37	0.6951	64	0.7002	91	0.7022	118	0.7034	290	0.7057
11	0.6672	38	0.6954	65	0.7003	92	0.7022	119	0.7034	300	0.7058
12	0.6705	39	0.6957	66	0.7004	93	0.7023	120	0.7034	310	0.7059
13	0.6733	40	0.6960	67	0.7004	94	0.7024	125	0.7035	320	0.7059
14	0.6657	41	0.6962	68	0.7005	95	0.7024	130	0.7036	330	0.7059
15	0.6778	42	0.6964	69	0.7006	96	0.7025	135	0.7038	340	0.7060
16	0.6796	43	0.6967	70	0.7007	97	0.7025	140	0.7039	350	0.7060
17	0.6812	44	0.6969	71	0.7008	98	0.7026	145	0.7041	360	0.7060
18	0.6826	45	0.6971	72	0.7009	99	0.7026	150	0.7043	370	0.7060
19	0.6839	46	0.6974	73	0.7009	100	0.7027	155	0.7044	380	0.7060
20	0.6851	47	0.6976	74	0.7010	101	0.7027	160	0.7044	390	0.7061
21	0.6861	48	0.6978	75	0.7011	102	0.7028	165	0.7045	400	0.7061
22	0.6870	49	0.6980	76	0.7012	103	0.7028	170	0.7045	410	0.7061
23	0.6879	50	0.6982	77	0.7013	104	0.7028	175	0.7046	420	0.7061
24	0.6887	51	0.6984	78	0.7013	105	0.7029	180	0.7047	430	0.7062
25	0.6894	52	0.6986	79	0.7014	106	0.7029	185	0.7048	440	0.7062
26	0.6901	53	0.6988	80	0.7015	107	0.7030	190	0.7048	450	0.7062
27	0.6908	54	0.6990	81	0.7016	108	0.7030	195	0.7049	460	0.7062
28	0.6913	55	0.6992	82	0.7016	109	0.7031	200	0.7049	470	0.7062
29	0.6918	56	0.6994	83	0.7017	110	0.7031	210	0.7050	480	0.7062
30	0.6923	57	0.6995	84	0.7018	111	0.7031	220	0.7051	490	0.7062
31	0.6928	58	0.6996	85	0.7018	112	0.7032	230	0.7052	500	0.7062
32	0.6932	59	0.6997	86	0.7019	113	0.7032	240	0.7052		
33	0.6937	60	0.6998	87	0.7019	114	0.7032	250	0.7053		
34	0.6941	61	0.6999	88	0.7020	115	0.7033	260	0.7054		
35	0.6944	62	0.7000	89	0.7020	116	0.7033	270	0.7055		
36	0.6948	63	0.7001	90	0.7021	117	0.7034	280	0.7056		

$$\frac{1}{\alpha} = \frac{\sigma_{\log x}}{\sigma_\xi} = \frac{0.1622}{0.6530} = 0.2484$$

② ヘーゼンプロット

表 2.21 より $n=42$ に対する σ_ξ を求めると 0.6964 であるから，

$$\frac{1}{\alpha} = \frac{\sigma_{\log x}}{\sigma_\xi} = \frac{0.1622}{0.6964} = 0.2329$$

以上，各定数が推定されたので変換の式は，

$$\left.\begin{array}{l} \text{トーマスプロットの場合：} \\ \log x = \dfrac{1}{\alpha}\xi + \log x_0 = 0.2484\xi + 2.0817 \\ \text{ヘーゼンプロットの場合：} \\ \log x = \dfrac{1}{\alpha}\xi + \log x_0 = 0.2329\xi + 2.0817 \end{array}\right\} \quad (2.54)$$

なお σ_ξ は n だけに関係することに着目して，表 2.20，2.21 は著者が計算したものである[44].

(4) 確率計算

(a) 与えられた超過確率に対する確率変数値

1) 岩井法

式 (2.52) に表 2.13 から求められる所要の洪水年に対する ξ の値を代入する．

たとえば洪水年 100 年の場合には，表 2.13 により $\xi=1.6450$ であるから，これを式 (2.52) に代入すれば，

$$\log(x-12.8) = 0.2574\xi + 2.0330 = 0.2574 \times 1.6450 + 2.0330$$
$$= 2.4564$$

真数をとって，

$$x - 12.8 = 286.0$$
$$\therefore\ x = 298.8$$

2) 積率法（石原・高瀬法）

洪水年 100 年の $\xi=1.6450$ を式 (2.53) に代入すれば，

$$\log(x+24.5) = 0.1967 \times 1.6450 + 2.1658$$
$$x = 284.1$$

3) 順序統計学的方法

洪水年 100 年の $\xi=1.6450$ を式 (2.52) に代入すれば，

$$\log x = 0.2484\xi + 2.0817 = 0.2484 \times 1.6450 + 2.0817 = 2.4903$$

$$\log x = 0.2329\,\xi + 2.0817 = 0.2329 \times 1.6450 + 2.0817 = 2.4648$$

したがって真数をとり，トーマスプロットの場合は，309.2，ヘーズンプロットの場合は 291.6 となる．

（b）　与えられた確率変数値の超過確率

式(2.52)～(2.54)に与えられた確率変数値の x を代入して ξ を算出すればよいので，岩井法の場合だけについて説明する．

表 2.14 の資料において，資料数 $n=42$ の中で最も大きい値 270.5 mm の確率（洪水年）は何年であるかを計算する場合について考察する．

式（2.52）に，
$$\log(x-12.8) = \log 257.7 = 2.4111$$
を代入すると，
$$2.4111 = 0.2574\,\xi + 2.0330$$
$$\xi = \frac{2.4111 - 2.0330}{0.2574} = 1.4690$$

$\xi=1.4690$ に最も近い洪水年は表 2.13 より $N=53$ である．したがって洪水年 53 年となる．

（5）　対数確率紙による推定法

実際の確率計算によらず，対数確率紙にそれぞれの点をプロットして図上で近似的に変換の式を推定する方法である．これは前述の図 2.55 に示すとおり，横軸には x あるいは $(x-b)$ をとり，縦軸は正規分布の超過確率あるいは非超過確率を％でとってあり，その横軸の値に対応する確率変換値の順序に着目し，r を小さい方から数えた順番として，トーマスプロットならば $F_r = r/(n+1)$，ヘーズンプロットならば $F_r = (2r-1)/2n$ をとり，これらのプロットされた点を通る最適の直線を図上で決定して変換の式を推定するわけである．したがってプロットする場合にはプロッティングポジションが基礎となっているため，順序統計学的方法を計算によらずに図上で推定することになる．

以上，対数正規分布の解法を代表的な 3 つの方法について紹介した．表 2.22 に数地点の年最大日雨量資料について，これらの 3 方法によって推定した洪水年 50 年の日雨量の値を示してある．計算方法が違うから当然各方法の結果は多少違ってくるのであるが，これらの方法はそれぞれ理論的根拠をもっており，現段階ではその優劣を理論的に決定することができないので，特に慎重を要する場合は，3 方法でそれぞれ計算して比較検討すれば一層十分であろう．参考

表 2.22　3方法による確率計算値（洪水年 50 年）

観測地点	岩井法	順序統計学 プロッティングポジション		積率法
		トーマス法	ヘーゼン法	
伊賀上野	233.1	255.5	239.9	227.8
五城目町	156.0	158.0	151.1	149.7
大河内	258.5	276.9	263.0	258.3
大谷	245.7	296.3	283.2	247.2
石徹白	228.9	249.9	239.2	227.8
大野	199.5	238.7	226.4	208.1

のため，これらの特徴を述べると，次の 2 つにまとめられる．

① 数値計算の手数は著者らの研究（表 2.20, 表 2.21 などの作成）により順序統計学的方法が簡単で，岩井法と積率法がやや難しいように思われる．

② 下限値 b は岩井法では分布の両端部の資料によって推定し，順序統計学的方法では 0 と仮定し，積率法は全部の資料によって推定する．この値は物理的には正であるべきであるが負になるものもある．しかし，この b をグンベル分布のように分布曲線をよく適合させるための数学的定数と考えておけば差しつかえないものと思われる．このことは観測値 $x=0$ でもある確率をもつことになるが，実際の資料に適用した結果その確率はきわめて小さく，いずれも 0.01 %（生起年 10000 年）以下であった[45]．

また著者らの考察によれば[45]，グンベル分布と対数正規分布とは，対数正規分布の C_s（ひずみ係数）$=1.1395$, C_k（尖り係数）$=5.4000$ の場合にはグンベル分布とは 4 次までの積率を等しくすることができるので，実用上は近似的にグンベル分布が対数正規分布の特殊な場合であるとみて差しつかえないことがわかった．このことは，チャウがフレケンシーファクター（frequency factor）k を用いて解析し[46]，その k が対数正規分布の $C_s=1.1395$, $C_v=0.364$（彼は $b=0$ のものを取り扱っている）の場合にグンベル分布の k の値と近似していることからグンベル分布が近似的に対数正規分布の特殊の場合であると提唱した理論の妥当性を積率理論によって根拠づけるとともに，対数正規分布の適用性の広いことを実証したようにも思われる．

2.5.5 水文量の設計に対する安全性

水工計画の基礎となる雨量や洪水などの水文量は,自然界における物理的因子と確率的因子に支配される不定量であって,これら諸因子の結合作用によって発生するものであるといえるであろうが,これらは水工計画に取り入れられ,そして計画の中において採用される非常に重要な因子であるといえよう.しかし実際には,これら諸因子の多くを解明することは不可能であり,いろいろの仮定のもとに水工計画がなされている現状であるが,われわれは現実の問題として雨量や洪水の発生と確率雨量や確率洪水などをいかに評価するか,それは治水計画における計画高水流量などを決定する際に,非常に難しいが重要な問題であるといわなければならない[47].

（1） 水文量の発生に対する評価

一般に T 年洪水などの T 年水文量以上の水文量が N 年間に一度も起こらないであろう確率は,N が比較的大きければ[48],

$$P = \left(1 - \frac{1}{T}\right)^N \fallingdotseq e^{-N/T} \tag{2.55}$$

ただし,$1/T^2 < 1$.

式 (2.55) において,$T = N$ とすれば,

$\quad P_1 = e^{-1} \fallingdotseq 0.37 \qquad N$ 年以上の水文量が N 年間に一度も起こらないであろう確率.

$T = 5N$ とすれば,

$\quad P_5 = e^{-0.2} \fallingdotseq 0.82 \qquad 5N$ 年以上の水文量が N 年間に一度も起こらないであろう確率.

$T = 10N$ とすれば,

$\quad P_{10} = e^{-0.1} \fallingdotseq 0.90 \qquad 10N$ 年以上の水文量が N 年間に一度も起こらないであろう確率.

$T = 20N$ とすれば,

$\quad P_{20} = e^{-0.05} \fallingdotseq 0.95 \qquad 20N$ 年以上の水文量が N 年間に一度も起こらないであろう確率.

$T = 100N$ とすれば,

$\quad P_{100} = e^{-0.01} \fallingdotseq 0.99 \qquad 100N$ 年以上の水文量が N 年間に一度も起こらないであろう確率.

以上のことからもわかるとおり,N 年間の安全を仮に 90% で期待するため

には常に $10N$ 年水文量を考えなければならないことになる.

（2） M 年間最大値水文量の特性

　計画高水流量を決めたり雨量や洪水などを論じる場合に，しばしば過去 M 年間の観測最大値を1つの目安とすることがある．しかし，この値は既往最大ということだけで，このような値が統計的にみた場合どのような意味をもっているかについては，すべての河川流域などに共通するような相対的安全度はわからないが，現実の問題として発生した雨量や洪水であり，少なくとも何か1つの基準となりえる重要な値であるといわなければならないであろう．いま仮に水文量として洪水流量を例にとり，過去 M 年間の最大流量を計画高水流量とした場合，将来どれくらいの期間はその流量値を超える値が起こらず，その河川が安全であるかを考える．ここで c をある年の，その流量値のとる超過確率，すなわち，ある年の流量が計画高水流量（M 年間の最大流量）を超える超過確率であり，寿命とは計画高水流量を超過するような流量が起こるまでの年数であると定義しよう．c の値は0から1まで一様な確率分布をとるものとすれば，M 年間の最大流量を計画高水流量とした場合，その値が N 年間の寿命である確率 X を求めてみると，次のとおりである[49]．

$$X = \int_0^1 (1-c)^{N-1} \cdot c \cdot M(1-c)^{M-1} dc = \frac{M}{(M+N-1)(M+N)}$$

(2.56)

　この式（2.56）において M が比較的大きいとし $N=M$ とすると，その確率 X は，

$$X = \frac{M}{2M(2M-1)} \fallingdotseq \frac{1}{4M}$$

(2.57)

また $N=(1/5)M$ とすると，

$$X = \frac{M}{1.2M(1.2M-1)} \fallingdotseq \frac{1}{1.44M}$$

(2.57)′

この式は M に関係することになるが，少なくとも N 年間はもつという寿命の期待値 L は，M が比較的大きいとし，$N=M$ とすれば，

$$L_1 = \sum_{N=M}^{\infty} \frac{M}{(M+N-1)(M+N)}$$

$$= \sum_{N=M}^{\infty} \frac{1}{\left(1+\dfrac{N}{M}-\dfrac{1}{M}\right)\left(1+\dfrac{N}{M}\right)} \cdot \frac{1}{M} \fallingdotseq \sum_{N=M}^{\infty} \frac{1}{\left(1+\dfrac{N}{M}\right)^2} \cdot \frac{1}{M}$$

ここで，$N=M+z$ とおけば，

$$L_1 = \sum_{N=M}^{\infty} \frac{1}{\left(1+\dfrac{M+z}{M}\right)^2} \cdot \frac{1}{M} = \sum_{N=M}^{\infty} \frac{1}{\left(2+\dfrac{z}{M}\right)^2} \cdot \frac{1}{M}$$

$$= \int_0^{\infty} \frac{1}{\left(2+\dfrac{z}{M}\right)^2} \cdot \frac{1}{M} dz$$

ここで，さらに $z/M=\xi$ とおけば，

$$L_1 = \int_0^{\infty} \frac{d\xi}{(2+\xi)^2} = \left|\frac{-1}{2+\xi}\right|_0^{\infty} = \frac{1}{2} = 0.50$$

次に $N=(1/5)M$，すなわち $M=5N$ の場合を考えると同様にして，

$$L_5 = \int_0^{\infty} \frac{d\xi}{(1.2+\xi)^2} = \left|\frac{-1}{1.2+\xi}\right|_0^{\infty} = \frac{1}{1.2} \fallingdotseq 0.83$$

以下同様に，

$$N=\frac{1}{10}M \quad すなわち \quad M=10N \quad ならば \quad L_{10}=\frac{1}{1.1}\fallingdotseq 0.91$$

$$N=\frac{1}{20}M \quad すなわち \quad M=20N \quad ならば \quad L_{20}=\frac{1}{1.05}\fallingdotseq 0.95$$

$$N=\frac{1}{100}M \quad すなわち \quad M=100N \quad ならば \quad L_{100}=\frac{1}{1.01}\fallingdotseq 0.99$$

ただし，L_1, L_5, L_{10}, L_{20}, L_{100} は，それぞれ N 年，$5N$ 年，$10N$ 年，$20N$ 年，$100N$ 年間の最大値のもつ N 年間の寿命であって，N を M に置き換えて考えてもよいわけである．

以上は，$N \leqq M$ の場合であるが，$N>M$ の場合を考えると，以下同様にして，

$$N=5M \quad すなわち \quad M=\frac{1}{5}N \quad ならば \quad L_{1/5}=\frac{1}{6}\fallingdotseq 0.17$$

$$N=10M \quad すなわち \quad M=\frac{1}{10}N \quad ならば \quad L_{1/10}=\frac{1}{11}\fallingdotseq 0.091$$

$$N = 20M \quad \text{すなわち} \quad M = \frac{1}{20}N \quad \text{ならば} \quad L_{1/20} = \frac{1}{21} \fallingdotseq 0.048$$

$$N = 100M \quad \text{すなわち} \quad M = \frac{1}{100}N \quad \text{ならば} \quad L_{1/100} = \frac{1}{101} \fallingdotseq 0.0099$$

(3) 総合的考察

式 (2.55) は T 年水文量が N 年間に 1 度も起こらないであろう確率であり，式 (2.56) は M 年間の最大値水文量で計画した場合，その値が少なくとも N 年間の寿命である確率であって，ともにその間の安全を期待される確率である．

式 (2.55) と式 (2.56) によって計算された結果はあまり差のないことがわかるであろう．われわれは一般に T 年水文量の概念をよく使っているが，これは平均的にみて T 年間に 1 年の割合で，それ以上の値が期待されるような値であって，ここで取り上げているような T 年間安全であるということではないので注意しなければならない．

演習問題 [2]

2.1 1 気圧について説明し，何ヘクトパスカル（ミリバール）であるかを計算せよ．

2.2 わが国における気象特性について考察せよ．

2.3 台風と梅雨について考察せよ．

2.4 河川流域内各地点の雨量値から，流域平均雨量値の推定法について考察せよ．

2.5 河川の水位は流域降雨の状況などによって絶えず変動しているのであるが，その水位の種類について考察せよ．

2.6 河川における流況曲線について考察せよ．

2.7 合理式（物部式，ラショナル式）について考察するとともに，流域面積 $(A) = 360 \text{ km}^2$，流出係数 $(f) = 0.8$，流域最遠点地点より流量を推定しようとする地点までの洪水到達時間 $(T) = 3$ 時間，日雨量 $(R) = 120 \text{ mm}$ の流域における洪水のピーク流量 $(Q_{\max})$ を合理式によって計算せよ．

2.8 出水解析法における単位図法，貯留関数法および水理学的方法について考察せよ．

2.9 水文統計学における対数正規分布および超過確率，非超過確率について考察せよ．

2.10 水文量の設計に対する安全性について考察せよ．

第 3 章 河 川 水 理

3.1 等流および不等流計算

河川の流れは，定流（流れの状況すなわち流量が時間的に変化しない流れ）と不定流あるいは非定流（流れの状況すなわち流量が時間的に変化する流れ）に分けられ，定流には等流（等速定流）と不等流（不等速定流）がある．

水位観測記録あるいは洪水後の洪水痕跡調査の結果から実際の洪水流量を算定するには，通常は近似的に等流計算あるいは不等流計算を行う．

3.1.1 等 流 計 算

河状がほぼ一様である区間の上・下流の断面間において，平均断面積 A，平均径深 R および水面勾配 I を求め，その間の粗度係数 n を推定して平均流速 V を求めれば，流量 Q は $Q=AV$ で計算される．平均流速 V の計算にはマンニング公式 $V=1/nR^{2/3}I^{1/2}$ がよく用いられるが，n の概略値は前述の表 2.8 に示すとおりである．

横断方向に河床の変化がある場合には横断面を鉛直方向にいくつかに区分し，各区分断面ごとに断面積 A' を求め，その区分河床に適した n を用いて平均流速 V' を求めると，その区分断面の流量は $A'V'$ であるので，これらを合計して全断面流量とする．

3.1.2 不等流計算
（1） 不等流逐次計算法

河川のある長い区間について洪水痕跡を得た場合，その水面形は一様な勾配でないことが常である．洪水痕跡は最高水位の痕跡であり流量の変化は少ないと考えてよいので，この原因は断面形状および粗度係数が各断面で異なるために流れが不等流であることによるもので，したがって河幅の広狭，その他河状の変化の多い区間については，水位が細かい区間で与えられていない場合に流量計算は不等流計算法によらなければならないわけである．

河道内の流れは一般に不等流になっているので，次式によって水位・流速の

3.1 等流および不等流計算

縦断的変化を求めることができる．

$$-i + \frac{dH}{dx} + \frac{\alpha Q^2}{2g}\frac{d}{dx}\left(\frac{1}{A^2}\right) + \frac{1}{C^2 R}\left(\frac{Q}{A}\right)^2 = 0 \quad (3.1)$$

ただし，C：シェジー（Chezy）公式の係数
α：流速分布に関する補正係数（普通は約 1.1）
i：底勾配
H：流水の水深
A：断面積
R：径深

上式は幅の広い長方形断面水路に流量 Q が流れている時に，摩擦損失を考慮したベルヌーイ（Bernoulli）の定理を距離 dx を隔てた 2 断面に適用して導かれた不等流に関する基礎方式であって，これにマンニング公式(2.7)を代入すると，

$$i - \frac{dH}{dx} = \alpha \frac{Q^2}{2g}\frac{d}{dx}\left(\frac{1}{A^2}\right) + \frac{n^2 Q^2}{R^{4/3} A^2} \quad (3.2)$$

上式を差分式に改め，下流断面〔1〕に，上流断面に〔2〕のサフィックス（suffix）を用いると，

$$i\Delta x - \Delta H = \alpha \frac{Q^2}{2g}\left(\frac{1}{A_1^2} - \frac{1}{A_2^2}\right) + \frac{n^2 Q^2}{2}\left(\frac{1}{R_1^{4/3} A_1^2}\right.$$

$$\left. + \frac{1}{R_2^{4/3} A_2^2}\right)\Delta x \quad (3.3)$$

上式より任意の断面についてその流量に対応する水位を求めることができる．すなわち，計算区間を適当な距離 Δx に分割し，流れが水理学的に常流の場合の断面①の水位 H_1 が与えられたとすると，直上流断面②との間の水位差を ΔH

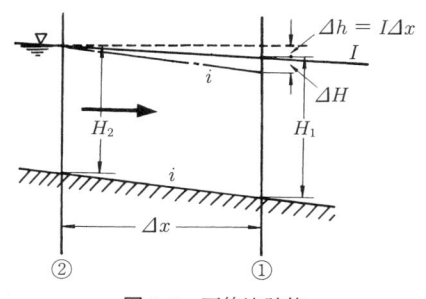

図 3.1 不等流計算

と仮定すれば，断面②の水位 H_2 は図 3.1 に示すとおり，
$$H_2 = H_1 - \Delta H = H_1 - (i\Delta x - \Delta h) \quad (\Delta h = I \Delta x)$$
ゆえに，H_1，H_2 に対する A_1，R_1，A_2，R_2 を求めて式 (3.3) の右辺に代入し，右辺の値と左辺の値を比較しつつ，一致するまで ΔH を修正すれば ΔH が決定される．この操作を順次上流に進めて各断面の水位を求めていくことになるが，流れが水理学的に射流の場合には，計算は上流から下流に向かって進めなければならないことはいうまでもない．

（2）図式解法

これはエスコフィエ（Escoffier）の方法[1]ともよばれるもので，基準面から河床までの高さを z とすると，
$$i\Delta x = z_2 - z_1$$
式 (3.3) は図 3.1 より明らかなように，次のように変形される．
$$(H_1 + z_1) - (H_2 + z_2) = \left(\frac{\alpha}{2gA_2{}^2} - \frac{n^2 \Delta x}{2R_2{}^{4/3} A_2{}^2}\right) Q^2$$
$$- \left(\frac{\alpha}{2gA_1{}^2} + \frac{n^2 \Delta x}{2R_1{}^{4/3} A_1{}^2}\right) Q^2 \quad (3.4)$$
いま，
$$\left. \begin{array}{l} F = \dfrac{\alpha}{2gA^2} + \dfrac{n^2 \Delta x}{2R^{4/3} A^2} \\[2mm] G = \dfrac{\alpha}{2gA^2} - \dfrac{n^2 \Delta x}{2R^{4/3} A^2} \end{array} \right\} \quad (3.5)$$
で定義される関数 F，G を用いると，式 (3.4) は次のように変形される．
$$\frac{(H_2 + z_2) - (H_1 + z_1)}{F_1 - G_2} = Q^2 \quad (3.6)$$

計算区間で A，R が H の関数で表される場合には，F，G は H だけの関数となり，各水位に対して断面ごとに F，G を計算し，1 つの図上にプロットすれば図 3.2 のような曲線が得られることになる．

この図を用いて図式計算を行うのであるが，計算区間長 Δx は各区間ごとに適当に決めてよい．ただし水位は基準線から測った水位で，水深 H と河床の座標 z とを加えたものであることに注意を要するが，流れが常流の場合の水面形を求めるには，境界条件を与える断面①の F_1 曲線上に与えられた水位点 A をとり，この点より直上流の断面②の G_2 曲線に向かって勾配 $a/b = Q^2$ の直線を

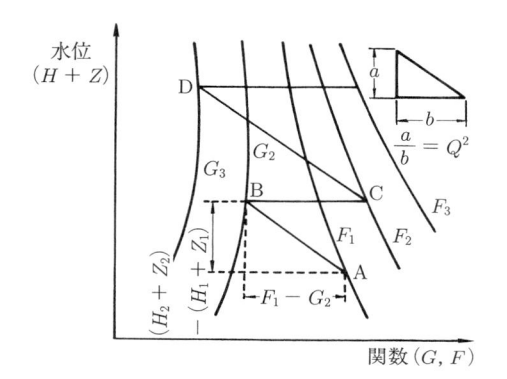

図 3.2 図式解法

引き，G_2 曲線との交点Bを求める．B点の縦距は断面②の水位 ($H_2 + z_2$) を与えることになる．

次にB点より水平線を引き，断面②の F_2 曲線との交点をCとし，Cから，さらに上流の断面③の G_3 曲線に向かって勾配 $a/b = Q^2$ の直線を引きD点を求めれば，D点の縦距は断面③の水位 ($H_3 + z_3$) を与えるわけである．

以下，この操作を繰り返すことによって各断面の水位を求めることができる．

3.2 洪 水 流

3.2.1 洪水流の水理に関する数学的解析法

洪水流は洪水時における水の流れ，すなわち水の運動であるから，流水に関する運動および連続方程式は一般にオイラー（Euler）の運動および連続方程式から出発している．しかしこれらの式は，われわれが洪水流を論じる場合にこのままでは解きにくいので，ある程度の仮定や省略を行って解いている．

矢野[2]は基礎方程式をもとに洪水流理論を次のように分類している．

① 加速度項を省略する方法．
② 微小変動理論による方法．
③ 擬似定流法．
④ 図式解法．
⑤ 数値計算法．

以上の④および⑤は主として基礎方程式を特性曲線表示して，解を図式的にまたは数値的に得ようとするもので古くからいろいろの研究がなされ，最近では電子計算機の進歩に伴って各種の解析例が示されているが，一般的には計算

技術の問題である．

3.2.2 洪水波の特性
　河川における洪水時のハイドログラフは波の形をしており，このため洪水現象を洪水波として取り扱い，この曲線が洪水波曲線といわれてきた．洪水流に関する研究は，水理学的原理に基礎をおく前述の理論的研究と経験的法則に基礎をおく実際的研究とに大別され，前者は一般に洪水の一般的特性を究明することがおもな目的で，そのためには基礎方程式であるところの不定流の運動方程式と連続式を解けばよいのであるが，これを一般的に解くことは容易なことではないので，いくつかの仮定を設けて理論を発展させている．

（1） 不定流の基礎方程式
　不定流の運動方程式は，

$$\underbrace{-i}_{河床勾配} + \underbrace{\underbrace{\frac{\partial H}{\partial x}}_{水深勾配}}_{水面勾配} + \underbrace{\frac{\alpha v}{g}\frac{\partial v}{\partial x}}_{速度水頭勾配} + \underbrace{\frac{v^2}{C^2 R}}_{摩擦勾配} + \underbrace{\frac{1}{g}\frac{\partial v}{\partial t}}_{加速度水頭勾配} = 0 \tag{3.7}$$

ただし，i：河床勾配

　　　　H：水深

　　　　x：流れの方向にとった距離

　　　　v：速度

　　　　R：径深

　　　　α：前述の補正係数

　　　　C：シェジーの係数

　　　　g：重力の加速度

　　　　t：時間

　一方，連続方程式は A を流水の断面積とすれば，次式で表される．

$$\frac{\partial A}{\partial t} + \frac{\partial (Av)}{\partial x} = 0 \tag{3.8}$$

　一様な長方形断面水路内の一様流れの上に小さな波がのせられた場合を考えてみると，長方形断面水路であるために $A=BH$，また $B \gg H$ であるとして近似的に $R \fallingdotseq H$ と考えると式 (3.7) および式 (3.8) はそれぞれ次のようになる．

$$-i + \frac{\partial H}{\partial x} + \frac{\alpha v}{g}\frac{\partial v}{\partial x} + \frac{v^2}{C^2 H} + \frac{1}{g}\frac{\partial v}{\partial t} = 0 \tag{3.9}$$

$$\frac{\partial H}{\partial t} + \frac{\partial (Hv)}{\partial x} = 0 \tag{3.10}$$

いま簡単化のため柱状断面水路について考え，流速が流水断面積の1価連続関数であると仮定すれば，

$$v = v(A) \tag{3.11}$$

式（3.11）が成立すれば，流量 $Q = Av$ は断面 A だけの関数となる．しかし，実際にはこの仮定は厳密ではないけれども，近似的にこの仮定を用い式（3.8）に代入すると，

$$\frac{\partial A}{\partial t} + \frac{d(Av)}{dA}\frac{\partial A}{\partial x} = 0 \tag{3.12}$$

この式において，$d(Av)/dA$ は A（したがって H）のある既知関数のはずであるから，これを，

$$\frac{d(Av)}{dA} = w(H) \tag{3.13}$$

とおけば，式（3.12）の一般解は，

$$A = f(x - wt) \tag{3.14}$$

となる．この式は伝播速度 w をもって伝わる波動を表すことになるが，式（3.12）は運動方程式を用いず式（3.11）を使って連続方程式（3.8）を書き直したものに過ぎないのに，連続方程式だけからこのように波動性が出てくることが河川不定流の1つの大きな特徴であり，このような波動を洪水波といっている．

（2） 洪水波形の変形

洪水流の波形は，その移動に伴って変化するもので波高が河道貯留作用，河幅や河床勾配の変化などによって，波形が下流に移動するにつれてくずれていき，そして偏平化していく現象である．この洪水ハイドログラフの変形は理論的にも説明できるが計算によると初期水深 H_0，抵抗係数 C および河床勾配 i_0 によって影響され，i_0 が緩いほど，偏平化が著しい．矢野の研究によると[3]，たとえば 1/400 の河床勾配では原点から 100 km の地点でもほとんど影響が起こっていないが，1/13600 程度の緩流河川の場合には原点の最大水深の20%程度まで低減すること，すなわち急流河川より緩流河川の方が減衰する率の高いことがわかった．その洪水波最高水位の低減していく割合は，H_0 を $x = 0$ の地

点の最高水位，αを係数，xを流下距離とすれば，

$$H_{\max} = H_0 e^{-\alpha x} \tag{3.15}$$

で表される．

（3） 洪水の伝播速度

普通は洪水の伝播速度というのは最高水位の移動する速度をもって表すが，時には最大流量の移動する速度をさす場合もあるので注意しなければならない．急流河川の伝播速度が緩流河川のそれより速いことは当然であるが，初期水深が大きいほど速く，河川の粗度係数が小さいほど洪水波の変形は小さく伝播は速くなる．また実質的な前面（front）の伝播速度は，実験洪水波においても実際河道においても水位ピークのそれとほぼ等しい速度で伝わり，洪水波は一様進行流的性格をもつことが確かめられ，そして水位ピークの伝播速度については一様河道でクライツーセドンの式[4]が比較的よくあてはまることが知られている．

（4） 洪水の最大水面勾配，最大流速，最高水位と最大流量の起こる時刻の関係

洪水は大きな波の伝播であるから，ある瞬間 t_1，t_2 および t_3 においてそれぞれ各地点の水位を縦軸にとり，地点Aからの距離を横軸にとれば各瞬間における洪水波の形が図3.3のように得られる．たとえば時間 t_1 における洪水波について考えると，1は水位の最高の点であり，これに対して平均流速は水深と水面勾配の両方に影響されるから，1よりも多少前面にあたる3において平均流速が最大となる．流量は流水断面積と平均流速の積で与えられるから，流量の最大となる点は1と3の間にある2のような地点である．したがって1つの地点について考えると，洪水波の通過とともにまず流速の最大値が現れ，続いて流量の最大値，最後は水位の最大値が現れることになる．具体的には最初に水面勾配 I の最大値が現れ次いで，V，Q，H の順序となる．

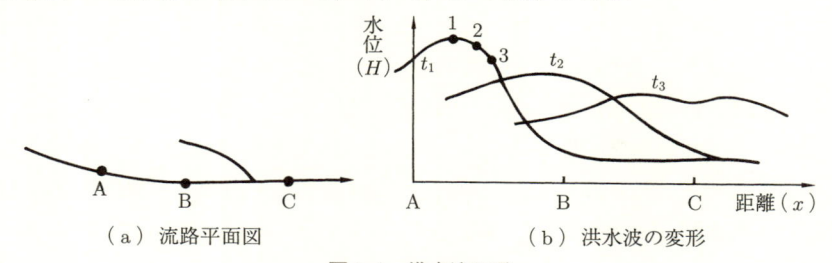

（a）流路平面図　　（b）洪水波の変形

図 3.3 洪水波の形

3.2.3 洪水追跡

　河道内の流量が増せば水位が高くなり，河道内には一時的にある水量が貯留されることになるが，これを洪水の河道貯留（channel storage）という．減水期になると流出量に河道貯留量の一部が加わって放出され，その結果，河道を流れる洪水波の基底長は下流にいくほど増大し，流出量が一定であれば，その頂点流量は減少することになるが，この現象が前述の洪水波の偏平化である．このような洪水波の形状とその移動に関連する河道貯留の影響を計算する方法を洪水追跡（flood routing）というが，河道上流のある断面における洪水流量時間曲線（ハイドログラフ）を与えて，下流地点の流量時間曲線を求める方法でもある．

3.3　土砂の流送

　河川流域における上流山地の崩壊，浸食が多ければ河川への補給土砂が多くなり，全体として河道に堆積し河床は上昇することになる．逆に補給土砂が少ないと河床は低下することになるが，河川全体からみれば，上流からの補給土砂量と下流の土砂の運搬能力とのバランスということで，河道全体としてどのようになるかが決定される．このことは河川延長の各部分においても同様であって，いま河川のある小区間をとって考えると，その区間の上流端から運びこまれる土砂量が，その区間の下流端の流水の土砂運搬能力以下の時は，流水は不足分をその区間内の河床材料から取り上げて能力だけの土砂を下流に運ぼうとし，その区間では河床は洗掘されることになる．そして逆の場合には河床に堆積することになるが，河川の全延長にわたって各地点の洗掘・堆積はこのような流送土砂の連続条件を調べることによって判断することができるであろう．特に河道内に大きなダム（dam）が築造され，また流域内の防砂工事も進み大規模な河川改修工事が行われるようになると大幅に境界条件が変化し，過去の記録および定性的な類推からだけでは河床変動を予測することが著しく困難になってくる．しかし河道計画においては将来の河床変化状況を推定することが必要であるが，このような河床変動の予測には流送土砂量について定量的に把握することが重要となる．

3.3.1　土砂の流送形式

　流水によって流送される土砂の運搬形式は，掃流砂・浮流砂および洗流砂

(wash load)の3つに大別される．比較的重い砂礫は河底に沿い，または河床に近い所を運動するので，これを掃流砂といい，これを動かす流水の力を掃流力という．掃流砂の運動にもいろいろな形式があって，流速によりその様相が変わるが，静止していた河床砂は流速がしだいに増加すると運動をはじめ，砂は河床上を転がるかまたは跳躍 (saltation) して移動する．次いで河床表面に近似的には三角形に近い形の小規模な砂漣 (sand ripple) が生じはじめ，その砂漣は下流方向に進行するが，砂礫の大きさと流速の関係によっては砂漣よりも規模の大きい堆積砂丘 (砂堆，dune) を生じ，この砂丘が全体として下流へ進行するような運動が現れる．この時さらに流速が大きくなっていくと河床は平滑河床となるが再び不安定となり，次に正弦波に近い対称的な波の砂丘が上流方向に進む現象 (反砂堆，antidune) が現れてくる．

比較的小さい砂は河床から流水中にもち上げられると流れの乱れ成分のために水中に拡散され，流れに浮かびつつ運搬される．これを浮流砂というが，流水中に浮遊する土砂のうち，河床を構成する土砂よりも細かい粒子よりなる流砂は，これを洗流砂といい，浮流砂と区別される．掃流砂と浮流砂とは河床構成材料と交換しながら移動する物質であり，両者を合わせて河床物質 (bed material load) とよび，洗流砂は河床構成材料とは無関係に上流より浮遊流下してきているものである．

3.3.2 限界掃流力

水が流れている時には水底面には必ずせん断力が働いているが，このせん断力がある限界以上になると土砂の運動がはじまる．この限界のせん断力を限界掃流力とよび，せん断力（掃流力）がこの限界値を超えて大きくなるほど大規模に砂礫が移動することになる．

流れのなかで図3.4のような断面積 A，長さ dx の部分を考えると，河床に働くせん断力の強さ τ は次のつり合い関係から求められる．

$$wAdxI = \tau S dx \tag{3.16}$$

ただし，I：水面勾配
S：断面の潤辺
w：水の単位体積重量

そして，径深 $R = A/S$ であるから上式に代入すると，

$$\tau = wRI \tag{3.17}$$

3.3 土砂の流送　**111**

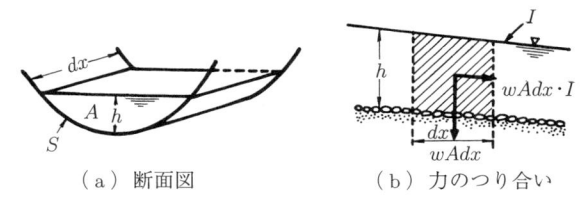

(a) 断面図　　　(b) 力のつり合い

図 3.4　限界掃流力

さらに，$S > 30R$ であれば，R の代わりに平均水深 h を用いて，
$$\tau = whI \tag{3.17}'$$
と書くことができ，普通の河川断面では掃流力は式（3.17）で表され，一般にこれをデュブァ（Du Buat）[5] の式という．

限界掃流力 τ_c は河床砂礫の大きさ，重さなどによって決まるが，これを与えるため古来より多くの公式が発表されている．

また限界掃流力の概略値としては，
$$\tau_c \fallingdotseq 0.05(w_s - w)d \tag{3.18}$$
として推定することもできる．ただし，τ_c は $\mathrm{gr/cm^2}$，w_s と w は $\mathrm{gr/cm^3}$，d（平均粒径）は cm で表す．

3.3.3　流砂量（流送土砂量）の測定

流砂量 Q_s と流量 Q との間には，
$$Q_s = \alpha Q^n$$
の関係が一般にあり，α は河川の状態により決まる定数で，n については浮流砂の場合には約 2.0，掃流砂の場合には約 1.0 程度の値である．すなわち 1 地点で測った浮流砂量は流量のほぼ 2 乗，掃流砂量はほぼ流量に比例するものとみることができるようである．

以上で述べたように，諸公式によって流砂量の概略値を得られるが，できればそれぞれの河川で実測により確かめて使用することが望ましい．しかし流砂量の実測ははなはだ困難であるが，次のような方法が普通行われている．また河床材料の採取を行ってふるい分け試験をしておくことも必要である．

（1）浮流砂量の測定

浮流砂量を測定しようとする断面において測線を定め，また測線上の測点を定めて，その測点において採水器を用いて採水し浮流砂の濃度を測定するもので，1 測線上の測点の数はなるべく多い方が望ましいが，普通は 5～6 点におい

て採水され，鉛直断面における土砂の濃度分布などを書いて理論式の検討および測定誤差の検討がなされる．これを point integrating method（仮称：測点積分法）という．また測線に沿って採水器を上下して測線上の各点から採水して，その測線上の平均濃度を求める方法があるが，これを depth integrating method（仮称：深度積分法）という．depth integrating method は1測線上の土砂の濃度分布および流速分布が理論的分布をしていないことが多いので測定精度が低いといわれているが，わが国では図 3.5 に示すような簡易採水器 B 型が普通よく用いられる．

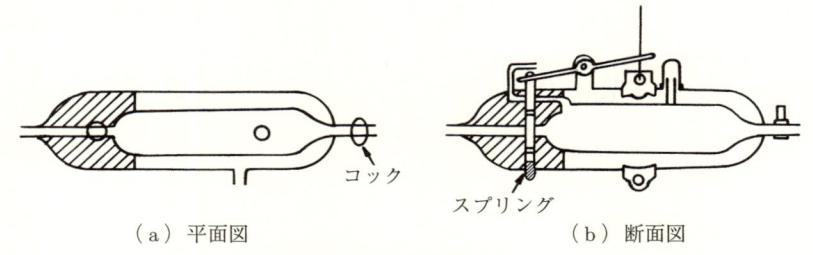

（a）平面図　　　（b）断面図

図 3.5　簡易採水器 B 型

（2）掃流砂量の測定

測定しようとする断面において数測点を定め，その点において掃流砂の採取器を入れて測定することが普通行われている．採取器はわが国では図 3.6 に示すようなものが用いられている．この採取器は河床に落ち着いた後に内部の扉が開くようになっており，採取口から流入した水を後端上半部から流出させるようにして流れを乱すことを少なくし，下半部に流送される土砂を捕獲するようになっている．この採取器を河床に一定時間定置した後に引き上げ，捕捉された土砂を計量して掃流砂量を求める．なお引き上げると内部の扉が閉じ，中に捕捉された土砂は流出しないようになっている．

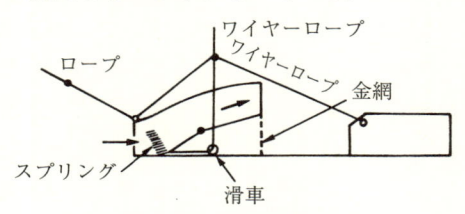

図 3.6　掃流砂の採取器

3.3.4 河床変動の特性

河床変動は移動床河床において水流が限界掃流力を超えるようになると生ずるもので，特に河床砂波（sand waves）はほとんど常に河床面上に形成されるものである．この現象は「ある河川で与えられた流量のもとにどれだけの河床砂が流送されるか」ということであり，流砂における基本的な問題に直面する．ここでは河床変動の特性として，河道にダムなどの河川構造物を設けた場合の局所的変動に関して，貯水池内の堆砂とダム下流部における河床変動のそれぞれの特性について考察することとしたい．

（1） 河道にダムなどの横断する河川構造物を設けた場合の局所的変動

河床変動の重要な問題の1つとして，ダムなどを築造して河道に貯水池を設けた場合における貯水池内の堆砂がある．これは貯水池の寿命にも関係する重要な問題であるが，同時にダム下流に対しては上流に堆砂するため下流への補給土砂が著しく減少または皆無になり，ダム下流部では河床低下が予想される．

（2） 貯水池内の堆砂

矢野・芦田らは貯水池の土砂堆積には掃流砂と浮流砂によるものとがあるが，前者によるものを取り扱い，理論的実験に考察を加えて掃流砂による貯水池の堆砂は砂堆（delta）形で行われることを強調し，その砂堆の肩の挙動などに着目して次の諸点を明らかにした[6]．

① 砂堆肩は流量，流砂量および下流水位が一定であれば大体水平面上を移動していくが，その高さは従来いわれているように必ずしも堰頂面を通らない．

② 砂堆肩上の水深は流量および流砂量が一定であれば，ほぼ一定の値をとり，この値は一定の流量に対して流砂量が小さいほど，また一定の流砂量に対して流量が大きいほど大きくなる．このことにより砂堆肩の移動する軌跡が場合により異なることが理解される．

③ 砂堆面勾配を直線と仮定することにより比較的容易に堆砂形状を算定することができ，実測値もかなりよく一致することがわかった．

④ 堆砂形状の算定の精度は流砂量および粗度係数の推定の精度に依存する．したがってこれらの諸点については，さらに検討を加えていくことが重要である．

（3） ダム下流の河床変動

古くからダム築造後にはすぐ下流の河床低下が生じ，それが波状をなして

下っていくといわれているが，安芸[7]は庄川の小牧および祖山ダム完成後の下流の河床変動についてダム完成後の昭和7年から2年ごとに観測した横断図から求められた平均河床高を調べた結果，河床の洗掘，堆積が順次下流に波状をなして移動することが認められ，波の振幅としては約50cm程度と推定された．このほか，2〜3の例を観察して吉川は次のように述べている[8]．

「河床低下の場合には案外平均河床としては低下量の小さいことが知られる．これにはダムなどによる流況の変化，支川からの土砂流入，河岸欠潰による土砂補給などが考えられるが，最も大きな原因としては細かい粒子が先に流され，河床表面の材料の粒度がしだいに粗くなっていき河床を洗掘から保護するようになるためであろうと考えられる．」

3.4 感潮河川

勾配の小さい河川が潮汐の大きい海に注ぐ時，潮汐の影響は相当に上流まで影響し河川の水位，流速および水中の塩分量が周期的に変化することになるが，このような河川を感潮河川といい，水位に影響のある範囲を感潮部とよんでいる．これは潮汐の周期をもった非常に波長の長い波が上流に伝わる現象とみることができ，河口付近では海水は河川水と混合せず，その下部に入って上流へ向かってくさび状に進入する．しかし水流の乱れのためにしだいに拡散して上流では混合していることになる．

3.4.1 感潮河川流
（1） 低　水　時

河口における潮汐の影響は洪水時以外の時に大きく現れ，一般に河口付近では上げ潮の時に逆流を生ずるが，洪水流のように準定常流と仮定することは不適当で，一般的な計算を行うには不定流の基礎方程式をその境界条件のもとで解かなければならない．

いま河口部での密度変化はないものとし，x軸を下流に向かって正，z軸を上方に対して正にとると不定流の運動方程式は，

$$\frac{\partial H}{\partial x} + \frac{\alpha v}{g}\frac{\partial v}{\partial x} + \frac{1}{g}\frac{\partial v}{\partial t} = i - I_f \tag{3.19}$$

一様幅水路での連続式は，

$$Bv\frac{\partial H}{\partial x} + BH\frac{\partial v}{\partial x} + B\frac{\partial H}{\partial t} = q' \qquad (3.20)$$

ただし, H：水深
　　　　v：x 方向の流れの平均流速
　　　　α：平均流速に対する補正係数で $\alpha \fallingdotseq 1.1$
　　　　i：河床勾配
　　　　I_f：流水の受ける抵抗による勾配で，近似的には水面勾配に等しい
　　　　g：重力の過速度
　　　　t：時間
　　　　q'：感潮部に存在する支派川からの流入量で流入の時は正，流出の時は負，流出入量のない時は $q'=0$ である
　　　　B：水面幅

しかし，式 (3.19), (3.20) を解析的に解くことは困難であるので境界条件を単純化し，基本方程式を差分方程式の形にして解く直接数値積分法・特性曲線による図解法[9]・物部が提案し[10]，本間がこれを修正した方法[11] などが用いられている．

（2）洪　水　時

洪水時には河川自身の流量が大きいので河川の流れに対する潮汐の影響は小さくなるが，感潮部も短くなり流れの運動方程式には準定常流の仮定を用いても誤差は比較的小さく，概算値として不都合はないようである．

しかし，河口の水位と流量との関係は一般の河道部のような対応がなく，計算に与えられる条件は水位変化だけであるので，洪水追跡の方法をそのまま応用することはできない．そこで本間は洪水時の感潮部が短いことを考慮し，次のような方法[12] を示している．すなわち潮汐波が感潮部を通過するのに要する時間を 0 とし，水面での貯留は常に図 3.7 のようにくさび形になるものと仮定すると，貯留量 S は河口水位 H_0 の関数で示される．

感潮部の上流端 A から河口までの区間に対して，連続方程式は，

$$(Q_A - Q_0)\Delta t = \Delta S \qquad (3.21)$$

ただし，Q_0：河口の流量

Δt を 1～2 時間にとり，図から ΔH_0 を求め，これに対応する ΔS を計算すれば，与えられた洪水流量 $Q_A(t)$ に対する河口流量 $Q_0(t)$ が式 (3.21) より求められる．この場合，感潮部における水面曲線が問題であるが，概算値としては

(a) 水面貯留

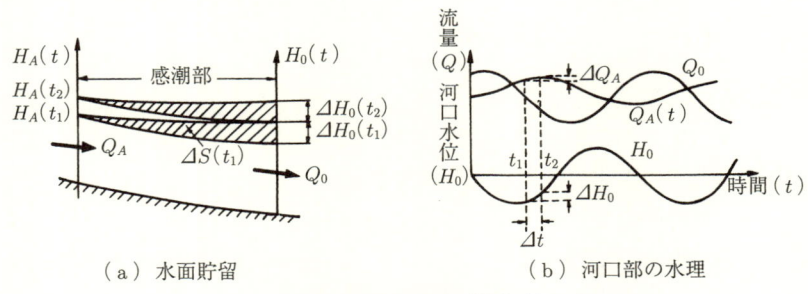

(b) 河口部の水理

図 3.7 感潮河川流（洪水時）

両端の水位を直線で結ぶか，あるいは平均した流量の背水曲線で結べばよい．

3.4.2 大災害を起こす高潮

1970年11月12日の夜から朝にかけて東パキスタンのガンジス河口地帯はサイクロンという大きな強風に見舞われ大災害を受けたが，新聞の発表によると，この時の死者と行方不明者の合計は，およそ30万人，家屋を失った人達はおよそ100万人ともいわれ，世界的にもいままでにない大きな災害となった．この時のサイクロンの中心気圧が990 hPa（ヘクトパスカル）で日本を襲う台風に比べると中型で弱いものであったが，高潮を伴ったため大災害を起こしたといわれている．また日本を襲った台風も，そして人命を多く奪った台風のほと

図 3.8 高潮をもたらす台風

んどがこのように高潮を伴っている．高潮の発生場所は太平洋沿岸部が圧倒的に多く，特に図 3.8 に示すように入り江になっているところが多くなっている．わが国では高潮発生回数の最も多い所は大阪湾と瀬戸内海で，次いで有明海，東京湾などの順となっているが，地形によって起こりやすいところと起こりにくいところがあり，主として太平洋沿岸では台風の進路より東側で発生しやすく，日本海側では西側で発生しやすくなっている．表 3.1 は，わが国における著名な既往の高潮の例を示すものである．

表 3.1　わが国における著名な高潮例

地点名	高潮の高さ（cm）	生起年月日	高潮の原因
東　京	230	1917 年 10 月 1 日	台風（東日本）
大　阪	310	1934 年 9 月 21 日	室戸台風
〃	237	1950 年 9 月 3 日	ジェーン台風
神　戸	153	1954 年 9 月 26 日	洞爺丸台風
名古屋	345	1959 年 9 月 26 日	伊勢湾台風

3.4.3　密　度　流

　河川・海洋・湖などの水域内になんらかの原因によって密度の違った水塊の接触が起こると，その接触面が水平でないかぎり，そこに相対運動の原因となる圧力勾配が生ずるが，このようにして起こる運動を密度流とよんでいる．なお，河口における淡水と海水との密度流混合の度合は通常，図 3.9 のように 3 つの型に大別されている．

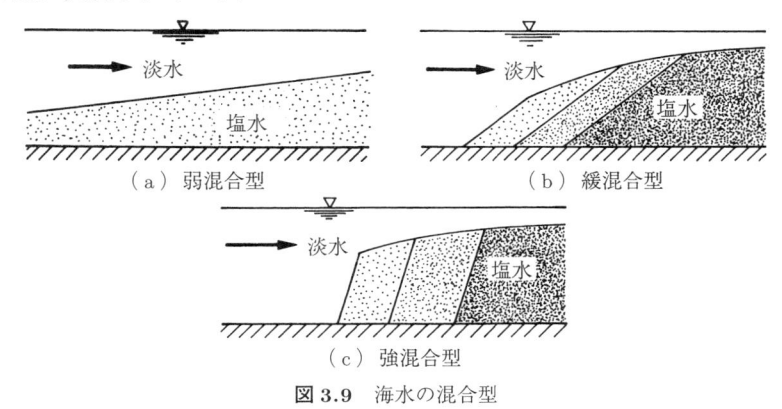

図 3.9　海水の混合型

(1) 弱混合型

淡水と海水の混合の少ない状態で図3.9 (a) の場合であるが，海水がくさび状になって河道内に入り込むので，これを塩水くさびとよんでおり，また2層流ともいっている．これは潮位差の小さな海に水深の大きな河川が流入する場合に生ずる．

(2) 緩混合型

混合がさらに進んでくると図3.9 (b) のようになるが，ある程度乱れがあり，そして淡水と海水の間に混合が生ずる場合で塩水の等濃度曲線が傾斜し，全体としては塩水がくさび状となって河道内に浸入してくることとなる．

(3) 強混合型

さらに乱れが著しくなってくると塩分の濃度分布による密度差の影響が消滅してしまう場合で，図3.9 (c) のように塩分の等濃度曲線は鉛直または鉛直に近くなるが，潮位差の大きい海に緩流河川がでるような場合に現れるものである．しかし海水と淡水との混合機構は，潮位・潮位差・河川流量・河口状況・河道内の形状など各種の要素が関係するため，1つの河川でも常に一定の混合型を示すものではなく，またその混合型においても緩混合型が一般的ではあるが，上げ潮の時には強混合型に近くなる傾向があり固定的なものではない．一般的には図3.9 (a), (b) を塩水くさびとよんでいるが，実際上は同図 (b) の緩混合型に属する河川が多い．金子は北陸河川の小矢部川河口で音響測深機を用いて塩水くさびを測定した結果，約1500m程度の長さの塩水くさびが存在することを確かめている．

演習問題 [3]

3.1 河川の流れを分類し各流れについて考察せよ．
3.2 洪水波の特性について考察せよ．
3.3 土砂の流送について考察せよ．
3.4 河床変動の特性について考察せよ．
3.5 感潮河川について考察せよ．

第4章 河川計画

4.1 総合河川計画

　総合河川計画とは，簡単にいえば利用しえない洪水はできるだけすみやかにかつ安全に海まで運び，利用しえる水は最も良好な状態で有効適切にこれを活用しえるようにするという理念を水系一貫し，そして全国的にバランスのとれた状態で実現しえる計画であるといえよう．

　土木技術の急速な進歩は巨大なダムの建設を可能にし，従来はなるべく早く海まで流してしまおうとした洪水の一部をため込み利水に利用することができるようになった．しかし雨の降り方は各年それぞれ異なっており，常に同一のものが期待されるものではなく，かつ同一雨量でも同一流量として流出してくるとはかぎらないので，これら自然的，技術的および流域の経済的諸条件を十分に解析して総合的に判断し，将来を十分に予測して河川計画を樹立することが必要である．

4.1.1　河川計画の推移

　明治維新以後、外国人技師の来日などによって新しい河川技術がわが国の河川工事に導入されたが，明治6年にオランダの技術者ヨハニス・デ・レイケが来日し，淀川・木曽川などで土砂流入防止を重視した河川改修工事を指導し成果を上げていた．しかし，当初は淀川・木曽川・利根川などの大河川において流路を固定し舟運の便をはかる低水工事が主体であった．その後．明治18年，22年，29年の全国的な大水害が契機となり，洪水氾濫の防御促進への要望が強まり，明治29年に河川法（昭和39年に制定された現在の河川法に対して旧河川法とよぶ）が制定され堤防方式による高水防御の治水対策が，国の直轄事業として推進されていった．

　さらに国力の発展に伴う電力需要の増大の結果、大正のはじめから水力発電開発事業が各所で行われるようになり，従来の農業用水を主体とする河川水の利用にあらたに水力発電開発が加わって，各種利水の新しい競合関係をつくりだすこととなり，このあらたな情勢は治水計画を変革することとなって大正末

期に提唱された河水統制の思想となって現れた．この考え方の基本はダムあるいは天然湖沼によって洪水を貯留し洪水調節をはかるとともに各利水目的に役立たせようとするもので，今日における多目的ダム建設の基本的な考え方となった．

その後，国力の進展に伴って各種用水の需要は増大したが，特に戦後においては食糧事情の困難に対し，大規模な土地改良事業や干拓事業が各地で数多く実施され，また都市周辺においては大規模な工業地帯の整備に伴う工業用水需要の増大，各種産業の飛躍的発展に伴う電力需要の増大，人口の都市集中，生活水準の向上に伴う上水道用水の需要の増大などにおいては著しいものがあった．

一方，治水面においては昭和22年の利根川の大洪水，昭和28年の西日本大水害などと計画規模を大きく上まわる洪水の出現が相次ぎ，流域の開発進展と相まって，治水上の安全度向上の必要性が生じたものが多く，たびたび計画の改定が行われてきた．しかし計画改定に伴う流量増をすべて河道で処理することは，今日のように流域の開発が進み高度な土地利用の行われている状態では貴重な土地をつぶしたり，あるいは堤防を高くして破堤時の危険を増大させることとなるので，上流のダムで洪水を調節する方法が積極的にとられている．さらに上流山間部まで土地利用が進められたために従来放置されていた地域でも河川改修の必要性がでてきたことや，上・中流の河川の変化が下流に及ぼす影響を無視できないので，従来の地域的な治水計画はしだいに水系として上・下流を一貫して検討することが必要となってきた．そして平成2年より「多自然型川づくり」の推進について，生態系にも配慮した川づくりを積極的に推進することとなった．「多自然型川づくり」とは，河川が本来有している生物の良好な生育・生息環境に配慮し，あわせて美しい自然景観を保全あるいは創出する事業である．

4.1.2　総合河川計画の基本方針

旧建設省河川砂防技術基準(案)[1]によれば「総合河川計画とは，治水利水の総合的でかつ水系を一貫した計画であって，治水利水の各計画の基準を与えるものである．」と定義されている．すなわち総合河川計画は，

① 水系一貫の計画であるべきこと．
② 治水と利水の調和のとれた総合的計画であること．

③ 流域沿岸の住民の福祉に資すること．
④ 全国的視野にたって安全度において全国的なバランスがとれていること．
などが必要であるが，その計画策定の基本方針として必要な事項をあげると，
① 洪水を起こすような大雨に対しては，できるだけ土砂や洪水の流出を遅滞させて下流に負担のかからないようにするだけでなく，積極的に，この遅滞させられた水が低渇水時の補給に役立つようにする．
② 遅滞させることができずに表面流出として流下してくるものに対しては経済性などを考慮してダムなどによって一部を貯留して調節を行い，下流の負担を軽減させると同時に，この貯留量を利水に役立てるようにする．
③ 下流部においては洪水を安全，かつ，できるだけすみやかに河口に流下させる．
④ 河水に依存する各種用水の必要量が低渇水時においても確保できるように，自然水の合理的かつ有効な配分を考慮し流況を改善する．
⑤ 上流から河口に至るまで安定した河道を維持し水理的に矛盾なく，安全度において調和のとれたものにする．
⑥ 治水計画と利水計画はなるべく調整のとれたものであるべきであり，利水計画は治水上に支障を及ぼすような計画であってはならないし，また治水計画においても利水上の必要があれば，できるかぎりこれを考慮し，両者を両立させることを原則としなければならない．
⑦ 低地の埋立て・土地改良・河川生産物利用などを総合的に考慮に入れる．
⑧ 計画全体が沿岸流域の開発に適合し，また開発の根幹となるような計画でなければならない．
⑨ その川の重要度に応じ，安全度において全国的にバランスのとれたものとすること．
⑩ 計画実施に必要な費用に対し，最も効果的なものであること．
などがおもなものとなる．

4.1.3 治水計画
（1） 治水計画の方針
治水計画の目的は各種の治水施設により洪水を安全に処理することで，洪水処理計画と砂防計画の両者を合わせ考慮したものでなければならないが，水系一貫した観点にたち，かつ関連する地域の状況を十分配慮した計画でなければ

ならない.

(2) 洪水処理計画の規模

　以前は洪水処理計画の規模として,一般に河川工事の築堤を主体とする事業に主眼がおかれていたため,河川の特定地点における既往最大洪水流量を基準として決定されていた.この方法では既往実績洪水が非常に大きな意味をもつこととなるが,水文資料が不十分であると既往洪水の大きさの判断を誤ることや相対的な安全度がわからないという欠点をもつこととなり,また上流の改修による氾濫の防止により最大流量が増大するなどの流出機構の変化について十分な解明がなされないなど,計画規模が過小となる危険性が大きいといわなければならない.このため,その後の実績洪水が計画を上まわるごとに計画の改定が行われることとなり,多くの河川において,これまでに何回かにわたって流量改定が実施されてきている現状である.表4.1に信濃川流量改定の経緯を示してあるが,近年の計画では確率の概念が導入され,これと河川の治水上からみた重要性との関連づけが試みられて一般に普及している.この場合,計画規模の大きさを表す尺度としては,水文資料の整備や洪水解析技術の進歩などによって,洪水の発生頻度をかなり的確にとらえることが可能となってきたので,降雨または流量の年超過確率で表すこととしている.計画規模の大きさを決める要素である河川の重要性については,河川の規模,氾濫区域内の人口・資産およびそれらの単位面積当たりの集中度合などによって評価することとし,

表4.1 信濃川流量改定の経緯

河川名	基準地点	計画の決定	〔基本高水のピーク流量〕 計画高水流量(m^3/sec)	計画決定の契機
千曲川 上　流	立　ケ　花 (長　野　県)	大正 6 年 昭和24年 昭和34年 昭和49年	5570 6500 7500 9000　〔11500〕	昭和20,24年洪水 昭和33,34年洪水 昭和40,41,42,44年洪水
中　流	小　千　谷 (新　潟　県)	明治20年 明治42年 昭和16年 昭和49年	4730 5570 9000 11000　〔13500〕	明治29年洪水 昭和10年洪水 昭和40,41,42,44年洪水
下　流	(大河津分水路 　通水後) 帝　石　橋 (新　潟　県)	昭和 2 年 昭和37年 昭和39年 昭和49年	1530 2100 3200 4000	昭和36年洪水 昭和40,41,42,44年洪水

これによって計画規模の相対的な判断を行っている．以上の結果，1級河川水系の直轄区間1/100〜1/200（Aクラス1/200・Bクラス1/150・Cクラス1/100）・1級河川水系の指定区間および2級河川水系1/50〜1/100を計画規模の目標として洪水処理計画がたてられている[1]．

さらに計画の基本量については，河道による洪水処理が主体となっていた時代では単一の洪水を対象とし，その最大流量だけで計画を策定できたのであるが，水資源開発の要請とも関連して多目的ダムなどによる洪水調節の要望が高まり，ダム・遊水池・河道の組合せによって洪水調節が行われるようになってきたので洪水を波形としてとらえた基本高水の考え方が導入されてきている．すなわちダムで調節する場合にはハイドログラフの形状がその調節機能を左右するからである．

（3） 砂 防 計 画

河川の流水は多かれ少なかれ土砂を含んで流れているので，このことを念頭に入れて河川計画をたてなければならない．しかし，この土砂量も適当な値以下であれば無害であるばかりでなく，河床を安定な状態に保つために必要なものであるから，この量を越えたものや出水時に一時に流出したりする土砂は，これを減ずるよう，また流出を遅らせ逐次無害に流送させるように計画しなければならない．

砂防事業の目的は土砂生産の防止と下流への流送土砂量を減少させることによって下流河川の河状を安定させるとともに，直接土砂による災害を防止することである．基本計画としては，その流域山地で生産される土砂量および下流への流送土砂に対して合理的な土砂の扞止および土砂調節計画をたてて，許容流送土砂量を超過する有害土砂量を処理するように考えるが，許容土砂量は洪水時の流送土砂量が平地部の河床を著しく上昇させるほど多量であってはいけないし，また反対に河床が低下して構造物の維持に困難をきたすほど少量であってもいけない．河川だけでなく海岸についても海岸決壊の原因が明らかに河川からの流送土砂量の減少であることが認められる場合には，この点も十分に考慮して適切な許容流送土砂量を決めなければならない．

以上のように総合河川計画においては許容流送土砂量によって，水系全体を考慮した砂防計画と河道改修計画との結びつきが保たれるわけである．

したがって許容流送土砂量を基準地点でいくらにとるかということが非常に重要であるが，現在では必ずしもこの決定方法は明らかにされていないのが現

状である.

4.1.4 利水計画
（1） 利水計画の考え方
わが国は豊富な降水量に恵まれていながら地形上流路が短くて勾配の急峻な河川が多く，そのため降水が短時間の間に流出してしまうために洪水量と渇水量の差が著しく，したがって河状（洪水量と渇水量の比）が不安定な河川となっている．また水の利用実態は，最近その形態が変わってきつつあるとはいえ農業用水が大部分を占めており，その最も水を必要とする夏季干害期および梅雨期と台風期の間の夏季渇水期が一致する．このため，このわずかな期間の夏季渇水期の水利用に限定されてしまって，その他の期間には大量の水が無効に流れ去ってしまうこととなり，自然流況においては年間を通じての新規利水を生みだす余地が少ない．このような条件に加えて経済の高度化と生活水準の向上に伴い，工業用水・上水道用水などの都市用水の需要増大は著しいものがあり，水資源の積極的開発による広域的，合理的な水利用の必要に迫られている．そして計画上，特に考慮すべきことは既得水利権および河川維持用水である．既得水利権は新規の水利用に対しては当然先取権として優先すべきものであるから，新規利水計画によってこれが侵害されることのないよう常に注意しなければならない．

（2） 水質汚濁の問題
公共用水域の水質汚濁は最近の鉱工業の急速な発展，人口の都市集中あるいは新都市の建設によって著しい状態になっており，社会的・経済的影響が重大化してきている．昭和34年にはじめて水質汚濁を防止するための法律が制定され，江戸川・淀川・木曽川・石狩川・隅田川・寝屋川などについては水質基準が制定されて，工場・事業所からの放流水の質を規制することになった．しかし，その後も水質汚濁の状態はますます悪化するばかりであるので，昭和45年に水質保全法を抜本的に改正し，工場排水規制法を吸収して水質汚濁防止法が成立した．

工場・事業所・鉱山・下水道などから水域に排出される水質を規制するだけではなくて，下水道を整備することや河床の汚泥をしゅんせつするとか，河川の流量を増加して水質の改善につとめるなどの計画も，ようやく総合的に行われるようになった．これらの河川汚濁対策事業も広義の治水事業としてきわめ

て重要な問題であるといわなければならないのであるが，利水計画をたてる場合には各種排水の位置と排水の実態，河川水の水質などを十分調査の上，取水地点などを決定する必要があろう．

4.2 治水計画上の問題点

河川計画は上流から下流まで常に一貫し，そして治水と利水の両面を完全に調和させた総合的なものでなければならないことは前述したとおりであるが，ここでは治水計画上の問題点をいくつか取り上げて考察することとしたい．

4.2.1 計画高水流量に対する考え方

計画高水流量は河川の改修工事を実施するにあたって最初に定められる計画流量で，かつその規模を決定するものである．わが国の河川の計画高水流量は時代の経過とともに過去より増加しているが，その原因としては流域の変ぼうあるいは河川の改修により最大洪水流量が増大したことのほか，その工事を実施する社会的，経済的背景に支配されてきたことも重要な一因であろう．

計画高水流量の決定にあたってはどのようになされてきたかの歴史を振り返ってみると，明治・大正・昭和22～23年頃までは，既往実績の最大洪水流量をもって計画とすることを原則としていた．しかし財政上や周囲の状況よりそれ以下にとられたこともかなりあったようである．たまたま昭和22年，23年の利根川の大洪水をはじめとして大洪水が各地に大きな災害をもたらし，これによって従来の計画高水流量が検討され，できるだけ大きくとるべきであることが強調された．一方，この頃より水文統計学がようやく河川計画の分野にも取り入れられつつあった．すなわち雨量や流量などの水文資料を統計的に処理して計画高水流量決定の基礎資料を得ようという確率洪水流量の概念の河川計画面への導入が石原・岩井らによって提唱され，今日ではごく一般的なものとなっている．これは計画高水流量を年超過確率の逆数，すなわち確率洪水年（return period）という相対的な角度から眺めることにより，いかなる河川についてもその安全度を議論できるという点においては非常に進歩した考え方であった．

さて治水事業の基本的な考え方にたって計画高水流量を論じてみると，
① 既往最大洪水流量主義．

② 確率洪水流量主義.
③ 経済洪水流量主義.
④ 最大可能洪水流量主義.

に分類することができるであろう.

①は既往最大流量で計画するものであるが，単に既往最大ということだけで，それがいかなる安全性をもっているものであるかについてはわからない.

②は確率洪水をとるものであるが何年に1回（あるいは1年間）起こる可能性のある洪水を計画の対象にとるかについては，流域の重要性や氾濫地域の性質，その国の経済力から考えて選ばなければならないので，決定的な決め手はいまのところない現状である．前述の「旧建設省河川砂防技術基準（案）」によれば，計画の規模は一般には計画降雨の降雨量の年超過確率で評価するものとし，その決定にあたっては河川の重要度を重視するとともに，既往洪水による被害の実態，経済効果などを総合的に考慮して定めるものとしている．そして河川の重要度は，1級河川の主要区間においてはA～B級，1級河川のその他の区間および2級河川においては，都市河川はC級，一般河川は重要度に応じてD級あるいはE級が採用されている例が多いとし，確率洪水年をA級は200年以上，B級は100～200年，C級は50～100年，D級は10～50年，E級は10年以下の計画規模としている.

③は計画高水位以下の洪水によって堤防がなければ将来起こるであろう災害額を統計的に処理して，これを改修工事の防災量と考え，それを工事費と比較することによって最大効果のある流量を計画にとろうというものである．しかし経済主義という立場は納得できるが，人命の尊さをいかにして評価するかが問題である.

④は絶対安全主義をとるものであり，最も望ましいわけであるが，わが国の経済力や土地利用の情勢からみて到底不可能なことであろう.

計画高水流量を論じる場合，わが国の現状より考えるとかなり大きな流量で計画したとしても，それを超過する洪水がありえるということである．しかし洪水によって財産が失われるのはやむをえないとしても，洪水による人命の損害に対してはヒューマニズム（humanism）の立場から100％にこれを防護しえるような対策を講じなければならない．このためには住民の防避計画は改修計画とは切りはなして別途に考え，施設計画はたとえば上記のA～C級河川の基準を採用し，さらに霞堤・越流堤（5.1.1項参照）をも含めて，経済性の高い計

画へ移行させるならば，河川計画はさらに合理的なものとすることができると考えられる．

4.2.2 河川改修工事の安全度の評価

河川の改修計画に際しては改修工事そのものの安全度を評価することが重要であろう．これは本来河川の流域特性，降雨およびその出水特性などの立場から議論すべきものであって，単に計画高水流量の大小から判断することはできない．このためには，すべての河川に共通するような評価基準がまず考えられなければならないが，従来は合理的な評価法は考えられておらず，こうした観点にたって河川を眺めることはできなかったのであるけれども，これに対し前述の確率洪水の概念が1つの評価基準を与えることになるわけである．

すなわち，いまA，Bの2河川があって，計画高水流量Qと確率洪水年Tをそれぞれ，

A河川は：$Q_A=3000\text{m}^3/\text{sec}$, $T_A=100$ 年．
B河川は：$Q_B=10000\text{m}^3/\text{sec}$, $T_B=30$ 年．

とする時，これら河川の安全度を評価する場合にはQの大小によって単純に比較することはできないが，Tの大小によって比較することはでき，Tの大きい順に安全性のあるのはA，Bの順位であると判断して評価するものである．しかし実際問題としては堤防に余裕高があるので，これについても考慮しなければならないのであるが，その余裕高の必要とするおもな理由は次の3点である．

① 河川流量は測定値であるから，いかに正確に測定しても誤差があり，一般に高水においては1〜2割，低水においては0.5〜1割といわれているが，その誤差を見込んでの余裕である．

② 河川は生きものであり，その河状は変化していく場合が多いので，もち

表 4.2 「旧建設省河川砂防技術基準（案）」における標準

No.	計画高水流量（m³/sec）	余裕高（m）
1	200 以下	0.6 以上
2	200 〜500	0.8 以上
3	500 〜2000	1.0 以上
4	2000 〜5000	1.2 以上
5	5000 〜10000	1.5 以上
6	10000 以上	2.0 以上

ろんこの点を考慮して計画しなければならないのであるが，長年月の間には予想以上に変化し河川の断面積に不足を生じることも考えられるので，この点を考えての余裕である．特に急流河川においては，よく考えられることである．

③　特殊な内部的・外部的作用によるもの，すなわち水衝部や湾曲部および風による水位の上昇・波浪・流木などによる余裕を考えておくことである．

現在，普通の堤防計画を行う河川について，前述の「旧建設省河川砂防技術基準（案）」における標準は表4.2のとおりであるとしている．

4.2.3　改修方針の決定

計画高水流量が決定されると，それに伴って必要な断面その他の諸元が決定されるが，それに対する河川工法は河状に対して決して無理をしいてはならない．そのためには河相をよく観察していなければならないが，河相を支配するものとしては河床勾配・水深・底質・流速・洪水頻度・洪水継続時間・年間流量の変動率などがあげられる．そして堤防を守るための護岸水制工法の合理的な決定は河相によって決定されるべきものであるが，連続堤を主体とする改修工事だけではなく，霞堤や越流堤などをも有効に取り入れていかなければならない．霞堤は急流河川などにおいて下流流量の負担を軽減するためにとられる方式であり，越流堤は越水してもあらかじめ適当な場所を選定しておけば，それによってあらかじめ対策を練ることも可能であって，その場所は犠牲になるが重要な場所が助かり被害も軽減されるものである．また洪水はできるだけすみやかに流下させなくてはならないわけで，地形の関係などから所定の河幅を与えることができない場合には，流過能力を増加させる方法の1つとして河床を掘り下げ水深を増す方法，そして著しく河道が湾曲している時は捷水路（short cut）方式が考えられる．

河川は生きものであり，絶えず変化しつつ常に永遠の安定せる世界へと自然の法則に従って歩みを続けているものであり，われわれは，この法則を正しく理解しこれを上手に生かす河川工事を実施すべきで，このことを十分考慮の上で改修方針を決定していかなければならないわけである．

4.2.4　洪水対策に対する考え方

洪水対策として未改修河川の築堤を優先的に完成させ一応はともかく氾濫を

防止して，しかる後に護岸水制などの低水工事を施工し河道の安定をはかるという方式が現在とられているが，これではかなりの長年月を必要とする．しかし，いかに大きな計画高水流量によって改修工事が完了したとしても，現状ではこれを突破する洪水の可能性が絶対にないとはいえないのであって，これに対する根本的対策が必要となる．すなわち堤防第1主義の治水計画では，とても洪水に対して完全に対処することはできないわけで，施設の損害については金額に換算して評価できるが，何ものにもかえがたく，また金額にして評価することのできない人命の保護という面から考えると，ヒューマニズムの立場から人命だけは絶対に守るべきであり，洪水予報を強化して洪水が予想される時はすみやかに組織的に避難することにより，計画高水流量を超過する何十年あるいは何百年に1回という大洪水に対処することが最良の策と思われる．洪水による災害対策は重要な社会問題の1つであり，これに対する社会政策として生命保険や損害保険と同じように洪水に対する災害保険を設けることも考えられるであろう．

4.3 河川改修計画

4.3.1 河川改修計画の方針

治水計画は上流から河口まで洪水を安全に流下させるとともに河床を安定させるように洪水処理計画と砂防計画とを総合的に，また水系全体を考慮して定めなければならないことは前述したとおりであるが，洪水処理計画は洪水調節ダムおよび河道によって洪水を処理しようというもので計画をつくるにあたっては，まず妥当な規模の高水を決定し，これを合理的に河道と洪水調節ダムに配分して各地点の改修計画に必要な計画高水流量を決め，この計画高水流量が安全に流下する河道を整えることが必要である．

洪水処理計画のおもな内容は次のとおりで図4.1のように計画される．

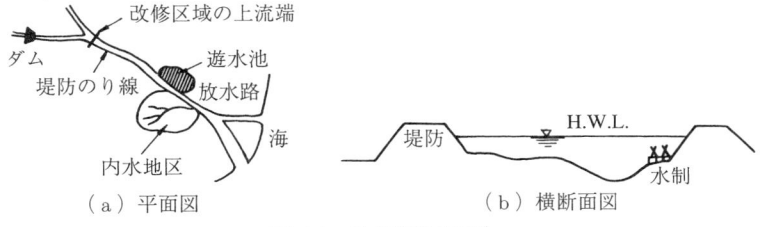

図 4.1 洪水処理の方法

① 改修を行う区域を決める．
② 各地点の計画高水流量を決める．
③ 計画高水流量を流下させるのに必要な水位，すなわち計画高水位を決める．
④ 河床の縦断形状・河道の横断形状を決める．この場合に河床高が将来なるべく変化しないように，すなわち河床の安全性について十分検討する必要がある．
⑤ 堤防のり線形状を決める．
⑥ 堤防の高さ・断面形状を定める．すなわち計画高水位を基準にして高さを決め，また堤防の安定性から断面形を決める．
⑦ 堤防を保護し，または流路を固定するための護岸・水制について検討する．
⑧ 流量を調節するために洪水調節ダム・遊水池・放水路について検討する．
⑨ 土砂による河口閉そく・高潮に対する河口堤防の問題など，河口処理について検討する．
⑩ 内水排除の対策についても検討する．

4.3.2 計画高水流量
（1） 基 本 高 水

洪水処理計画の基礎となり高水計画の基準となる流量を計画高水流量といい，その地点に流れてくる計画における洪水のピーク（尖頭）流量を意味するが，その重要性については前述してきたとおりである．この計画高水流量は河川のある区間ごとに決められるが，この流量が安全に流下するような堤防の高さ，河川断面，河川構造物の大きさなどが決定される．ただし洪水の調節計画にはピーク流量だけでなく洪水の初期から終了までのハイドログラフも必要であって，このような計画の基礎となる洪水の大きさと型を基本高水とよんでおり，計画基準地点において定めることになっている．この基準地点は既往の水理・水文資料が整備されていて洪水解析の拠点となり，かつ計画対象地域の各地点と水位・流量などにおいて密接な関係にある地点を選定する必要がある．このような地点を1水系について図4.2に示すように1箇所選定するのが普通であるが，利根川・淀川・信濃川などのように水系が大きくなると計画対象地点のブロックごとに，1つの水系であってもいくつかの計画基準地点を選定する場

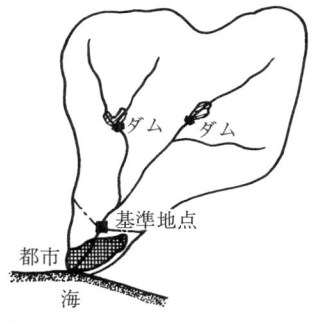

図 4.2 流域模式図（基準地点）

合もある．

　基本高水をもとに洪水調節ダムや河道を組み合わせた高水処理施設計画をたてることとなるが，これら施設の組み合わせは基本高水に対処するのに要する事業費ができるだけ小さくなるように考える．すなわち洪水調節ダムと河道改修を組み合わせた事業費が最小となるように決定する．その際には事業効果をも総合的に考慮すべきであり，また個々の施設計画についても経済性の確保されることが望ましいわけであるが，洪水調節ダムについては，これに利水目的を合わせて多目的化するのが普通であるから，利水事業との総合効果を十分に考えておかなければならない．表4.3に，わが国の主要河川水系における基本高水のピーク流量と計画高水流量を示してある．

（2） 計画高水流量の決定法

　計画高水流量を決定する考え方としては，4.2.1項で4つの方法があることは前述したが，実際的には，

① 既往最大洪水流量主義．
② 確率洪水流量主義．

である．しかし比流量と流域特性とから単純に計画高水流量の目安を決定する方法もある．

　わが国では，過去においては①の方法がもっぱら用いられてきた．これに水文の観測資料が少なく，ほかに決定する手段をもたなかったためでもあるが，この方法では洪水流量が既往の量を上まわるごとに計画高水流量を改定しなければならず不都合な点が多いこと，および同一地域でも各河川の間の計画規模が不均衡になるという欠点などがある．しかし一方では，実際に経験した自然現象を基礎とするので，防災上では信頼感が強いという利点をもっているとも

表 4.3 わが国の主要河川の計画高水流量

河川名	流域府県	地点名	流域面積 (km²)	計画高水流量 (m³/sec)	摘要
石狩川	北海道	石狩大橋	12697	(9300) / 9000	上流ダムにより 300 調節
最上川	山形	両羽橋	6519	(9000) / 8000	上流ダムなどにより 1000 調節
阿武隈川	宮城・福島	岩沼	5265	(10700) / 9200	上流ダムにより 1500 調節
北上川	宮城・岩手	狐禅寺	7060	(13000) / 8500	上流ダムなどにより 4500 調節
利根川	群馬・埼玉・長野	八斗島	5150	(17000) / 14000	上流ダムにより 3000 調節
	群馬・埼玉・栃木・長野	栗橋	8588	(17000) / 14000	渡良瀬川流量は遊水池で調節,上流ダムにより 3000 調節
荒川	東京・埼玉	岩淵	2137	(14800) / 7000	上流ダムなどにより 7800 調節
信濃川	新潟・群馬・長野	小千谷	9719	(13500) / 11000	上流ダムにより 2500 調節
狩野川	静岡	大仁	322	4000	
天竜川	静岡・長野・愛知	鹿島	4880	(19000) / 14000	上流ダムにより 5000 調節
木曽川	岐阜・愛知・長野	犬山	4684	(16000) / 12500	上流ダムにより 3500 調節
黒部川	富山	愛本	667	(7200) / 6200	上流ダムにより 1000 調節
由良川	京都・兵庫	福知山	1344	(6500) / 5600	上流ダムにより 900 調節
淀川	三重・奈良・京都・大阪・兵庫・滋賀	枚方	7281	(17000) / 12000	上流ダムなどにより 5000 調節
大和川	奈良・大阪	柏原	962	5200	
太田川	広島	玖村	1481	(12000) / 7500	上流ダムにより 4500 調節
吉野川	高知・愛媛・香川・徳島	岩津	2768	(17500) / 15000	上流ダムにより 2500 調節
仁淀川	高知	伊野	1463	(13500) / 12000	上流ダムにより 1500 調節
筑後川	熊本・大分・佐賀・福岡	夜明	1440	(10000) / 6000	上流ダムにより 4000 調節
遠賀川	福岡	日の出橋	695	4800	
大淀川	宮崎	宮崎	2175	(7500) / 7000	上流ダムにより 500 調節

注)( ) 内は基本高水のピーク流量

いえよう.

　現在では，わが国も水文資料がかなり整い，これを統計的に処理することが可能であるので一般に②の方法で計画高水流量が決められており，河川の重要度に応じた超過確率を定め，各河川間の均衡を保ちつつ計画がたてられる．計画の規模決定の要素である超過確率をいくらに決めるかは重要な問題で，確率年数を大きくとるほど防災上では安全性を増すが，経済的や財政的には限界があり，わが国における計画高水流量決定に対する基準については前述のとおりである．河川の重要度を表す指標としてはダメージポテンシャル（damage-potential）が大きな要素の1つであるが，ダメージポテンシャルとは想定最大氾濫面積で予想される想定最大被害額のことである．このほか流域面積，想定最大氾濫面積，流域および想定最大氾濫区域内の資産・人口・生産額・中枢管理機能など国家社会・地域社会に及ぼす影響が重要度を決定する要素となる．

　比流量による方法は，わが国では計画高水流量決定の参考として利用されるが，河川が未改修で洪水流量の観測が十分行われていない地域などで計画高水流量を決定しようとする場合などには有力な方法であるといえよう．比流量とは一般に流域の単位面積当たりの流量（計画）をいい，したがって単位は $m^3/sec/km^2$ で表される．流域内の平均雨量強度は流域面積が大きいほど小さくなる傾向があるので，比流量も流域が大きくなれば一般に小さくなるのであるが，わが国の河川では普通は，大河川で約 $1〜5\ m^3/sec/km^2$，中・小河川では約 $5〜12\ m^3/sec/km^2$ 程度である．

（3）計画高水位

　実際の河川改修工事の高水工事計画では，計画高水位が基準となり必要となってくる．計画高水位は計画高水流量と河道の要素が定まれば背水計算によって求めることができるが，河道要素である縦・横断面形，粗度，断面形の変化状況などの現状を知るとともに，改修工事実施後の新河川についての河道要素をも予知する必要がある．この計画高水位は河川の上・下流を通じて水位に一貫性がなければならないが，河道全般を通じて計画高水位の水面勾配が不規則に変化するとか，異常に高い水位を呈することは河道の安定上からも不適当であり，河川の維持にも重大な支障をもたらすことになる．

　計画高水位の決定には，一般に次の要素が重視される．

（a）既往の最高水位以上にならないことを原則とする

　計画高水位を高めることは築堤高を高めることになり河川の安全度を減少さ

134　第4章　河川計画

せるほか，万一破堤するようなことがあると築堤高が高いほど被害を激化させることになる．このほか支川の水位を高めるとともに支川の洪水処理を困難にし，一方，洪水中の内水処理に困難性を増して被害を増大することにもなるが，既往最高水位は人為的な条件悪化を生じない限界とも考えられるからである．

（b）　合流点付近の支川の計画高水位

本川が計画高水位を示す時点での支川の合流量に基づく支川の高水位，および支川が計画高水流量を示す時点での本川水位に対して求めた支川水位のうち，いずれか高い方をとって支川の計画高水位を決定する．

（c）　河口の計画高水位

河口計画高水位（計画河口潮位ともいう）は河口部の改修にとって重要な要素であるが，河口部には潮汐現象があり，また高潮，津波による異常な水位が発生することも考えられる．しかし，わが国では河口計画高水位には通常の潮汐現象だけを考え，出水期の最高水位（潮位）をとることにしているが，河口における水位資料が十分でない場合には，付近の検潮所の記録から朔望平均満潮位の経年平均潮位，または出水期の朔望平均満潮位をとっている．

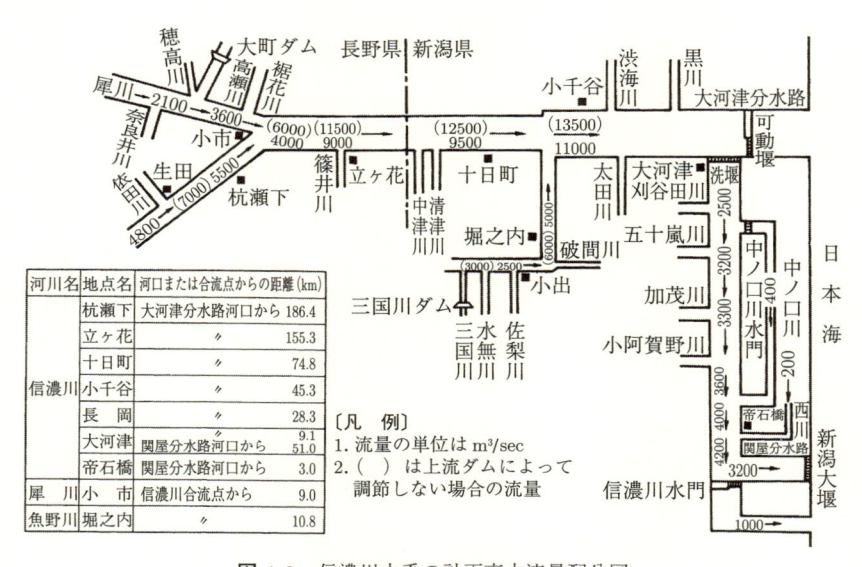

図4.3　信濃川水系の計画高水流量配分図

河川名	地点名	河口または合流点からの距離(km)	
信濃川	杭瀬下	大河津分水路河口から	186.4
	立ヶ花	〃	155.3
	十日町	〃	74.8
	小千谷	〃	45.3
	長岡	〃	28.3
	大河津	関屋分水路河口から	9.1 / 51.0
	帝石橋	関屋分水路河口から	3.0
犀川	小市	信濃川合流点から	9.0
魚野川	堀之内	〃	10.8

〔凡　例〕
1. 流量の単位は m³/sec
2. （　）は上流ダムによって調節しない場合の流量

4.3.3 高水流量配分計画
（1） 配分計画の方針

　基本高水を上流ダム・遊水池・河道で処理して安全に流下させることが必要であるが，上流ダムによる洪水調節計画が決まると基準地点の計画高水流量が決定し，支・派川の分・合流および洪水の河道調節量を考慮して，河道に沿うすべての地点の計画高水流量を決める．河道を改修する時に放水路や遊水池を新しく設けて流量調節を行う方法と現河道の改修だけを行う方法とがあり，それによって各地点の計画高水流量が異なることになる．それらの方法をどのように組み合わせるかは，工事費を最小にするという考え方にたって定めるのが普通であるが，そのほか将来の維持の難易・計画の安全性・土地造成などの2次的効果についても考慮することが必要である．基本高水配分計画の実例として，信濃川の例を示すと図4.3に示すとおりである．

（2） 洪 水 調 節

　洪水のピーク流量は支川の流入がなければ下流に進むにつれて減少するが，これは河道そのものが調節機能をもっているからであって，ことに河道の水面積が大きくなるとか時間的流量増加率が大きい場合には，その調節作用は著しく大きくなる．このため貯水池・湖沼・幅の広い河道などは洪水調節に役立つことになる．

　ダム貯水池は一般に山間部に設けられ，その地点の洪水ハイドログラフは，とがった形をとるのが普通であるので，ピーク流量を効果的に減少させることができ，さらに水門の操作によって人工的に調節することもできる．平地部にあって大きな湖沼が河川に連絡している場合は，そのままでも湖沼の水面積で大幅に洪水が調節されるし，これに水門などを設けるならば一層その調節能力

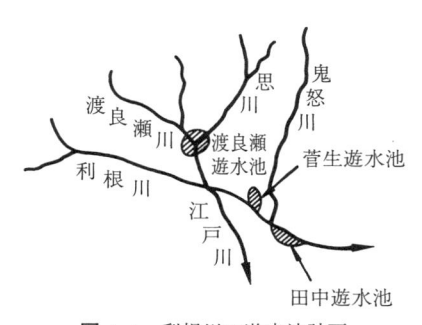

図4.4　利根川の遊水池計画

を有効化することができる．河川に隣接した広い低湿地も同様に洪水調節に利用することができるが，これを遊水池という．

わが国の河川においても遊水池によって洪水の調節を行っているものがあるが，利根川はその一例であって，図4.4のように3箇所の遊水池をもっている．これらのうち，菅生，田中の遊水池は本川との間に堤防があり，本川が一定の水位に達すると越流堤を通じて遊水池に流入し，本川の減水に応じて水門から排出されるようになっている．

いま時刻 t における貯水池への流入量を I，貯水池からの流出量を O，貯水量を S とすると，連続の式は，

$$I - O = \frac{dS}{dt} \tag{4.1}$$

貯水池の貯水量 S および水面積 F は一般に水位 H の関数であり，実測してその関係曲線をつくっておくことができる．したがって，

$$\frac{dS}{dt} = \frac{dS}{dH}\frac{dH}{dt} = F(H)\frac{dH}{dt} \tag{4.2}$$

また流出量 O はオリフィス（orifice），または越流による流出であるので，当然，水位 H の関数であって，

$$O = f(H) \tag{4.3}$$

ゆえに式 (4.1) は，

$$I = O + F(H)\frac{dH}{dt} = f(H) + F(H)\frac{dH}{dt} \tag{4.4}$$

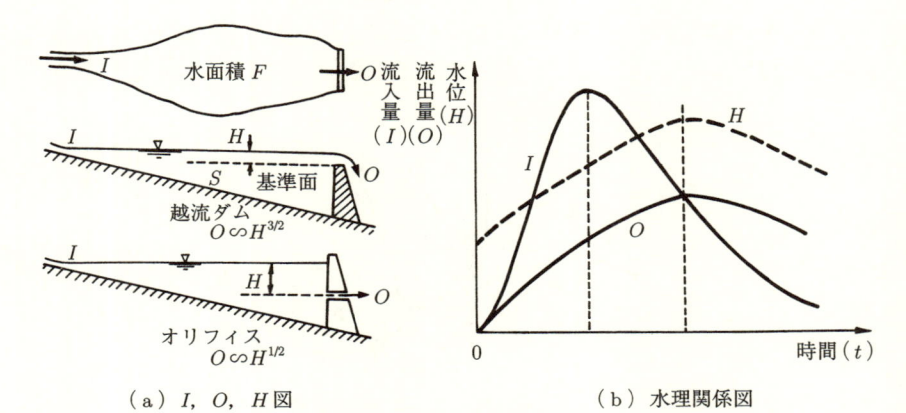

(a) I, O, H 図　　　　　　(b) 水理関係図

図 4.5 洪水調節関係図

式(4.4)より明らかなように$dH/dt=0$の場合は，流入量と流出量が等しくなり流出量は最大，同じく貯水量も最大となる．なお流入量Iはtの関数として与えられるので，式(4.4)，から，Hとtの関係およびOの時間的変化を求めることができる．図4.5はI,O,Hの関係説明図である．

(3) 多目的ダム計画

わが国の河川は一般に洪水量と渇水量の比，あるいは最大流量と最小流量の比，すなわち河状係数が大きく（表4.4），したがって洪水時の水を貯留して洪水調節をするとともに，平時も同じく水を貯留して利水などに役立てるという目的で戦後，河川総合開発が盛んになった技術的な支えに多目的ダムがある．多目的ダムは1つのダムによって洪水調節・発電・かんがい・工業用水・上水などに役立てることを目的としているが，このように目的の違ういくつかの要求に対して，全体としてなるべく高い効率をあげるように水位操作をして運営することになる．特に治水と発電その他の利水とは水位操作上利害が相反することになり，この間の調整をどうするかが重要な問題となる．すなわち洪水調節の上からは，洪水の起こるおそれのある期間は水位をできるだけ下げておくことが望ましいが，発電目的からは水位はなるべく高く保ち電力の需給状況に応じた貯留水の利用が望ましいことになる．かんがいはその必要とする期間，上水や工業用水の要望としては，年間を通じて補給水を望み貯留量の最大限の確保を期待している．したがって洪水調節と他の利水，また利水間同士であってもある期間ごとに競合関係にあり，しかも雨量の長期予測は簡単にはできないという点に多目的ダム運営の難しさがあるといわなければならないが，干害

表4.4　主要河川の河状係数

河川名	地点名	最大流量 (m^3/sec)	最小流量 (m^3/sec)	河状係数
利根川	八斗島	8730	24.2	361
信濃川	小千谷	6106	54.4	112
淀川	枚方	7970	73.5	108
新宮川	相賀	18000	6.6	2727
筑後川	夜明	6200	1.7	3647
セイヌ川	パリ（フランス）	1652	48	34
ライン川	ケルン（ドイツ）	10000	660	15
ミシシッピー川	ミネソタ（アメリカ）	3325	28	119
ミズーリ川	カンザス（アメリカ）	20830	277	75
ナイル川	カイロ（エジプト）	12000	400	30

期や洪水期ごとに水位の制限を定めて貯水池を運転している現状である．

（4） テネシー川流域開発事業[2]

河川による総合開発で有名なものとしては，アメリカにおける T.V.A. がある．テネシー（Tennessee）川はミシシッピー川の支川オハイオ（Ohio）川に入る小支川であるが，流域は比較的降雨量が多くてミシシッピー川に対する洪水調節の一環としての総合開発に有利な地域である．1933年にテネシー川流域開発局（Tennessee Valley Authority，T.V.A. という）が設置され，1936年に開発計画が完成して工事に着手し，その工事は第2次世界大戦後も継続されたようである．さらに T.V.A. は故ルーズベルト大統領のいわゆるニューディール（New Deal）の一環として生まれたことはあまりにも有名である．1933年，大不況の真最中に大統領に就任したルーズベルトは，

① 不況の打開．
② 政府の経済生活への積極的参加．
③ 独占対策の再検討．

というニューディールとよばれる政策理念をかかげたが，国内にあふれる失業者を救済し独占的電力企業への挑戦として南部の7州にまたがるテネシー川流域の大規模な開発を計画した．これはそれ以前にできた12個のダムとともに35個を築造し，洪水調節・舟運・水力発電をするという大がかりなもので，この T.V.A. の電力開発はテネシー川流域を全米第2位の発電能力をもつ地域に変え，また流域農業の発展に大きく貢献したことはいうまでもないが，毎年繰り返されてきた大洪水による被害も開発以後はなくなったといわれている．

4.3.4 治水事業の経済効果

治水事業は公共性の非常に強いものであり，時としては採算のまったくとれない事業をも人命防御，民心安定などのために計画，実施されることもあるが，やはり総合的な国土開発といった観点から常に経済効果なり，流域の社会経済的影響を考慮して計画がたてられ修正されていかなければならない．これには比較的計量の困難ないろいろの要因が含まれるので非常に難しいのであるが，洪水処理を主体とした河川改修計画は物を生産するわけではないので，経済効果は防除する被害額となり，利水計画の場合は生み出された水の使用により得られる利益額ということになり，これらは便益といわれている．

(1) 治水経済調査

治水計画では比較的古くから経済効果の測定が行われており，ダム建設の際には妥当投資額の算定などが行われてきた．そして直轄河川事業の経済効果の測定，治水投資の経済的妥当性の検討のために，昭和36年より治水経済調査が実施されているが，この調査は洪水が発生した場合における河川流域の想定被害額を計算して洪水を防御することによる被害の防止軽減効果を推定し，次にこの効果を各洪水を防御するのに要する費用と対比して費用便益比率法などの方法により治水投資の経済効果・経済的妥当投資規模の検討を行おうとするものである．

(2) 費用振り分け（費用割り振り）

多目的ダムなどの総合開発事業は，2つ以上の目的の事業を同時に実施するため，共同で利用する施設とそれぞれの目的だけに使用する施設から成り立ち，共同利用施設は参加する各目的事業が協同して出資しなければならないことになる．この共同費用を各目的に配分することを共同費用の振り分け，またにコストアロケーション（cost allocation）という．この方法はアメリカのT.V A.において研究されたのがはじまりであるが，わが国では昭和27年，電源開発促進法制定の時その方法が確立し，その後は特定多目的ダム法制定にあたってもごく一部の点を除きそれを踏襲した．しかし，その後の社会情勢の変化に伴い，一部改定などが行われている．

4.4 河道計画

4.4.1 安定河道の設計

上流での山地崩壊や浸食作用により，河川に供給された土砂は水とともに下流に流送され，河道の掃流力の変化に応じて河床に堆積したり，あるいは河口を通って海に流出する．このような河川を縦断的にみると一般に上流から下流に向かって河床勾配が緩くなるとともに，その河床構成材料の粒度も粗いものから細かいものに変化している．このような自然河川では長年月を経ても河床はあまり変化せず，きわめて安定しているようにみえるが，勾配の変化する所や粒度の細かくなる所などでは土砂の流送能力に変化があり，きわめてゆっくりではあるが土砂の堆積作用が進行している．

河道が安定であるための平衡条件は縦断方向に流砂量が等しいか，または流砂の移動がないかのいずれかであるが，これらの考え方をもとに流路の平衡理

論が導かれている．しかし一般の河道ではこれらの条件を満足することは非常に困難である．

河道計画においてその縦・横断面形状の設定は，計画高水流量の疎通能力の評価の次に流路の安定性に対する配慮が重要となってくる．すなわち急激な掃流力の変化による局所洗掘や堆積を生じないように，できるだけ流砂量の連続性を確保することが望ましい．そのためには断面形状を仮定して，2，3の流量について縦断的な流砂量分布を求め，その変化が小さくなるように断面形を修正する方法がとられる．またこのようにして設定された河床が将来の洪水によって，どのように変化するかを検討しておくことも重要である．

（1）　安定河道の概念

安定河道の設計は流砂量理論に基づく方法であるが，安定した河道とは流砂の点からみて河床が平衡状態にあるものをいい，流水によって河床材料が動かないために洗掘も堆積も起こらない場合に，河道は静的平衡状態にあるというが，このような河道は通常の河川には存在しない．したがって一般的には流水により河床材料が移動しながら，河道全体には余り洗掘・堆積の生じないような動的平衡状態にある河道をもって安全河道としなければならない．動的平衡状態にある河道とは，ある区間だけ上・下流に離れた2断面において上流断面からこの区間に流入してくる流砂量が，下流断面を通りこの区間から流出してゆく流砂量にほぼ等しくなり，河川のどの区間においてもこのように部分的な平衡状態にある河道をいう．

（2）　河床変動の把握

河床の安定には洪水による河床変動の研究と同時に，長期にわたる河床変化の動向および今後の見通しを明らかにすることが重要である．河床変動には水平方向の変動・鉛直方向の変動があり，水平変動にも流路そのものの変動と流心部の変動とがある．河床の鉛直方向変動の経年的な動向をみるには，次の3つの方法がある．

（a）　河川横断測量図の比較

大きな河川では毎年1回以上の縦・横断測量が行われ図示化されているが，これらを直接比較して河床の変化状況を知ることができる．

（b）　経年的平均低水位の比較

河床の変動状況を知る間接的な方法であるが，河床の水平方向の変遷の激しい河川では有力な方法である．この方法で長期の河床変動を解析するには，

① 水位観測点の移動がある場合はその実態を明らかにすること．
② 降水量の年変化の影響を除去すること．
③ 砂礫堆の移動による影響を除去すること．

などにつとめなければならない．

(c) 経年的水位流量曲線（$H \sim Q$ curve）の比較

この方法も間接的な方法であるが，(b)の方法のように年雨量その他の影響を受けることが少なく，河床の鉛直方向変動量を比較的よく表すことが知られている．測水地点の水位流量曲線が経年的に保存されている場合には，一定流量に対する水位を経年的に比較して河床変動状況を推定することができる．ただし水面勾配が人為的その他の原因で著しく変化している地点では，その影響を取り除かなければならない．

(3) 安定河道の設計にあたって考慮すべき諸点

安定な河道を設計するには普通，次の諸点について考える必要がある．

① 各河道断面は計画高水流量を安全に流しえるものでなければならない．
② 河床の安定は掃流砂と浮流砂とによって支配されるので，河川の各断面で両者による流砂運搬量をほぼ等しくすることが必要である．
③ 掃流および浮流による流砂量は現地調査，または公式などにより各断面において求められるようにしておくことが必要である．
④ 上流山地よりの供給土砂量，河川内の土砂採取量などについて現状を把握しておくことが必要であるとともに，将来の変化状況を推察しておかなければならない．
⑤ 計画高水位を高めることは一般に好ましくないので，なるべく計画高水位が上昇しないようにする．
⑥ 計画河床高は護岸などの維持に困難が生じないかぎり，できるだけ低くすることが望ましい．内水を容易に排水するためには河床高の低いことが望ましいし，また前項の高水位を低くすることにも役立つことになる．
⑦ 低水路および高水敷はともに，平面的にも縦断的にも上・下流断面と連続的になるようにすることが維持上望ましい．また，いろいろの流量について，その河川の蛇行法則を知って堤防および低水路のり線を計画することが望ましい．
⑧ なるべく現況をあまり変化させないことが河床の安定に対して有利であると思われるので，この点を考慮すべきである．

4.4.2 河川の蛇行と捷水路
（1） 河川の蛇行

　安定河道であるためには河道のり線が適切であることも必要であるが，河川流路は一般に曲がりくねっている．この現象を蛇行といい，自然の蛇行の法則にさからって河道のり線を定めるならば思わぬ所に水あたりを生じ，河岸あるいは堤防決壊の危険を生じることになるし，また河道内に偏流を生じ，一部に思わぬ堆積あるいは洗掘を生じる場合がある．河川の蛇行現象については古くから調査が行われ，その原因や法則に関していろいろと考察されているが，現在まだ不明確なところが多い．

（2） 捷　水　路

　河道の蛇行は洪水の流下能力を低下させ，氾濫の危険を伴うのであるが，蛇行がはなはだしい所では洪水によって河道が自然に短絡され，もとの蛇行水路が流跡湖（三日月湖）として残る現象は多くの河川でみられることは，1.3.4項で前述したところである．

　河道の湾曲がはなはだしい場合に現河道に沿って治水計画をたてようとすれば，洪水疎通のため高い堤防を築かなければならず堤内地の内水排除に不利となるだけではなく，湾曲部では凸岸（堤防の上に立って河道を眺めた場合に凸となっている）に堆砂，凹岸に洗掘が進み，河道の安定を期することも難しくなる．このような場合には，河道計画として流路の短縮整理をはかり新水路を掘削するが，この新水路を捷水路あるいは短絡水路（short cut）といい，石狩川・阿賀川・阿武隈川などにみられる．

4.4.3 ダムなどの影響
（1） ダム貯水池内の堆砂

　河床変動の重要な問題の1つとして，ダムなどを築造して河道に貯水池を設ける場合の貯水池内の堆砂がある．これは貯水池の寿命に関係する重大な問題であるが，貯水池内に堆砂することにより貯水池上流の河道がしだいに上昇し，そのために貯水池上流で水位が上昇し洪水の氾濫あるいは内水排除の不良を生じている場合があり，貯水池を設ける場合に将来の堆砂の予測をすることが必要である．

（2） ダム下流部などの河床低下

　ダムを築造した場合，前述したようにダム上流の堆砂が問題になるが，同時

にダム下流に対しては下流への補給土砂が著しく減少または皆無になり，ダム下流部では河床低下が予想される．しかし一般的には河床低下は案外平均河床としては低下量が小さいことが知られている．これは貯水池などによる流況の変化，支川からの土砂の流入，河岸決壊による土砂補給などが考えられるが，最も大きな原因としては河床の細かい粒子が先に洗い流され，河床表面の土砂の粒度がしだいに粗くなっていき，河床を洗掘から保護するようになるためであろうとも考えられる．

4.5 内水処理

本川に合流する小河川または排水路の流域の雨水・地下水・農業用水・下水などの流出量が本川への排除能力を超える場合には，余水がその流域に氾濫することになるが，このたん（湛）水によって生じる災害を内水災害という．特に内水流域の地盤が低い所では，たん水が起こりやすいのであるが，図 4.6 は内水流域の平面図である．したがって内水処理を必要とする河川は，一般に中・小河川であるといわなければならない．内水災害を除去して土地を高度に利用することは重要な問題であるが，そのためには内水流域のたん水の原因をよく確かめて，その上で適切な内水処理対策をたてることが必要である．

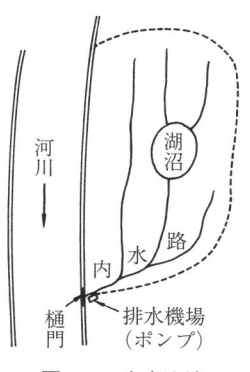

図 4.6 内水流域

4.5.1 たん水の原因

内水流域のたん水の原因をあげると次のようである．
① 本川改修の進捗に伴って，それまでは堤内地に氾濫していた河水が河道内を流れるようになり，したがって下流部の洪水流量が増加し洪水位が上

昇したために，内水が本川に流出しにくくなった．
② いままでは内水路と本川の合流点に本川における洪水の高い水位が到達する前に，内水流域の出水が本川へ流出していたにもかかわらず，本川の改修によって洪水の到達時間が早くなったために，内水の流出時間との差が小さくなった．したがって内水の排除に最も重要な時刻に本川水位が改修前よりも高くなった．
③ 上流にダムや遊水池が築造されたために洪水のピーク流量は小さくなったが，ピーク後の流量の低減が緩慢になり，本川にはかなり高い水位が長く続くようになった．
④ 本川上流からの流送土砂が河道に堆積したために，本川水位が高くなった．
⑤ 図 4.6 のように内水流域内に湖沼があると湖沼の調節作用によって，湖沼から流出する水路の出水時の流量は湖沼に流入する水路の流量よりも小さいが，土地造成のために湖沼の干拓や埋立てを行って湖沼面積を減少させたために，調節効果が減って湖沼から流出する水路の流量が増加した．
⑥ 内水流域における排水路断面積の不足と排水路内の草木繁茂などによる粗度係数の増加に伴い，流下能力がたりなくなった．
⑦ 排水樋管・樋門の断面積がたりない．
⑧ 排水樋管・樋門の門扉・揚水機などの施設の維持・管理が不良である．
①～④は本川流況の変化によるもので，⑤～⑧は内水流域内の状態に起因するものであるといえよう．

4.5.2 内水処理対策

内水によるたん水や災害は本川による外水の破堤などと違って流速が小さく，土砂の流出も少ないのが普通であるから，人命が失われることはほとんどないと考えてよいであろう．

内水処理の対策としては次の項目があげられる．
① 本川上流で洪水調節を行ったり，合流点付近の河床を掘削して本川水位を低下させる．この方法は非常に多くの経費がかかるから，内水処理だけのためにこのような対策を行うことはなく，むしろ本川の改良工事に伴って生ずる2次的効果として期待できるものである．
② 内水流域の中に山地が含まれている場合には，山地流域に降った雨水を

4.5 内水処理

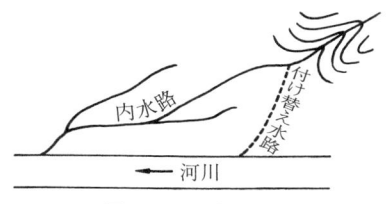

図 4.7 流域の変更

平地へ流さないように，図4.7のように新しい水路を掘って別の場所に導流する．

③ 本川勾配が内水路勾配より急な場合には本川との合流点の位置を下流へ移すことによって，内水路の水位を低下させることができるので，この方法はよく用いられる．

④ 内水流域の水路や河川の断面積を大きくし，粗度を減らして流下能力を大きくする．

⑤ 本川水位の上昇によって本川流量が逆流するのを防ぐために，4.5.3項において後述する樋管・樋門・水門を設ける．図4.8で内水流域の水位（内水位）が河川水位より高い間は自然排水が行われるが，河川水位が上昇して内水位と同じになる時刻 t_1 に門扉を閉じて本川流量が内水流域に逆流するのを防ぐ．次に河川水位がピークを過ぎて再び内水位と同じになる時刻 t_2 に門扉を開くので，t_1 から t_2 の間は内水流域に降った雨は堤内地に貯留されることになる．

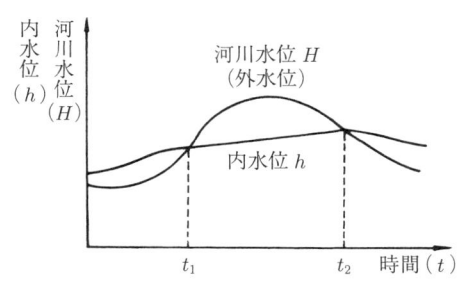

図 4.8 河川水位と内水位の関係

⑥ ⑤の自然排水方式では堤内地の水位が高くなり過ぎる時には，内水路の下流端に揚水機を設置して堤内地の流水を本川へ排出する．すなわちポンプ排水方式を採用する．

⑦ 内水流域に盛土をして地盤を高くする．本川河床のしゅんせつ・掘削工

事が本川の改修として必要な時には土捨てとしても利用できるので，経済効果が非常に大きいといわなければならない．

4.5.3 樋管・樋門・水門

樋管・樋門は用水の取り入れ，悪水の排除，または舟運のために堤防を横断し，堤体の中を暗渠構造にした工作物をいい，洪水が堤内地に流入することを防ぐためにゲート（gate，扉）をもっている．樋管と樋門の区別は明瞭ではないが，通水断面が小さいものは管渠とすることが多いので，これを樋管といい，通水断面が比較的大きいものを樋門とよんでいる．そして用水（取水）と排水用に区別している．

水門は主として舟運の便宜上，堤防横断部を暗渠とせずに天端まで開いて切断した形のものをいい，ゲートの規模も樋門の場合より大きくなる．

（1）大きさ

樋管・樋門の大きさは，これを通して行われる取水・排水の量から決定されるが，舟運を伴う時には通航する舟の大きさが考慮される．しかし樋管・樋門・水門はいずれも固定施設であって，その取水・排水の量は河川の水位による影響が大きい．このため大きな用水の取り入れには，河川の水位を一定に保つための堰が設けられるのが普通であるが，一般の用水取り入れは河床変動が少なく，流況が河岸に寄った地点を選んで樋管・樋門を設置しているものが多く，取水条件が慣行上の権利となっている場合も多いので，河道改修に際しては注意しなければならない．

排水を目的とする場合は，その大きさは洪水時の河川のハイドログラフに大きく左右される．すなわち洪水流出が発生している河川の水位が堤内地の内水位より低い時には，なるべく多量の排水を行い，河川水位を超えて高くなっている時間中は堤内地はたん水するが，そのたん水位が許容水位を超えないように注意することが必要である．このためには排水地点の本川のハイドログラフ，内水流出のハイドログラフ，堤内地の許容たん水位を十分に調査し，最も合理的な樋管・樋門の断面を設計しなければならない．

（2）樋管・樋門の構造

樋管または樋門の縦断面形状は図4.9のようになっており，横断面形状は図4.10のように長方形・円形・半円形・馬蹄形などが用いられ径間が大きくなると2連，3連と径間を増す．

4.5 内水処理 **147**

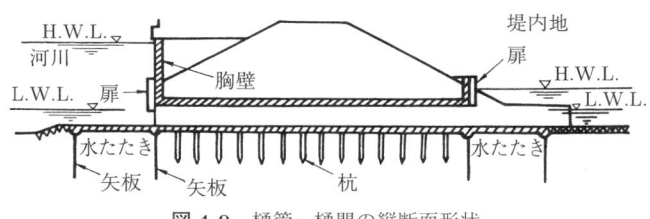

図 4.9　樋管・樋門の縦断面形状

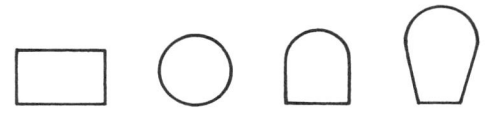

(a) 長方形　(b) 円　形　(c) 半円形　(d) 馬蹄形

図 4.10　樋管・樋門の横断面形状

図 4.11　川辺樋管（梯川水系）

図 4.11 は実際の樋管例（石川県内）を示しているが，樋管・樋門に加わるおもな外力は堤防土圧・堤防上の車両荷重・地震力および基礎の反力などである．

演習問題 [4]

4.1 総合河川計画に対する考え方について考察せよ．
4.2 治水計画上の問題点について考察せよ．
4.3 河川改修計画の方針と計画高水流量について考察せよ．
4.4 多目的ダム計画と T.V.A. 事業について考察せよ．
4.5 安定河道の設計について考察せよ．

第5章 河川工事

　河川工事とは，その流域の治水計画に従って定められた洪水が災害を起こすことなく流下し，平常時にあっては，その流路が社会生活に役立つように整備して利水にも寄与するような工事を実施することであり，河川工事といえば河川改修工事を意味するといっても過言ではない．
　その河川改修工事を分類すると表5.1のようになる．

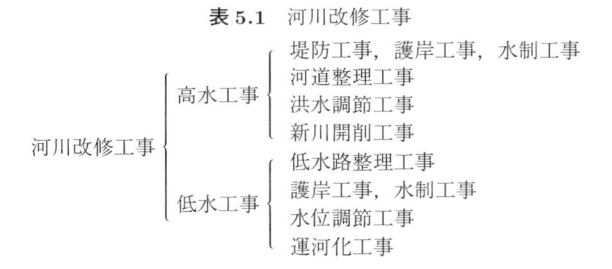

表5.1　河川改修工事

河川改修工事
- 高水工事
  - 堤防工事，護岸工事，水制工事
  - 河道整理工事
  - 洪水調節工事
  - 新川開削工事
- 低水工事
  - 低水路整理工事
  - 護岸工事，水制工事
  - 水位調節工事
  - 運河化工事

　高水工事とは洪水の氾濫，土砂流出による被害を防ぐために行う工事であって，洪水の疎通をはかるものと洪水を貯留するものとがあり，それぞれ単独に，または組み合わせて実施されるものである．
　低水工事とは平水量以下の流量に対して流水の乱流を防ぎ，水深を維持して各種用水の取り入れ，舟運に支障の生じないようにする工事であって，同時に洪水の疎通を助ける工事でもある．
　このような河川改修工事は氾濫区域の広い地域で計画されるもので，河川の上流山間部では治山・砂防工事が行われる．したがって河川改修は治山・砂防工事と有機的に結合しなければ効果も薄く，このためには水系を一貫した治水計画のもとに，それぞれの工事が綿密に検討されなければならないことになる．

5.1　河川堤防

5.1.1　堤防の種類

　堤防は，河川洪水時の水流をその流路内に制限して氾濫を防ぐことを目的として築造されるものであるが，地勢や用途などに応じて図5.1のようにいろいろな形態のものがつくられている．その種類をあげると次のようなものがある．

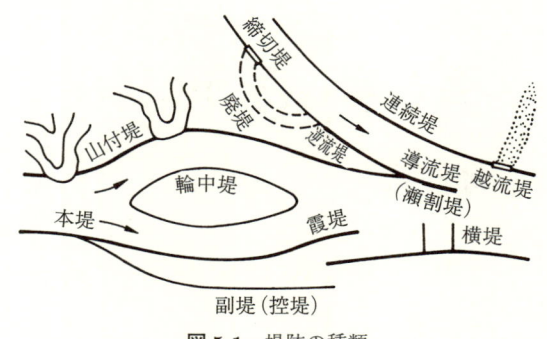

図5.1 堤防の種類

（a） 本　　堤
河川の形状を整えるおもなる堤防であり，河道の両岸に沿って築造される．

（b） 副　　堤
本堤に沿って設けられる小堤防，本堤の河表（河道側）につくられるものを前堤（畑囲堤），河裏（河道と反対側）に築かれるものを副堤（控堤）という．副堤は本堤決壊の場合の防御線ともなるもので旧堤防をこれに利用することが多いが，最近の河川改修ではあまりつくられなくなっている．

（c） 霞　　堤
急流河川に多くつくられる連続堤の一部を開放した不連続な堤防で，洪水を逆流させピーク流量を低減するものである．さらに急流河川では洪水の継続時間が短いから氾濫時間は短く，農作物への被害が少なくてかえって新しい山土を沈澱させる効果もあり，また支川の合流や排水路の取り付けなどが容易であるという利点もある．

（d） 連続堤および不連続堤
前者は堤防の連続しているもの，後者は連続していないものである．

（e） 横堤および羽衣堤
地勢などの関係で河幅が広く高水敷のり線外の堤外地に耕地がある場合，これを保護するとともに横堤内に洪水を遊水させるために本堤より河の中心に向かってほぼ直角に突出したものであるが，下流方向への傾きの大きいものを羽衣堤とよんでいる．

（f） 輪中堤（ワジュウテイ）
ある特定の地区を洪水から守るために1区域の全周囲にめぐらされた堤防である．わが国では木曽川沿いに多い．これは旧幕時代に尾張藩は自分の領土で

ある左岸には立派な堤防を築き，右岸には連続堤をつくらせなかったためであるともいわれている．

（g）瀬割堤（背割堤）

2河川が並行して流れる場合または合流分流する時，その中間にあって両方に堤防の用をなしているものであって，合流点を下流へ移すことにもなる．木曽・長良・揖斐川の合流点，富士川上流部における釜無・笛吹川の合流点，淀川における桂・宇治・木津川の合流点などが有名である．

（h）山付堤

一端または両端を山に取り付けて流路を整正する堤防をいう．

（i）越流堤

水位がある高さ以上になると水が堤防を越流するもので，洪水調節用の遊水池またはある水位以上の水だけを分流させる分水路に用いられるが，図5.2のような越流水に耐える構造にすることが必要である．

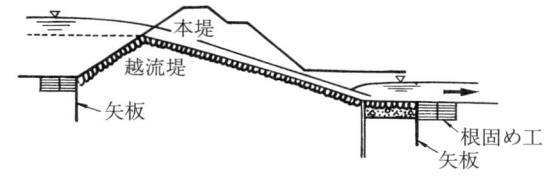

図 5.2　越流堤

（j）導流堤

図5.3のように河川の合流点・分流点・霞堤の先端・川欠け箇所あるいに河口において，流水を導流してその流勢を調整し，土砂の堆積や河床洗掘を防止するために設ける堤防を導流堤あるいは導水堤という．これは一般に付根に本堤と同じ構造をもつが先端に向かって低くし，計画高水位以下になると石張りなどで表面を保護して先端は平水位程度の高さでとどめている．また河口で海

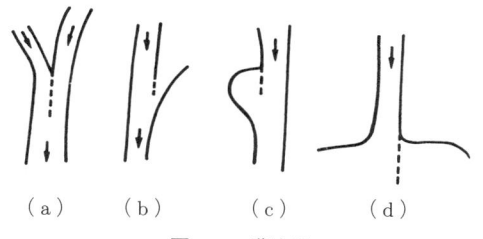

図 5.3　導流堤

中に出すものは突堤（jetty）ともよばれている．

（k）締切堤

新しい河道をつくるなどのために旧川を締め切る時に，旧河道を横断してつくられる堤防であるが，十分な基礎処理が必要である．

（l）廃堤

河道の位置が変わったために不用になった堤防をいう．

（m）特殊堤

堤防は他の工作物に比べて一般に延長が長いので，工費が安くしかも維持が容易であることが要求されることから，普通は付近で採集できる土砂や砂礫などでつくられる．しかし都会などで広い堤防敷地が得られにくいところでは，コンクリート壁などの特殊堤を用いることがある．

（n）スーパー堤防

昭和61年，旧建設大臣（現国土交通大臣）は河川審議会に「超過洪水対策（計画を上まわる洪水）およびその推進対策について」諮問したが，これに対して同審議会が出した答が図5.4に示すようなスーパー堤防（高規格堤防）である．

この堤防は洪水による越水や浸透，地震などに対しても十分な安全性を確保

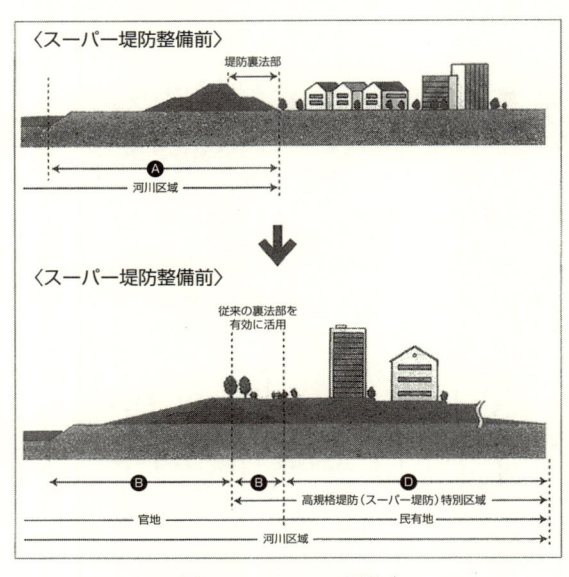

図5.4　スーパー堤防[1]

しており，街づくりの重要な要素となっている．

5.1.2 堤防のり線
一般に堤防の表のり肩線（河道ののり肩線）をのり線とするが，時には堤防天端中心線をとることもある．また低水路と高水敷の交点を連ねた線を低水のり線とよんでいる．

（1） 堤防のり線を定めるにあたって留意すべき点
① 対岸の築堤のり線を考え，計画高水流量を流すに十分な流水断面があることはもちろんであるが，河川というものは長年月にわたって現在のそれを構成しているものであるから，河道の安定のために堤防の強度上からも現河道を無視してはならない．
② 堤防のり線の方向はなるべく流水の方向に従うが，しかし低水路の湾曲がはなはだしい場合はこれに従わず，曲率半径をできるだけ大きくとる．
③ 急流河川では湾曲した堤防に流水が激突するから，なるべく直線状とする．しかし緩流河川ではこのかぎりではない．
④ 堤防のり線はなるべく低水路の両側に等距離に平行に設ける．これは低水路がのり先に近づいてのり先の洗掘のおそれがないようにするためである．
⑤ 堤防のり線はできるだけ良好な，かつ高い地盤上を通るようにし，軟弱地盤および傾斜した地盤はなるべく避けるようにする．
⑥ 旧堤は土がよく締固まっているので，できるだけこれを利用するようにし，山に近い所では山付堤の利用を考える．
⑦ 支川が合流している場合にはなるべく小さい角度で合流させ，または瀬割堤などを設けて2つの流れの衝突を避ける．

（2） ファルグの法則
のり線に関しては，ファルグ（Fargue）の次のような法則[2]がある．

（a） 流路の安定
曲線形の河川流路が安定であるためには堤防は凹曲線と凸曲線とが交互になる曲線であって，この両者は直線で連続させる．しかし，この直線は水流を一般に不安定ならしめる形であるから短い方がよく，また流心部（最深部を連ねた線）中の最深部は曲率の最大点から河幅の約2倍位下流にあり，最浅点は曲率の最小点から同じく約2倍位下流にある．エルベ（Elbe）河（ドイツ）では

幅が 100〜110 m ある所では最深点と最浅点は曲率の最大および最小地点から 211.2 m および 211.0 m の所にあった．すなわち河幅の約 2 倍に相当する地点である．

（b） 曲線形と水深

曲線形と水深流路が深さを保つためには曲率があまり大でも，また，あまり小でもないのがよい．しかし同一の河川では湾曲部の最大水深は曲率の大きい所ほど大きい．

（c） 曲線長と水深

流心部の深さが最も良好なるためには湾曲部の長さが適当であることが必要で，湾曲部が長すぎても短かすぎても比較的浅く，エルベ河では 1.4 km 程度が適当だといわれているが河川によって異なり，大体，河幅の 10〜12 倍程度が最良のようである．

（d） 曲率と水位，横断面積

低水時の水面勾配は曲率が増せば減じ，逆に曲率が減ずれば増加するが，横断面積は流量が同一ならば曲率が大きい所ほど大である．

（e） 曲率と流速

流速は曲率が大なる所ほど遅い．

5.1.3 堤防断面の設計

流水，特に洪水による堤防決壊の原因としては，堤防上の越流・堤防のり面やのり先の洗掘・堤体または基礎の漏水などが考えられるが，これらを防止するためには堤体材料の選定・断面形の設計や施工に対して十分な処置を講じなければならない．

（1） 堤防の材料

堤防の材料としては古来から土砂が用いられているが，次のような性質をもつものがよいとされている．

① 水で飽和した場合でも堤防のり面の崩壊が発生しないこと．
② 密度が大きく透水係数が小さいこと．
③ 掘削・運搬・締固めなどの作業が容易であること．特に含水状態での施工が容易であること．
④ 水に溶解する成分や，草や木の根など腐食する有機物を含まないこと．
⑤ 内部摩擦角，特に水で飽和した時の内部摩擦角が十分大きいこと．

⑥ 乾燥による亀裂が生じないこと．

以上のうち，②の性質を備えるものは細粒の土であるが，③，⑤，⑥の各性質には砂質土が適し，上記の各性質を同時に満足する土砂は実際上は得られないので，現実的には粒度の違った土と砂が適当に混合したものが最もよい材料ということになる．

(2) 堤防の断面

河川堤防の標準断面形は図 5.5 に示すようなものであって，各部の名称も同じく図に示すとおりである．断面の設計にあたっては計画高水位・洪水継続時間の長短・流水および波浪による浸食作用・護岸工の種類・基礎地盤の性質・堤体土質などを考慮しなければならない．

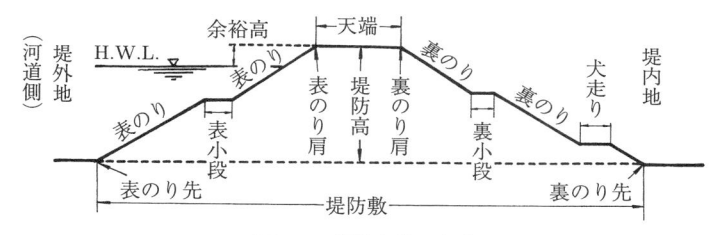

図 5.5 堤防各部の名称

(a) 余 裕 高

余裕高は計画高水位に対する安全率であって，計画高水流量を越える異常出水・予測できない河床上昇・波浪・湾曲部の水位上昇・風の吹き寄せなどを考慮して，計画高水位より上に適当な高さをとって堤防高を決めている．

この余裕高における旧建設省（現国土交通省）の技術基準については 4.2.2 項において前述したが，これは一応の基準であって河幅の広さ・河床の状態・沿岸地域の重要性などによって，もっと大きくとることもある．なお実際に施工する時には堤体の圧縮と基礎地盤の沈下を考えて，計画堤防高よりもいくらか高く盛土をしておく．これを余盛りとよんでいるが，普通は堤防高の約 1 割（1/8～1/12 程度）をとっている．

(b) 天 端 幅

水防時における通行・作業・土運搬など円滑に行うために，あるいは天端が道路を兼用する所では適当な幅を必要とする．標準は直轄河川で 4～8 m，中・小河川で 3～5 m 程度である．天端は排水をよくするために中央を高くしてのり肩を低くし，円弧または放物線状にする．

(c) のり勾配

堤防の裏のりからの漏水がのり崩れの原因になることがあるので，堤体内の浸潤線の先端が堤体から外に出ないように堤敷幅を決めなければならない．堤敷幅を広くするためには天端幅を広くとること，幅の広い小段を設けること，のり勾配を緩くするなどの方法がある．また斜面の安定上の点から，含水量の大きい時の内部摩擦角の値によって，のり勾配を決めなければならない．表のりは1：2またはこれより急なものが多く，裏のりは1：2.5～1：3.5のものが多いが，浸潤線を堤体内に保持するとすればのり勾配との関係は，図5.6において $mH<(b+nH)$，しかし実際問題として水が浸透するのに相当な時間がかかるから，洪水期間の短い河川では2次的な問題となるであろう．

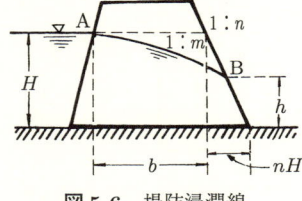

図5.6 堤防浸潤線

(d) 小　　　段

わが国では堤防高が4m以上になると普通は小段を設けている．この理由は築堤の施工を容易にする利点とともに，わが国のように雨量強度が大きい所で

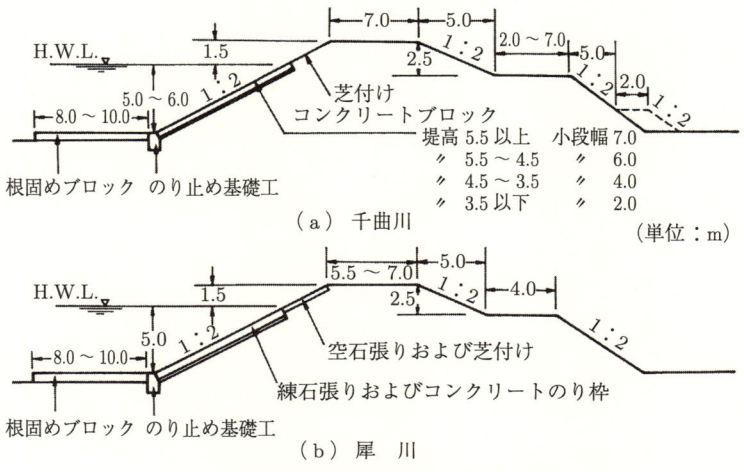

堤高	小段幅
5.5以上	7.0
〃 5.5～4.5	6.0
〃 4.5～3.5	4.0
〃 3.5以下	2.0

(a) 千曲川

(b) 犀川

(単位：m)

図5.7 河川堤防断面の一例（信濃川水系）

は，のり面の長さが長くなると崩壊の危険が増すためである．なお川幅が広い河川では計画高水位に近い高さで表小段を設けると，波による決壊を防ぐのに有効である．

裏小段は水防作業を容易にし堤防の管理上にも有効であるので，普通は天端から2～5m下がり位の高さに幅約3～5mの小段を設けるが，小段には1/10～1/15程度の勾配をつけ，そして雨水の停滞を防いでいる．このほかに堤防と裏地盤との接合を調整するために堤脚に沿って低い小段を設けるが，これを犬走りとよんでいる．

わが国における河川堤防断面形の一例が図5.7であるが，河床が周囲の二地よりも高くなった河川（堤外地が堤内地よりも高いもの）が天井川とよばれるものである．

5.1.4 築 堤 工 事

築堤工事は大別して新堤築堤，旧堤拡築，引堤に分けられる．

　新堤築堤——在来無堤地帯に新しく設ける．
　旧堤拡築——在来堤防を利用して天端に嵩置きおよびのり面に腹付けする．
　引　　堤——在来堤防前の河積が狭小なため堤防を後方に移設する．

材料は土砂で堤外地高水敷および低水敷の掘削土砂をもって充当される．不足の時は付近に土取場を選定するが，築堤用土砂は空げき率が少なく不浸透性であって乾燥期に有害なひびわれを生ぜず草根，木皮などの有機含有物の少ないものがよいとされている．

（1）準　備　工

築堤土量は堤防のり線に沿って約50m間隔程度に堤防定規断面図をつくって，両端断面平均法または柱状公式により計算する．実際には盛土の沈下に備えて余盛りを行うので，断面積に図5.8のような余盛り分を見込まなければならない．

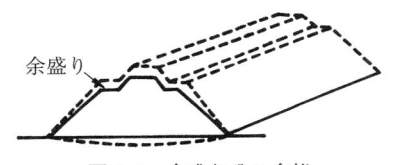

図5.8　余盛り分の余裕

1) 両端断面平均法

$$V = \Sigma \frac{l_i}{2}(A_i + A_{i+1}) \tag{5.1}$$

2) 柱状公式

$$V = \Sigma \frac{l_i}{6}(A_i + A_{i+1} + 4A_{mi}) \tag{5.2}$$

ただし，　　l_i：断面間の距離
　　　　A_i, A_{i+1}：断面積
　　　　　　A_{mi}：断面 i と断面 ($i+1$) の中間点の断面積

築堤箇所の地盤はまず雑草・木の根などをよく取り除き，地盤をかき起こして盛土との密着をよくする．粘土質地盤の上の築堤で基礎の漏水が予想される時は図 5.9（a）のような根掘りを行い，傾斜地盤に盛土する時は同図（b）のように階段状の段切りを行うが，同図（c）のように旧堤を拡築する場合には高さを増すものを嵩上げ，幅を増すものを腹付けという．どの場合にも表面の芝・雑草類をよく取り除き，腹付けの際はのり面の段切りを実施しなければならない．

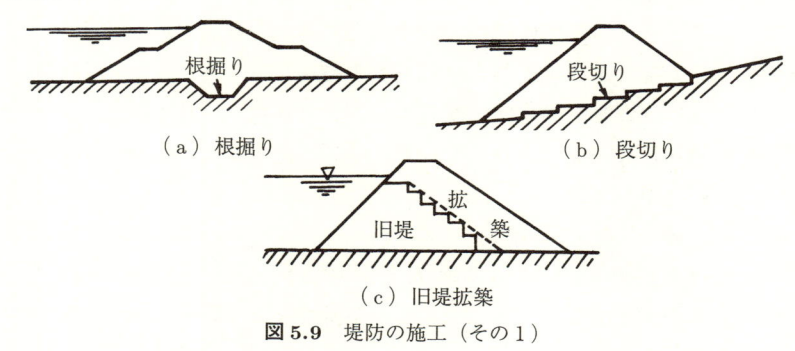

（a）根掘り　　　　　　（b）段切り

（c）旧堤拡築

図 5.9　堤防の施工（その 1）

（2）土運搬

築堤用の土は高水敷の土を掘削したものを用いることが多いが，その場合は堤防のり先から 10 m 以上離れた箇所から取り，掘削の深さも場所によって 1.0〜2.5 m 程度を限度とし，規則正しく掘って流水の状態を悪化させないように注意する．低水路のしゅんせつ土砂を利用する場合にも同様の注意が必要である．これらの土砂が築堤材料として不適当な場合，または量が不足する場合には他に適当な土取場を求めなければならないが，築堤土量が大量である場合に

はあまり遠距離に土取場を選ぶことはできないであろう．

（3） 堤防の施工

盛土は中心部から表のり部にはなるべく不浸透性の土を配置するように注意し，十分に締固めを行わなければならない．締固めは漏水を防ぎ沈下を少なくするために重要で，その効果を増すためには1回の締固め厚を薄くすることが望ましく，実際的にも 0.5～1.0 m 程度で施工されるのが普通である．しかし十分に締固めた堤防でも年月を経るに従って洪水時に漏水が発生するようになるため，図 5.10（a）のように堤防の裏のり先付近には透水性の大きい砂礫土を配置して，堤体中に浸透した水の排出を促進するのが望ましい．また透水性の大きい築堤土砂の場合には同図（b）のようにのり面を 20～30cm 程度の厚さに良質の土で覆い，十分に突き固めてのり面保護および水の浸透を少なくするために芝付けを行う．

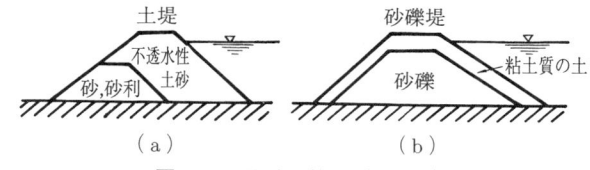

図 5.10 堤防の施工（その2）

芝付けには総芝および筋芝などがある．総芝はのり面全部に 30 cm 角程度の芝を張り，筋芝はのり面 30 cm 間隔程度に幅 10 cm 程度の芝を張り芝と芝との間に土を散布するものである．河川堤防の芝付けは総芝が望ましいが，計画高水位以上ののり面および裏のり面では筋芝工を施工してもよい．のり肩は雨水のため浸食されやすいので，のり肩に 10～15 cm 程度の切芝（これを耳芝ともいう）を張って保護する．

5.1.5 漏水および軟弱地盤に対する対策

（1） 漏 水 対 策

堤防材料が土である以上は少量の漏水があるのはやむをえないことで，漏水量を危険のない程度にまで減少させればよいのであるが，漏水防止の基本的な方法は，

① 堤体・基礎地盤に不透水層をつくり，透水係数の小さい材料を使用すること．

② 流水の透過距離を長くすること．

③　漏水をすみやかに排除すること．

などである．このためには設計に対して水理学的，土質力学的な検討を行うとともに，締固めなど入念な施工が必要であるが，また①～③の条件を満足させるような具体的方法としては，次のようなものがある．

① 表腹付け・裏腹付け・表小段・裏小段を設けて堤防断面を大きくする．
② 表のり面を水密性材料で被覆し，また裏のり面の堤脚部に空石積みあるいはコンクリートブロックの空積みなどをして透過水位を下げる（図5.11）．
③ 矢板工のような止水壁を透水層の中に施工したり，不透水性のブランケット（blanket）などを置いて透過長を長くする（図5.12）．
④ 裏のり先に排水溝を設けて透過水をできるだけ早く排除する．
⑤ 表のり先に水制を施工して流水をできるだけのり先から離すようにする．

図 5.11　堤脚部空石積み　　　　図 5.12　透水防止工

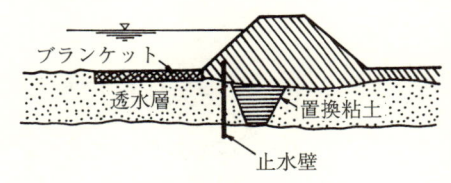

（2）　軟弱地盤に対する対策

対策としては築堤する前に排水溝などを掘って，できるだけ地下水を下げておくことが必要であるが，このほかに次のようなことが考えられる．

① 軟弱地盤の除去．図5.13（a）のように軟弱地盤と砂質土を置換する．
② 堤防沈下の促進．堤防の両側にできる隆起を除去するとか，爆破などにより沈下を急速に進行させること．
③ 堤防の沈下を最小限にとどめること．

（a）砂質土置換工法　　　　（b）サンドパイル工法

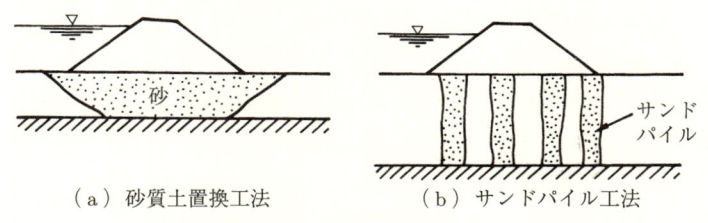

図 5.13　軟弱地盤上の堤防

（a） サンドパイル法

地下水の高い道路の盛土などにしばしば利用される工法で，軟弱地盤の下にある堅固な地盤に達する透水性のサンドパイル（sand pile）を図 5.13（b）のように施工し，間げき水を絞りだし圧密現象をすみやかに終了させるものである．同時に脱水が行われるので粘着力を増大し側方流出などを防ぎえることになる．

（b） 固 結 法

軟弱地盤をセメントグラウチングや電解アルミ化などによって固結する方法である．

（c） 基礎の強化

堤防の基礎に胴木，矢板，杭打ちなどによって広く圧力を分布して地耐力に耐えさせる方法である．

（d） 副堤などによる平衡化

堤防の両側に副堤を施工し，側方への流出を防止する方法である．

（e） 工期の延長

沈下の状況と地盤の間げき水圧を判定し，含水を徐々に除去しつつ徐々に工事を進める方法である．

5.2　護　　　岸

護岸および後述の水制・床固めは築堤・掘削とともに河川工事の基本となる重要なもので，それぞれの河川の性質によく適合する工法を用いることが重要である．

5.2.1　護岸の機能と分類

護岸は堤防を保護し河岸の決壊を防止して河道を固定する目的で設けられる構造物であるが，その施工箇所と工法を決めるにあたっては，河道の平面形状・横断面形状・河床勾配・流速・河床材料の大きさ・使用材料の費用の大小などについて考慮しなければならない．護岸はのり覆工・のり止め工（のり留工）・根固め工からできているが，根固め工の前面に接するか，または根固め工と一体として前面に設置する水制が根固め水制である．この水制は護岸前面の河床洗掘に対し根固め工だけでは不十分である時，その防止力を補うものであるが，さらに流水の方向を転向して流心部に向かわせ，あるいは流勢を弱めて土砂の

沈澱を促す目的をもっている．護岸は以上のように4部よりなるが，常に4部を備える必要はなく河状に応じて適宜に，根固め工・根固め水制工などが組み合わされている．

護岸は施工する位置によって図5.14のように分類される．

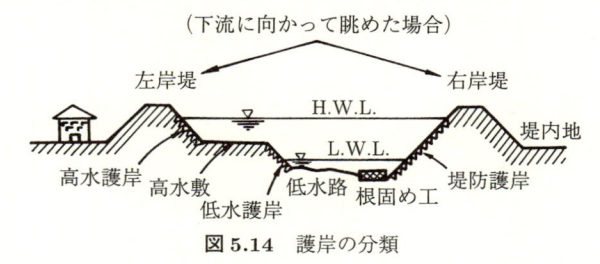

（下流に向かって眺めた場合）

図5.14 護岸の分類

（1） 堤防護岸
堤防に直接施工する護岸をいう．

（2） 高水護岸
高水敷のある複断面の河道で，高水敷の高さより上部に施工される護岸をいう．

（3） 低水護岸
高水敷を保護するために低水敷に設けられる護岸をいう．また堤防護岸のうちで表小段が広い場合に，直接，低水に接する部分に設けられる護岸を低水護岸ということがある．

あらたに護岸を設置すると，以前よりも流水は新しい護岸に沿って流れやすくなり，しかも流速が増大する結果となることがある．特に護岸表面が平滑であるとこの傾向が強いので，この部分に副流が発生して主流と合成されて螺旋流となり，護岸前面河床の深掘れ，または護岸に沿う前面河床の洗掘が促進される結果となる．この洗掘は護岸施工箇所の下流にも波及し，この区域の河道では従来の水衝部が移行してあらたに護岸を必要とするようになるので，この対策としては，

① 護岸表面には適当な粗度を与えること．
② 護岸の延長は主流の流向が変わる所まで上・下流に延ばし，下流側の延長を長めにとること．

が望ましいとされている．

5.2.2 護岸工法

次に前述の護岸4部の工法について述べることとする.

(1) のり覆工

のり覆工は堤防のり面を保護するもので，芝付け・のり柵（さく，しがらみ）工・蛇籠工・石積み・石張り工・コンクリート張り工・コンクリートのり枠工・コンクリートブロック張り工・アスファルトのり覆工などの種類がある．

(a) 芝付け

のり覆工のうち最も簡単なもので最も広く用いられているが，河表に用いる場合には緩流部で流速の遅い所に適している．

(b) のり柵工

そだ（木の枝を切りとったもの）で柵をつくり（そだや竹などで束ねること），その中に栗石・玉石を詰めるもので，粗度が大きく工費も安いので緩流河川で広く用いられたが，現在ではほとんど使用されていない（図5.15）．

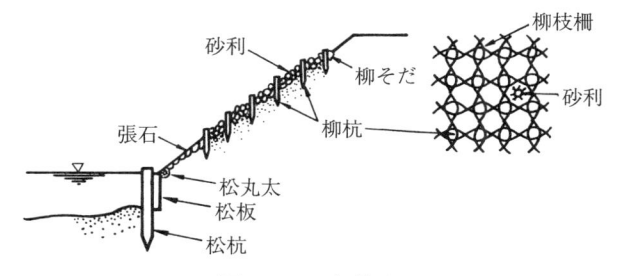

図 5.15 のり柵工

(c) 蛇籠工

竹・柳・鉄線で籠を編み，栗石・玉石を詰めたもので，並べ方はのり面に沿って水平方向に置く腹籠と，のり面に沿って上方から下方に向かって置く立籠の2種類があるが，普通は後者が用いられる（図5.16）．普通の蛇籠は直径30〜50 cm程度の細長い円筒形の籠の中に割石や玉石などを詰めたもので，8〜12番鉄

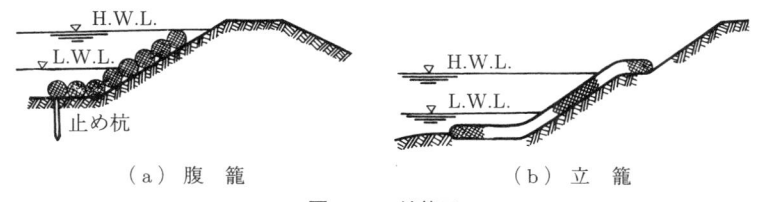

(a) 腹籠　　　　　　　　(b) 立籠

図 5.16 蛇籠工

線をもって編んだものが最も多く用いられている．この工法は粗度が大きく屈撓性に富み，作業が容易で熟練した技術を必要としない利点があるが，網が摩耗，折損しやすく耐久性に乏しい欠点がある．災害復旧の応急工事や仮工事にはいまでも広く用いられている（図5.17）．

図 5.17　野積蛇籠工護岸（信濃川水系）

（d）　石積み・石張り工

従来最も広く用いられてきた工法で，のり面が1割（1：1）より急なものを石積み，緩いものを石張りという．モルタルやコンクリートを用いてそれぞれの石を連結したものを練り石積み（張り）といい（図5.18），モルタルを目地に詰めて土砂が抜け出るのを防ぐ程度のものもあるが，セメントを用いないで，裏込めを栗石や砕石だけで施工するものを空石積み（張り）という．

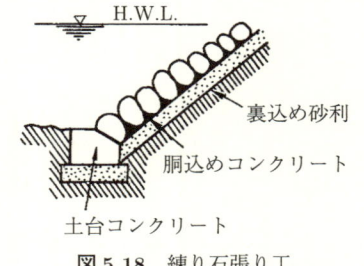

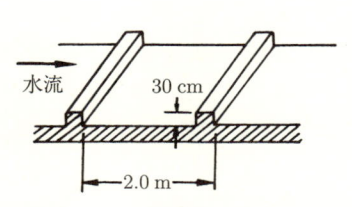

図 5.18　練り石張り工　　　　図 5.19　コンクリート張り工の一例

（e）　コンクリート張り工

流速がかなり速いところや河口近くの高潮に対する堤防に用いられる．温度変化による亀裂を防止するために10〜20 m間隔程度に伸縮継手を設け，また

表面の粗度を大きくして流速を減らすために横断方向に桟を設けたり，玉石を埋め込むことがある（図5.19）が，施工箇所の近くに適当な石が得がたい時に石積み（張り）工に代わって用いられる．

(f)　コンクリートのり枠工

場所打ちまたはコンクリートブロックで1～2 mの格子枠，または横断方向に2 m程度の間隔で枠をつくり，その間に貧配合のコンクリートを打設し，または栗石・玉石を詰める（図5.20）．施工が容易で熟練を要しない利点があり，粗度も大きく補修も比較的簡単であるので近年多く用いられている．

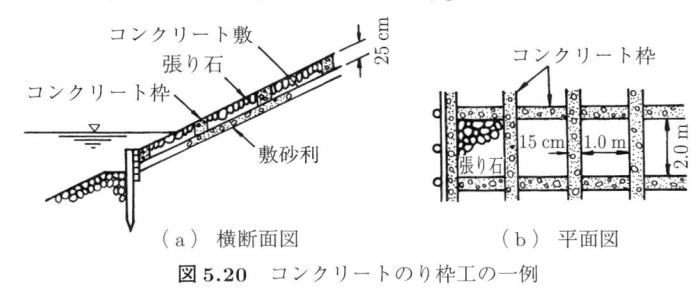

図5.20　コンクリートのり枠工の一例

(g)　コンクリートブロック張り工

コンクリートブロックを前もって製作しておいてのり面に張る（図5.21）．ブロックの形状寸法にはいろいろなものが考案されているが，この工法は熟練した技術を必要としないし，工費・工期の点で利点があり，屈撓性とか土砂の吸出しの点についてはいろいろの配慮がなされている．

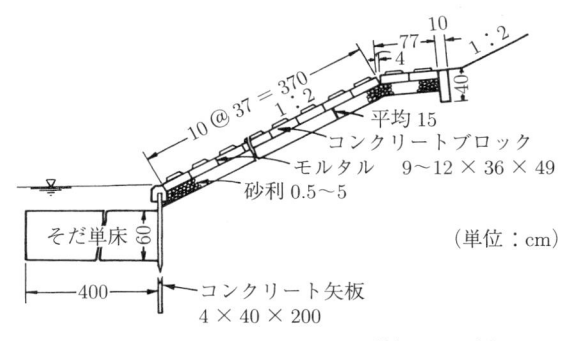

図5.21　コンクリートブロック張り工の一例

（h）アスファルトのり覆工

ののり覆工は堤防によくなじみ，また不透水性であるので，のり覆としては適しているが，のり勾配が急であると施工の時に転圧ができないことや，アスファルトの老化現象による耐久性やのり面粗度などの点で問題があるようである．

（2）のり止め工

のり覆工を支える基礎であるから適当な深さに岩盤があり，これを基礎として利用できればのり止め工は不要であるが，一般には砂礫層であるので洪水中の洗掘に備えてのり止め工が必要である．

護岸のり覆工の決壊はのり先の洗掘がおもな原因であるので，のり止め工は洗掘に耐ええる構造であること，および根固め工の決壊がのり止め工，のり覆工の決壊につながらないよう，それぞれ絶縁した構造であることが必要である．

（a）土　　台

最も簡単な工法でのり覆工の荷重を支えるだけで，図5.22のように1本土台，片はしご土台，はしご土台，木床土台などがあるが，滑動防止のため止め杭を打つこともある．

（a）止め杭1本土台　（b）片はしご土台　（c）はしご土台　（d）木床土台

図5.22　土　台

（a）板柵工　　　　　　　　　（b）鉄筋コンクリート板柵工

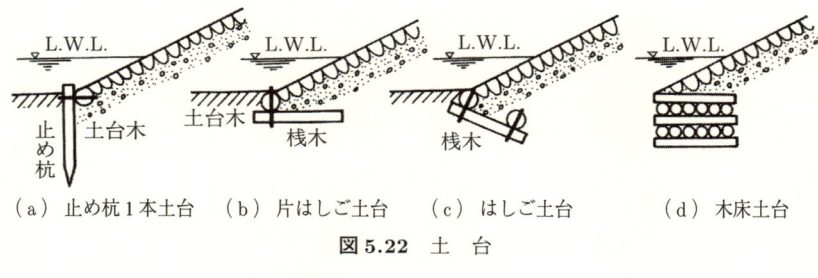

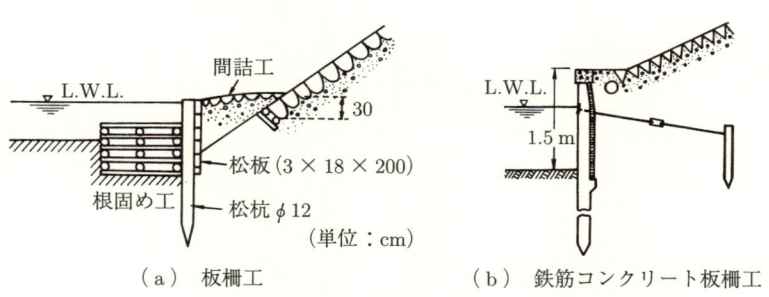

図5.23　柵工の一例

5.2 護岸

(b) 柵工

直接にのり覆工の荷重を支えるものではないが，のり覆工の基礎部と一体となって洗掘から保護する工作物である．普通はのり先に沿って，0.6～1.0 m 間隔程度に杭を打ち，そだ・松板・丸太・鉄線・鉄筋コンクリート板などで柵をつくり，のり面との間げきには土砂または中詰石を充填し，その表面を石張りして保護するが，この間げきを詰める工事を間詰工ともいう（図 5.23）．

(c) 詰杭工

河川の中流部以下の杭打ちが可能な所で用いられ，のり先に沿い間隔をあけずに杭を打ち並べる工法であるが，同一寸法の杭を打ち並べるもの，これに貫木を付したもの，さらにその外側に寸法の大きい親杭を約 1 m 間隔程度に打ちそえて補強したものなどがある．

(d) 矢板工

中流部以下で低水時の水深の大きい所によく使用され，矢板には図 5.24 のように木材矢板，鉄筋コンクリート矢板，鋼矢板などが用いられる．

(a) 木製矢板工 (b) 鉄筋コンクリート矢板工

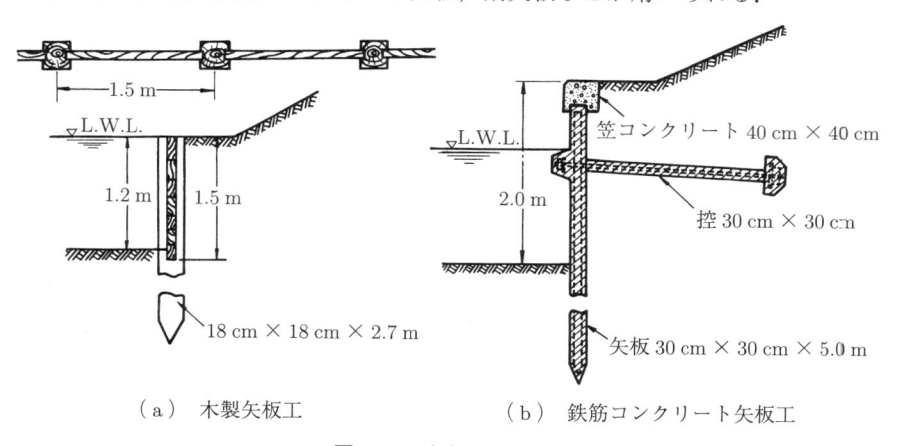

図 5.24 矢板工の一例

(e) 枠工

中流部から上流部で流量も大きく河床に玉石や転石が多い場所では，杭打ちは不可能である上に低水時でも流速が大きく，水深も深い場合が多い．このような場所ではのり覆工の根入れを大きくすることが困難であり，のり止め工にも枠類を利用することが多い．

枠については根固め工のところで述べるが，のり止め工として用いられるの

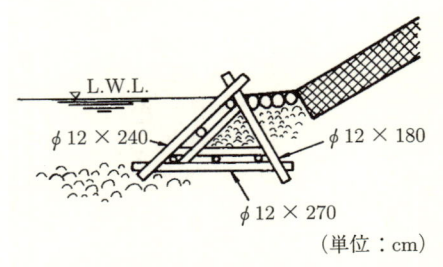

図 5.25 合掌枠を用いた枠工の一例

は合掌枠，沈み枠などである．図 5.25 には合掌枠を用いた例を示してあるが，杭打ちの困難な玉石河床などに応用されるものである．合掌枠は図のように丸太 3 本で組んだ三角のフレーム（frame）を並べて水平材で連結し沈石を詰めたものである．

（f）そ の 他

コンクリートブロックのり止め工，捨石工，蛇籠工などが用いられるが，これらはのり止め工だけでなく根固め工を兼ねるもので，図 5.26 に橋本[3]の考案による滑動式コンクリートブロックのり止め工を示している．これは河床の洗掘が進めば前列のブロックがガイド鉄筋に沿って斜め下に沈下し，護岸の基礎を保護する構造になっている．

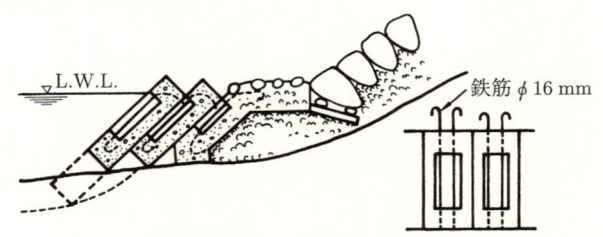

図 5.26 滑動式コンクリートブロックのり止め工の一例

（3）根 固 め 工

根固め工はのり止め工の前面に施工することによって，護岸のすぐ前面が洗掘されるのを防ぐためのものである．図 5.27 に示すように根固め工を設けるとその前面が洗掘されるが，その時に洗掘された河床部分を根固め工が覆って洗掘がそれ以上に進まないようにすることが大切である．そのためには根固め工は屈撓性をもっていなければならないが，急流河川では堤防の全延長にわたって根固め工を施工するのが普通である．

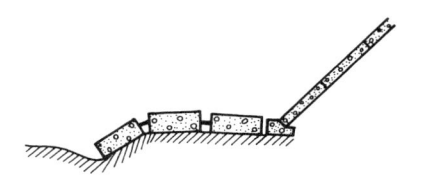

図 5.27 根固め工の屈撓性　　　　　　　**図 5.28** 捨　石

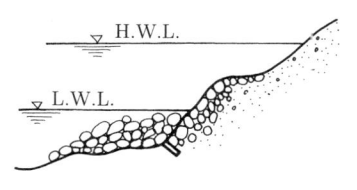

工法としては捨石・そだ沈床・木工沈床（改良木床）・コンクリート根固め工のほか，河口部や急流部ではテトラポッド・六脚ブロック・中空三角ブロック・ホロースケヤー（hollow-square）・WVブロックなどの異形ブロックが用いられている．

（a）捨　　石

最も簡単な工法であるが，水流によって移動しない大きさのものを使用しなければならない（図 5.28）．河床材料が細かいと捨石がもぐってしまうので，そだを敷いてその上に捨石するのが普通である．

（b）沈　床　工

緩流河川ではそだ沈床が広く用いられ，急流河川では木工沈床・改良沈床が用いられる．木工沈床は木材で格子を組んでその中に玉石またはコンクリートブロックを詰めたものであるが，水中から常に出入りする部分の木材が腐朽しやすいので，格子材を鉄筋コンクリートでつくったものを使用することがあり，これを改良木床といっている．

（c）枠　　工

急流部で流勢も強く河床状況が杭打ちに不適当であるような場合には，根固め工として枠工が用いられるが，わが国古来の工法であり，その種類も多い．これには杭打ち片枠工・沈め枠・続き枠・合掌枠などがあり，さらにこれらを

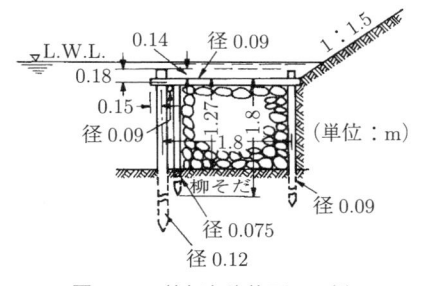

図 5.29 杭打ち片枠工の一例

変形した枠がある．これらの枠工を根固め工として使用する場合には木工沈床と同様にのり先の河床を掘削して深く沈めるものである（図5.29）．

（d）蛇籠工

立籠でのり覆工から根固め工まで兼ねるもの，流れの方向に並べるもの，異形籠（達磨籠・蒲鉾籠・蒲団籠・扇籠など，図5.30）を用いるものなどがある．蛇籠工はわが国の中・小河川によく用いられ，屈撓性に富むが耐久性に乏しい欠点をもっている．しかしながら災害復旧の応急工事などにはきわめて適した工法であり，また鉄線の材質によっては耐久性もかなり期待されるようであるが，異形籠は次のようなものである．

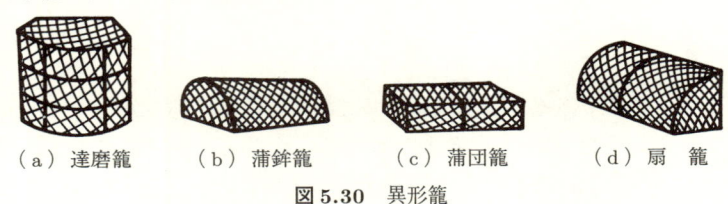

（a）達磨籠　（b）蒲鉾籠　（c）蒲団籠　（d）扇　籠

図5.30　異形籠

1）達磨籠

直径1.2～1.5 m，高さ1.2～1.5 m程度の円筒形の籠の中に割石または玉石を詰めたもの．

2）蒲鉾籠

高さ60 cm，底幅1 m程度の蒲鉾籠に石を詰めたもの．

3）蒲団籠

高さ60 cm，幅1.2 m，長さ1.8～3.6 m程度の長方形の籠に玉石を詰めたもの．

4）扇　籠

底幅1 m，高さ0.5～1 m，長さ2～4 m程度の扇形の籠に石を詰めたもの．

（e）コンクリート根固め工

木工沈床・改良木床は屈撓性に乏しいので，その欠点をなくすためにいろいろの形状のコンクリートブロックが橋本によって考案された．十字ブロック・H型ブロック・I型ブロック・ダブルY型ブロック・ローラー型ブロック・カーテンブロック・ポスト付きブロックなどがあるが，これらの中で十字ブロックが最も広く用いられている（図5.31～5.36）．

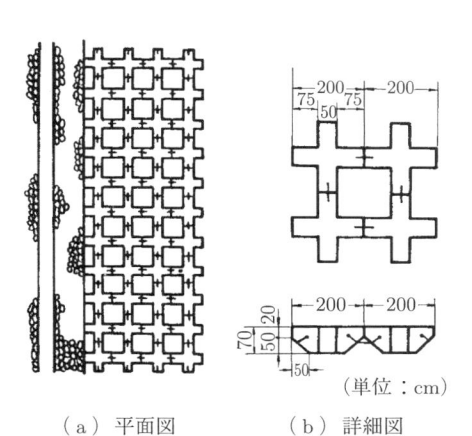

5.2 護　岸　**171**

(a) 平面図　　　(b) 詳細図
図 5.31　十字型ブロックの一例

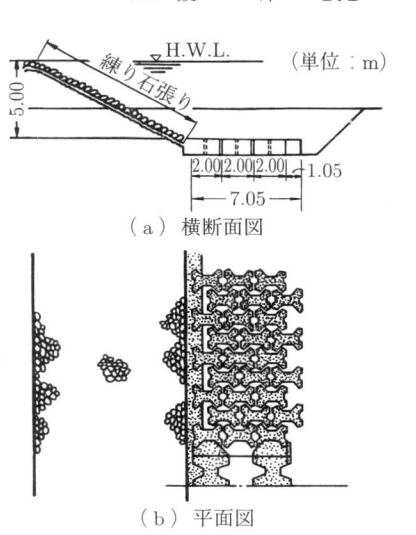

(a) 横断面図
(b) 平面図
図 5.32　ダブル Y 型ブロックの一例

図 5.33　H 型ブロック（常願寺川水系）

図 5.34　ローラー型ブロック（ダブル Y 型ブロック併用，常願寺川水系）

図 5.35　カーテンブロック（十字ブロック併用，常願寺川水系）

図 5.36　ポスト付きブロック（手取川水系）

（f） テトラポッドなどの異形ブロック

　テトラポッド・六脚ブロック・中空三角ブロック・ホロースケヤー・WVブロックなどは，元来は波の作用に対する根固め工・消波工・防波堤に使用するものとして考案されたものであるが（図5.37），これらのブロックは粗度・屈撓性・耐久性などの点で優れているので，適切な河状の所を選んで施工すると効果をあげることができる．しかし一般に工費が高いので重要な場所に施工することが多い．

　　（a）　　　　（b）　　　　（c）　　　　（d）　　　　（e）
　テトラポッド　六脚ブロック　中空三角ブロック　ホロースケヤー　WVブロック

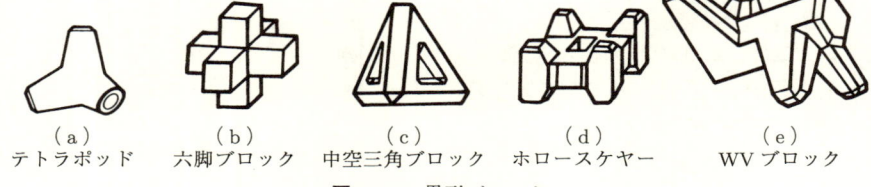

図5.37　異形ブロック

（g） 根固め水制

　急流河川の水衝部のように流勢も強く，洗掘が激しい場所では根固め工は決壊されやすい．このような時には根固め工に水制を併用して洗掘を防ぐのであるが，これを根固め水制工という．一般に河川工事では，根固め工をある程度簡易化しても根固め水制を併用する方が，その維持上得策である場合が多い．根固め水制の構造，工法は水制工と同じである．

5.2.3　護岸設計上の基本的事項

（1） 施工箇所と長さ

　護岸は一般に水衝部を重点的に施工するが，流速の速い急流河川や市街地の堤防でのり勾配が1：2より急な所では，全長にわたって行うのが普通である．護岸を設けることによって水衝部が下流に移動することがあり，また場合によっては上流へ移動することもあるので，施工の長さについては余裕をとっておくことも必要である．

（2） のり線

　低水護岸ののり線は高水時に水流が堤防に衝突しないように，なるべく堤防に沿って流れるようにその形状を定めなければならない．

(3) 高さ

堤防護岸・高水護岸の天端の高さは緩流河川では計画高水位までとするのが普通であるが，遊水池・川幅の広い所・河口付近などで波浪がかなり大きい所では表のり肩まで施工することが望ましい．特に高潮地域で水深が大きく波高が大きい河口部では，天端と裏のりまで被覆を行うのが普通である．急流河川では洪水時の流送土砂によって河床が上昇したり，あるいは河床の著しい凹凸によって水面が変動するので，表のり肩までのり覆工を一般に施工している．

(4) のり勾配

堤防の護岸は堤防断面形に合わせた勾配としなければならないが，空石張りの場合は1：1.5よりも緩やかとし，練り石張りの場合でも1：1.5より急にはしないけれども，石張り作業は勾配が緩くなるほど困難になるから注意しなければならない．アスファルトのり覆工では転圧の必要から，1：2.0よりも緩くするのが普通である．

(5) 根入れの深さ

護岸の根入れの深さは，一般にのり止め工の上端を低水位より低くし，しかも計画河床高より50 cm程度低くするが，水衝部や堰や床固め工の下流側，捷水路や放水路などの護岸は，もっと深く根入れをしておくことが必要である．また将来において河床低下が予想される所では，その程度を予測して根入れを深くしておき，特に急流河川で河床変動が激しい場所では，根入れ深さは全面的にかなり大きくしておかなければならない．

(6) 護岸の粗度

護岸付近の流速が速いと，のり面が損傷されたり裏の土砂が吸い出されて護岸が決壊する．そこでのり面を粗にするためにコンクリート張りでは表面に桟を置いたり，埋め石をして突起物をつくる．しかし突起物に流水・砂利・砂・木材などの浮遊物が衝突して，突起物があるためにかえってここが弱点になって護岸が決壊しやすくなることがあるから，強度については十分に注意しなければならない．

(7) 根固め工の幅と厚さ

一般に必要な根固め工の幅は4.5～12 m程度であり，格数（護岸に直角方向の個数）は屈撓性を十分に発揮させるのに必要な数でなければならないが，少なくとも3格（3ブロック）より多いことが必要である．図5.38のように根固め工の厚さが大き過ぎると，根固め工の前面に渦が発達しやすく洗掘をかえっ

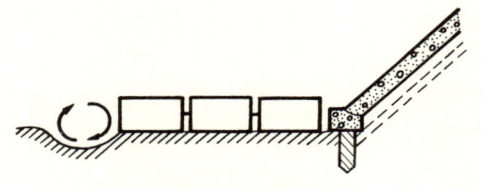

図 5.38 根固め工前面の洗掘

て助長することになり，反対に薄ければ強度が弱くなるので注意しなければならない．

5.3 水　　制

　河川は流水の作用によって側方浸食・河床浸食あるいは堆積を生じ，そのために流路の蛇行・河床の低下や上昇をきたす．そこで側方浸食に対して堤防などの構造物を保護するために護岸を行い，さらに岸から流心に向かって図 5.39 のように水制を出して流路の線形をよくし，側方浸食を防ぐとともに水流の幅を制限して適当な掃流力をもたせ，堆積を防いで適当な水深を維持させようとする．したがって水制の目的は流れに対する障害物となって流水を流心に押しやり，または岸近くの流れを緩和することにあるから，その高さは必ずしも計画高水位以上にする必要はなく，時には杭打ちなどの透過性のものがかえって効果的なことがある．河床低下に対しても水制はある程度まで堤防のり先を保護することができるが，大規模な低下に対しては後述の床固めによらなければならない．

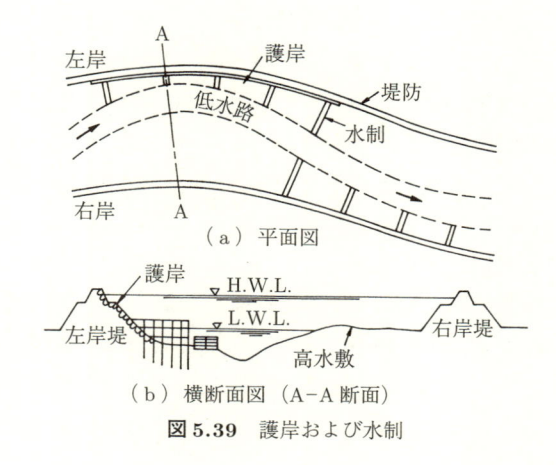

（a）平面図

（b）横断面図（A–A 断面）

図 5.39 護岸および水制

5.3.1 水制の機能と分類

　水制は流路を固定するために設けられるものと，堤防や護岸を直接に保護するために設けられるものとに分けられる．後者は一般に前述の根固め水制ともいわれるが，どのような水制を施工すればよいかは河状，すなわち流量・流速・水深・河床砂礫の大きさ・河床変動の程度・河道の地形などを考慮して決められ，特にその河川および河状がよく似た他の河川で，いままでに施工されてきた工法の効果・破損状況を十分に検討することなどが必要である．
　図5.40に示すように河幅が広く乱流している河川の流路を固定する場合には，下流対岸の水衝部に流れを向かわせるために長い水制を必要とする．しかし長い水制は先端の部分が破損しやすく一般に維持が困難である．水衝部を保護する目的で設ける場合には，護岸に沿って平行に水制を並べる方法，すなわち根固め水制がよいようである．

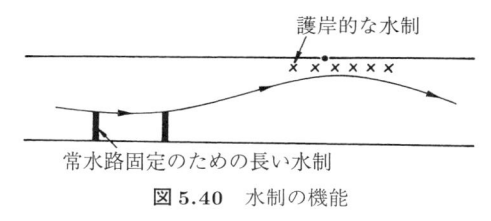

図 5.40　水制の機能

　水制は構造によって次のように分類される．

（1） 透 過 水 制
　水制の中を流水が透過するもので流速を減少して土砂を沈澱させ，洲をつけて河岸や堤防を保護するもので，杭打ち水制・枠水制・牛水制などがこれに属する．

（2） 不透過水制
　水制のなかを流水が透過しない構造のもので，非越流型と越流型とに分けられる．越流型は流水が水制の上部を越えて流れるもので，水制の先端部は特に下流部の河床が深く洗掘されやすく，また非越流型は特に先端部の河床が洗掘されやすいが，出し類・沈床工・枠類などが用いられる．

（3） 透過水制と不透過水制の組合せ
　両者を適当に組み合わせたもので，不透過水制の上・下流側に透過水制を配置するもの，不透過水制の上部を透過構造としたもの，不透過水制の頭部に透過水制を接続するものなどがあり，水はねの効果をもたせつつ，周囲の深掘れ

を最小限度にとどめようとするものである．水制の方向によっては横工水制と縦工水制とに分けられるが，横工は流水に対してほぼ直角に，また縦工は流水にほぼ平行に設けられるものである．横工と縦工とを組み合わせてT字形につくることもあり，この時の横工を幹部水制，縦工を頭部水制ということもある（図5.41）．

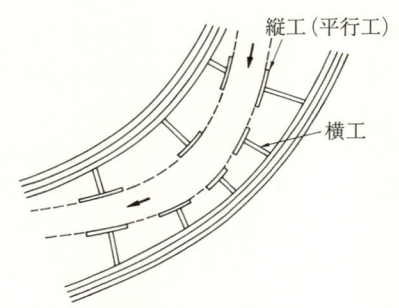

図5.41　横工と縦工水制

5.3.2　水制の工法

水制工法にも石材・木材を主体としたわが国古来の工法が各地域で受け継がれてきており，最近は材料をコンクリートまたは鉄筋コンクリートに改良して用いられるので，耐久性が増し施工も容易になっている．

以下，おもな水制工法について述べることとする[4]．

（1）　杭打ち水制

杭を1.0〜1.2m程度の間隔に2列以上に打ち込んだ透過水制の代表的なもので，杭だけでは河床が洗掘されるので，そだ沈床・捨石・蛇籠などを一緒に施

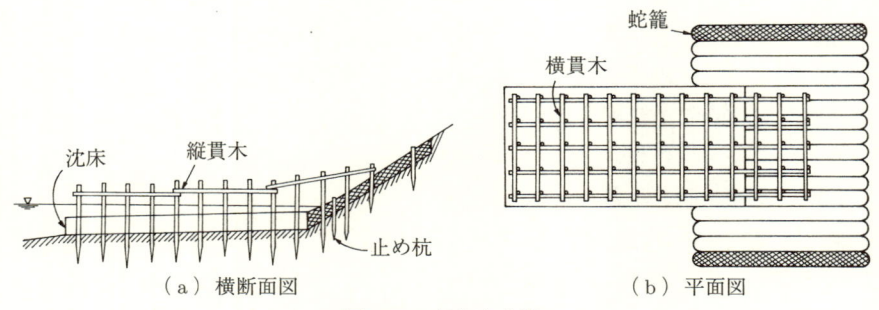

（a）横断面図　　　（b）平面図

図5.42　杭打ち水制

工するのが普通である（図5.42）．杭は貫木で縦横あるいは斜めに連結することがあり，古くは木材を用いたが，現在ではほとんどコンクリート製品が用いられる．この工法は緩流河川に多く用いられるが，急流河川でも杭が打ち込めるような河床であれば水制としての効果はかなり大きい．

（2） 沈床水制

種類と構造は前述の根固め工と同じであるが，水制としても使用される．木工沈床・改良木床を水制として使う場合には櫛形に設置することが多い（図5.43）．なお低水位以下の高さにそだ沈床を重ねて杭を打ち，その上に割石または玉石を並べるのであるが，鉄筋コンクリート杭を用いて杭頭を低水面上に出したものは杭打ち上置とよばれ，これらは緩流河川や緩流部における水制の代表的なものとなっている．

図5.43 沈床水制の平面配置

（3） 牛・枠水制

わが国に古くから伝わっている工法で，河川の特性に応じた工法が各地に発達し受け継がれたものでその種類も多い．牛とは丸太材を三角錐あるいは四角錐体に組み立てたものをいう．その大きさや形状によって各種の名称があり，これらを総称して牛類というが，牛類の沈設には蛇籠を用いる．近年，牛の主要材料には木材に代わってコンクリート材・鉄筋コンクリート材を用い耐久性が増大している．枠水制とは根固め工法において述べたような枠を水制として用いるもので，したがって牛水制は透過水制であり，枠水制は半透過水制であるが，いずれも急流部で杭打ちが不可能である所に用いられ水制機能も優れている．

（4） 蛇籠水制

蛇籠を使用した水制で杭出し水制と比較すると流水の透過性は半減するが，ある程度の透過性をもち，工法も簡単で流水の抵抗も比較的弱く可撓性に富んでいる．しかし流石の激しい河川では鉄線が切断されやすく，普通の場合でも腐食により破壊しやすいという欠点がある．

（5） 土出し，石出し水制

土砂礫を主材料にした水制を土出し水制，石を主材料にするものを石出し水制といい，材料の性質からも不透過水制であり非越流型とする．したがって急流部河川で水はねを主目的とする場合に用い，形は短く頑丈な構造とするが，特に土出しの場合は表面を石張りまたは練り石張りで完全に被覆しなければならない．土出し水制・石出し水制の頭部は，特に洗掘がはなはだしく水制が破壊されると堤防決壊の危険があるので，水制の周囲は沈床，捨石などで十分に保護するのが普通である．

（6） コンクリートブロック水制

コンクリートブロックを使用した水制で形状・寸法・透過度などを自由に変えられ，耐久性にも優れて可撓性をもたせえる長所があるが，ブロック自体の不透過性のため流水の抵抗が激しく，他の種類の水制と比較して周囲の河床洗掘が激しいようである．大型のコンクリートブロック水制は急流河川に適する

図5.44　コンクリートブロック水制（手取川水系）

図5.45　ピストル型シリンダー型併用水制（常願寺川水系）

図5.46　テトラポッド水制（常願寺川水系）

図5.47　六脚コンクリートブロック水制（手取川水系）

が，ブロックの自重で流水の圧力に対抗するためにはブロックが大塊であることを要し，したがって工費も増大することになる．

コンクリートブロック水制にも各種の形態のものが考案され実施されているが，わが国の急流河川で施工されている実例を示したのが図 5.44, 5.45 である．その他，テトラポッド・六脚コンクリートブロックなどを用いた水制も中流部以下の河川でよく用いられている（図 5.46, 5.47）．

5.3.3 水制設計上の基本的事項

水制の方向によっては横工水制と縦工水制に分けられることは前述したが，流水に対してほぼ直角に設けられる横工水制と，また流水に平行に設けられる縦工水制との設計諸元に関する基本的事項をあげると次のとおりである．

（1） 横工水制の方向と高さ

横工水制と河岸のり線とのなす角度には直角のもの（直角）・上流に傾けるもの（上向き）・下流に傾けるもの（下向き）の別がある．流水が水制を通過する時には水は水制本体をほぼ直角に流下するので，水制の下流側河床の洗掘と堆積の関係位置は，大体図 5.48 に示すようになる．

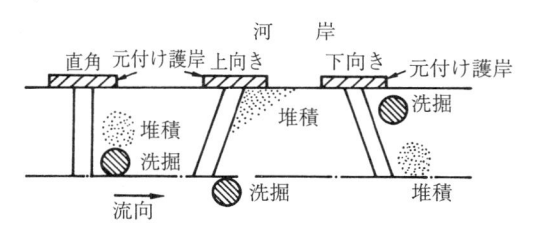

図 5.48 水制付近の洗掘と堆積

上向き水制では頭部に深掘れを生じやすいが，下流側付け根付近には土砂の沈澱を促し，流れを中央に追い出す作用が大きく河岸保護に有利である．上向きの角度は河岸の直線部で約 10～15°，凹岸部で約 5～10°，凸岸部で約 0～10° が標準とされている．また水制上を越流する根固め水制は直角に出されることが多いが，急流河川では直角水制が多く，緩流河川では上向き水制が多いようである．

水制はその目的が達成される範囲でなるべく低く設置するのが原則であるが，低くなり過ぎると水制間に土砂の堆積が十分に行われなく，高くなり過ぎると水制周辺，特に先端部に深掘れが生じて水制が破損しやすくなる．国土交通省

の調査によれば，根固め水制の場合には水制高（h）と計画高水位における水深（H）との比率とその例数との関係[4]から，根固め水制では$h/H=0.1〜0.4$の範囲内に大部分あることがわかり，$0.2〜0.3$のものが最も多いようである．

（2） 横工水制の長さと間隔

水制の長さは水制の目的・河幅・上・下流および対岸への影響・水制自体の安全性などを考慮して定められるが，流路の固定のための水制は長いものが必要で，堤防や河岸を保護するためのものは短くてよい．水制の長さに最も大きな関係があるのは河幅で，水制が長すぎると対岸に激しい水衝を与えたり，また流水抵抗が大きくなって水制自体の維持が困難になる．

また水制間の流速を減少させて十分に土砂を堆積させるだけの間隔が必要であるが，水制間隔は水制の長さ・高さ・透過度などとも関係し，大体の目安としては，直線部で水制長の2.5〜3.0倍程度，凹岸部はそれより狭く，凸岸部は広くとるようにする．国土交通省の調査によると，根固め水制の例では水制間隔（d）と水制長（l）との比と例数との関係は，d/lの値の大部分は1〜4の範囲にあり，2〜3のものが全体の約半数である．河床勾配が1/1000より小さな緩流河川ではd/lが大部分2〜3の範囲にあり，1/1000以上の急流河川ではd/lの値はかなり広い範囲にまたがっているが，橋本は河床勾配1/100前後の急流河川では，水制の間隔は水制長の10倍程度で十分であり，凹岸部でも5倍程度でよいと提案している[5]．

（3） 縦工水制の配置

縦工水制の高さは平均低水位に合わせるのが普通で，これより0.5m程度高くするのが限度であるとされている．縦工は連続させるよりも適当な長さで切り，切り口を適当にあけて，ここから土砂を流入させ，縦工の背後に沈澱をはかるのがよい．また河岸近くの河床の深掘れが大きい箇所とか，流れが河道を横過するような時の河岸には，横工と縦工を併用して河岸寄りに土砂の沈澱を促すように配置するように考える．

（4） 1箇所に用いられる水制の本数

通常は横工水制の効果を確実にし機能を維持する上からも何本かを組にして設置する．1組の水制本数は河状に支配されることはいうまでもないが，国土交通省の調査結果によると[6]，わが国で効果をあげている実例として一般的には10本以内が多いが，河状によっては30本以上も用いられているのもあって，必要な本数を公式的には定めにくく，河状の変動を観察しつつ数を多くして安

定をはかるのがよいとされている．

5.3.4 護岸水制の設計施工上の注意事項

① 河川は生きものであり常に変化しているものであるため，一度施工した以上はその後常にその変化に注意し，計画的な河川維持についての怠らざる準備が必要である．

② 護岸水制の工法を決定するものは河相である．河相を支配するのは河床勾配・水深・底質・流速・洪水の頻度・洪水持続時間・年間流量の変動率などがあげられるであろうが，河川工法は河状に対して決して無理をしいてはならない．

　河岸を固定させるには凹岸は護岸，凸岸は水制による方がよいが，凸岸に水制を用いるのは水制はなるべく砂の付きやすい所に設け，その砂洲を適当に調整し固定していこうというものである．

③ 護岸はのり覆・のり止めおよび根固めの3工種から成り立つものであるが，必ずしもこの全部をもたなくてもよいわけで，これらの組み合わされたものである．しかし護岸はこれら3工種を別々に考えるものではなく，一連の工作物として合理的に，しかも経済的に組み合わせる必要がある．一般的にはのり覆自身の決壊により災害をひき起こすことは少なく，堤防の破損はのり止め・根固めの破損により起こることが多い．

④ 水制を計画するにあたっては，いままでにどのような工法がどのようにして施工され，その結果がどうなっているかを十分に考慮する必要がある．これはこの種の工作物が，特に河相の状況に支配されるからである．

⑤ 普通，水制は河岸から流心に向かい直角ないし，やや上流に向け，原則として透過度は大きくすべきであり，またその高さはできるだけ低い方がよいとされており，そして土砂をためるという目的より，むしろ掘られないというように心掛けるべきである．

⑥ 不透過水制は水をはねることが顕著であっても，激流を受けた場合に水制の上・下流に著しい水位差を生じ，先端付近に縦軸の渦を起こして深掘れを生ずる．したがって，なるべくならば透過水制の方がよい．

⑦ 水制工法の選択・配置などに関しては，河相に対する深い観察と工法に対する豊富な経験に依存するところが大きいといわなければならない．

5.4 床固め

5.4.1 床固めの機能

河床の変動を防ぐ目的で河道を横断して設ける工作物であるが，一般に高さ 3 m 以下の低いダムを床固め（床止め）という．その機能としての床固めは山地部河川に設けるものと，平地部の河川に設けるものでいくらか目的を異にしているが，普通は河床より高さ 1 m 以下の低いものが多い．

（1） 山地部河川に設ける床固め

主として次の目的で設けられる．

① 河床勾配を緩和し，河床の安定をはかる．

急流部に階段状に設けるもので，落差工ともよんでいる．

② 乱流を防止し，流向を定めることを目的とする．

床固めにより流水を河心部に寄せ下流区域の乱流を防ぐものであるが，床固め工の位置と高さを決めるについては，平面的・縦・横断的に流路の状態をよく検討しなければならない．

（2） 平地部の河川に設ける床固め

乱流を防止することが主目的であるが，このほか特に次のような目的で設けられる．

① 高水敷の維持．

② 河床低下の防止．

③ 流れの集中を防ぎ，局部洗掘を防止する．

特に河床低下の防止をはからなければならない場合には，河道付け替え，大規模な河道しゅんせつなどにより河床の平衡を破るような工事を実施する場合であって，この場合には，その工事区域の上・下流地点に設けることもある．また橋梁，堰などの重要な構造物がある地点の河床を維持するために，その直下流に設けられる床固めも多い．

5.4.2 床固めの設計

（1） 平面形状

床固めの平面形状は図 5.49 のように 4 つの形式がある．

（a）は直線形で下流の高水のり線に直角に設けられ，水理的にも河床の維持の点でもすぐれており，工費も比較的安いので最も適切な形である．

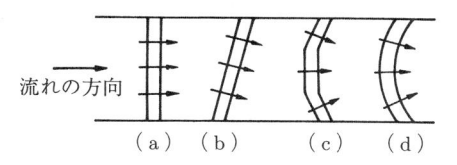

図5.49 床固めの平面形状

(b) は床固めを越えた流水が堤防にあたり危険であるばかりでなく, さらに下流の反対側に水あたりをつくっていくので好ましくない.

(c), (d) は乱流を防止するためにつくられたこともあるが, 両岸のためにはよいけれども流水のエネルギーが河川の中央部に集中し, そのため洗掘などの点からみて治水上も, 維持上も好ましくないので近年はあまり用いられなくなっている.

(2) 高　　さ

床固めの高さはその河川の平衡河床から決められた計画河床に基づいて決定される. 高さを高くすれば数を減らすことはできるが, 本体, 基礎および特に水たたきの工事費が増大するだけでなく, 維持が困難になる例が多いので河状・流量・流送土砂量・工費・維持の難易などを十分検討して高さを決めなければならない. 普通河川工事の床固め工として用いられるものは, 河床からの高さが1m以下で, 50cm程度のものが多い.

河床低下を防止するための床固めの天端高は現河床程度とするが, このようなものは帯工ともよばれている. 急流河川で連続して床固めを設ける場合, 天端の高さは上流床固めの基礎の高さとするか, それよりやや高くするが, また高い床固めは上流の排水を不良にし内水被害を増大させるから, 堤内地盤高・排水系統などを十分調査しておくことが必要である.

(3) 床固めの長さ

床固めの長さは全河幅にとり, なお堤防の表のり肩あるいは表小段ののり肩の線まで入れることが望ましいが, 大河川で低水路だけに施工する時は取り付け部から洗掘決壊が起こらないよう, 上・下流護岸の設計は特に注意が必要である.

(4) 床固めの断面形

床固めの断面形は床固めの種類および高さ, 河川の規模および河床の地質などを考慮して決定する. コンクリート造および石造のものでは天端幅は最小限1m程度を必要とし, 上・下流面に適当な勾配をつける. 河川工事では上流面

が直で下流面に勾配をつけるのが普通であるが，また揚圧力に対する安全性も考慮しなければならない．

(5) 基礎工と遮水工

永久構造の床固めでは沈下・洗掘・滑動・転倒などに対して安全であるよう十分な基礎工を施工するが，一般に杭基礎が使われる．

遮水壁は上・下流の水位差による浸透流動水による流速で，地盤の最小土粒子が移動しないよう十分な長さをとらなければならない．浸透水の流速 v は上・下流の水位差を H とすれば，

$$v = KH/l_0 \tag{5.3}$$

ただし，K：係数

　　　　l_0：浸透路長

この流速 v は土質によって異なるが，普通 1 mm/sec 以下であれば差しつかえないとされている．ブライ (Bligh) およびレイン (Lane) は経験上，$C = l_0/H$ の値が表5.2の値より大であれば安全であるとしているが，この場合には図5.50に示す記号を用いて l_0 を次式で算出すればよい．

表5.2 クリープ比 ($C = l_0/H$)

基礎の構成材料	C	C_W
シルト	18	8.5
細　砂	15	7.0
中　砂	—	6.0
粗　砂	12	5.0
細砂利	—	4.0
中砂利	—	3.5
砂と砂利の混合物	9	—
栗石を含む粗砂利	4〜6	3.0
栗石と砂利を少し含む石	—	2.5

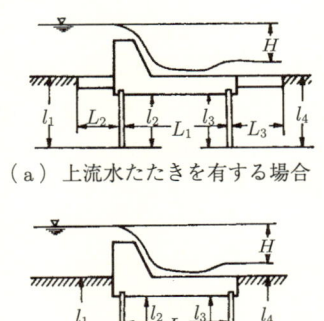

(a) 上流水たたきを有する場合

(b) 上流水たたきのない場合

図5.50 浸透路長の計算

$$\text{ブライによると，} \quad l_0 = \Sigma L + \Sigma l \tag{5.4}$$

$$\text{レインによると，} \quad l_0 = (1/3)\Sigma L + \Sigma l \tag{5.5}$$

Σl の値は矢板の間隔が相当離れている場合 ($L_1 > l_2 + l_3$) には，$\Sigma l = l_1 + l_2 + l_3 + l_4$ と考えられるが，矢板の間隔が狭い場合 ($L_1 > l_2 + l_3$) には，$\Sigma l = l_1 + l_4$ と考えた方がよいようである．

H を上・下流間の最大落差として，$C = l_0/H$ をクリープ (creep) 比と名付

け，この C の値が土砂の粒度によって決まる表 5.2 の一定限界値以上であればパイピング（piping）決壊に対して安全であるとするものである．しかし一般には河床の透水層は水平の堆積物からなっていて，透水係数は水平方向に対する方が鉛直方向に対するものよりも大きいので，水平方向の有効な長さを 1/3 にとったのが式（5.5）であるが，式（5.5）を用いる時の表 5.2 によるクリープ比は C_W の値を用いなければならない．

（6） 水たたき工

床固めの下流河床の洗掘を防ぐためには水たたき工を施工する．落差と流量に応じて，構造・強度・形式が選定されるが，一般に水たたきは沈床工・コンクリートブロック工・捨石工・蛇籠工などが用いられる．その長さは図 5.51 に示すとおり計画高水位から水たたき上面までの高さの 2～3 倍を基準とするが，その上での跳水によってエネルギー損失が十分に行われて，水たたき工下流の河床が洗掘されないものでなければならない．水たたき工の厚さは，床固め水通しにおける計画高水の越流水深に応じて 0.7～1.0 m 程度を標準とするが，水たたき先端から河床に移るところは計画河床がいかにあろうとも，一般的には異常に深掘れするものである．これを少しでも緩和する意味で水たたきに大体計画勾配に合わせた傾斜をつけた方がよいものと思われるが，水たたきの先端は固いものから順次柔かいもので受けるようにし，最後に河床になじませるようにした方がよいようである．たとえば図 5.52 のように，まずブロックなどで根固めを施し，次に蛇籠類を置くようにするわけであるが，床固め工の高さが水深に比べて低く潜堰(もぐりぜき)の状態になる場合は，流水のエネルギーがなかなか減殺されないから長い水たたきにしなければならない．一般に床固め工は高いものを数少なくつくるよりも低めのものを数多く設けるのがよいとされているが，わずかの出水にもたびたび潜堰となるほど低くすると上記のような難点を生ずるから，床固め工の高さを決定するには，この点も十分に考慮すべきであろう．

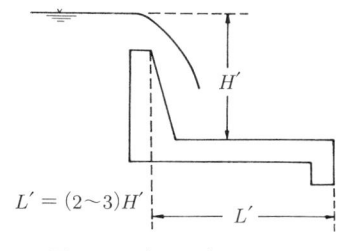

図 5.51　水たたき工の長さ

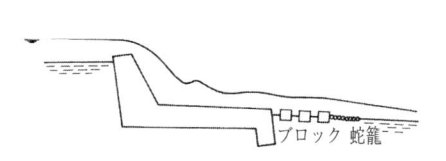

図 5.52　水たたき工の先端

（7） 取り付け護岸

床固めの取り付け部は弱点となるので，上・下流には強固な護岸を施工しなければならない．特に下流側は水たたき以上に護岸を延ばし，護岸の基礎は床固め本体の下部まで下げることが必要である．

5.4.3 床固め工法

（1） 杭打ち床固め工

杭を床固めの主体とするもので杭の配列には一定の間隔をあけて数列に杭を打ち，これに柵をつくるもの，乱杭打ちとするもの，詰杭打ちとするものなどがある．根固めには沈床・蛇籠・捨石などが用いられるが，床固めとしての耐久性に乏しい．

（2） 沈床床固め工

単床，沈床を用いた床固めであって重石を十分に使用し，下流側には水たたきとして捨石を行う．緩流河川ではそだ沈床を，やや急流部には木工沈床が用いられる．

（3） 枠床固め工

やや急流部の床固め工に適し，利用する枠は沈め枠・続き枠・両法枠・片法枠などである．

（4） 鉄線籠床固め工

中・小河川の床固めに用いられることがある．屈撓性に富むことと，簡易であることが利点であるが，耐久性に乏しく一時的な効果をあげるために用いることが多い．

（5） 石張り床固め工

床固めの本体に土砂礫を盛り表面に石張りを施したもので，普通は練り石張りとするが，石張りを大きい石材で行えば強度も耐久性もある．ただし，この構造は基礎の沈下・洗掘に対しては弱いので，床固め基礎の上・下流端には詰杭または矢板工などにより遮水工を施し，洗掘または浸透流により基礎部分の砂礫が流失しないようにする必要がある．

（6） コンクリート床固め工

床固めの本体を場所打ちコンクリートで施工するものと，コンクリートブロックを使用するものがある．場所打ちコンクリートの場合は砂礫層を基礎とするかぎり根入れを十分深くするだけでよく，コンクリートブロックを用いる

時は基礎を強固にした上に，コンクリートブロックを設置する．コンクリート床固めは本体が強固であるので，下流側の洗掘に備えて水たたき工を強化する必要がある．

5.5 捷水路工事

5.5.1 河道における流通能力の増加

計画高水流量が決定されると，それに伴って必要断面が決定される．すなわち計画高水位や河幅が求められ，したがって堤防の位置も決まってくるわけであるが，地形の関係などから所定の河幅を与えることができない場合には，流通能力を増加させる方法の1つとして河床を掘り下げ，水深を増す方法が考えられるけれども，水深を増せば流速がこれに伴って増加するため河道の平衡が破れ，河床の洗掘が盛んになって維持が困難になるので一般的には好ましくない．

洪水はできるだけすみやかに流下させることが必要であるが，次のような河道整理などが考えられる．

① 適当な河幅，のり線を与え，断面積の変化をできるだけ少なくする．
② 急な湾曲を避ける．
③ 寄洲などの障害物を除去する．

河道を整理する場合には，普通は多くの掘削やしゅんせつを伴っているので，これらの土砂は築堤用にあてることができるならば好都合であろう．河川工事の主体をなすものは土工であり，河川工事をいかに経済的に仕上げることができるか否かは，土工をいかに上手にやりえるか否かにかかっているといえるであろう．河川は一般に蛇行する傾向があるが，蛇行が著しくなると流水の流通を害して水位の上昇をきたし，河岸の洗掘決壊が生ずることとなるので，捷水路（短絡水路）によって河道を整理することが必要となってくることになる．

5.5.2 捷 水 路

著しく河道が湾曲している時には，その湾曲の間に新水路を掘って流路を短くしてその曲りを直せば，その間の河床勾配は増加して洪水の流過が速くなるだけでなく，流速も増して流通能力は大きくなる．このような新水路を捷水路とよぶことは4.4.2項で前述したが，河川改修にあたってたびたび用いられる方法である．捷水路によって勾配を大きくすれば，いままでの河床の安定が破

れて上流側に洗掘,下流側に堆積が起こるので,この両作用が早く安定状態に達するような場合ならば,捷水路を掘ることは有効な方法と考えることができるであろう.特に河床の洗掘は床固め工などによって図5.53のように,ある程度までは局部的河床低下を防止することができるから,下流側の掃流力が十分で,この堆積のために河道がふさがれることがないという点にあるといえるであろう.

アメリカにおけるミシシッピー川の捷水路は有名であり,わが国では北海道の石狩川・東北地方の阿武隈川・阿賀川・山陰地方の千代川などの捷水路がある.

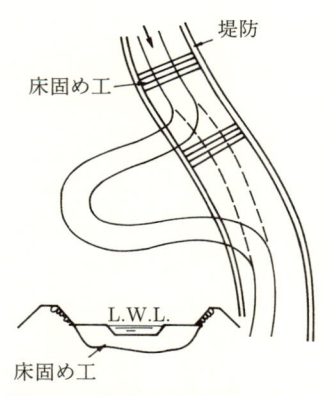

図 5.53 捷水路における床固め工

5.6 支川との合流点処置

5.6.1 支川の合流

河川の合流点における形態は砂礫の流送が多い急流と砂礫の流送が少なく緩流である場合とではかなり異なるが,合流する支川が急流で砂礫の流送が多い場合には,合流点に流送土砂量に相応する堆砂を形成し本川の流れを圧迫するほか,支川の流れは本川に対して堆砂扇状地の上流側に流入する傾向がある.扇状形堆砂の形状は本川および支川の出水状況に従って変化するが,一般に本川の出水が少ない場合には堆砂や発達し,支川の流水は本川の対岸に激突して脅威を与え,本川の出水が多い場合には堆砂は大きく浸食され,その都度,下流に流送されて下流の河状を大きく変化させ,図5.54のように流向を変転させる傾向がある.本川・支川ともに緩流である場合でも合流点付近には多少の

(a)　　　　　　　　(b)

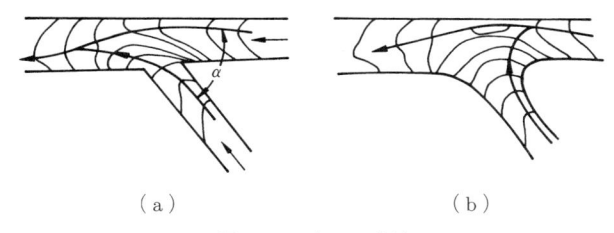

図 5.54　支川の合流

寄洲が発生しやすく，このため流水は偏向して局部的な洗掘を生じ，下流の河床は上昇して網状流が生ずる場合がある．

以上のような問題をもつ合流点の河道調整には，次のような処置が考えられる．

① 河状の異なる河川が合流する場合には，河道の安定を期待しやすい河状をもつ河川の河状に，他の河川の河状を是正することが必要である．この対策としては合流点に瀬割堤を設けて合流点を下流に移すとともに，流送土砂の多い支川には合流点の上流に階段状に床固めを設けて河床勾配を緩和し，さらに必要に応じて砂防施設による土砂の扞止をはかるのが効果的である．

② 支川の合流は主要河川に対して接線方向に合流するように河道を修正するが，これは支川の合流による流水の混乱を避けるためで，流水の偏向を防ぎ土砂の堆積や局部洗掘を防止するのに有効である．

③ 合流における各河川の河状が良好であるとか，河状を同程度に調整できる場合には，合流後の河幅は合流前の各河川の河幅の和程度にする．また一方の河川の流送土砂量が多い場合には，合流後の河幅を前者の場合より狭くし，流水掃流力の増加をはかるのが普通である．

④ 各河川の河状ならびに出水状況が異なり，その調整が困難な場合には合流を避けて各河川を分離する．伊勢湾に注ぐ長良川・揖斐川は明治以前は木曽川に合流する支川であったが，明治の改修でそれぞれ単独の河川に分離された．これを3川分流とよんでいる．

5.6.2　合流点の導流堤

支川合流点の洪水処理対策として河状によって瀬割堤を用いることは前述したが，合流点で2つの流れが角度をもって衝突することを避けるため，簡単に

水制程度の工作物によって双方の流れが平行に近くなるように導流することが可能な場合があり，このような工作物を導流堤（導水堤）という．導流堤の工法としては水制工法が利用され，透過構造である杭打ち・牛枠などのほか，蛇籠・コンクリートブロックなどが多く用いられている．

演習問題 [5]

5.1 河川堤防の種類と，その機能について考察せよ．
5.2 護岸の機能と分類について考察せよ．
5.3 透過水制と不透過水制について考察せよ．
5.4 床固めについて考察せよ．
5.5 本川と支川との合流点処置について考察せよ．

第6章　山間部計画および工事

6.1　砂防概説

6.1.1　砂防の意義
　河川には流水は密接不可分の関係にあるが，河川のあるところ必ず土砂の流送もあるわけで，このような観点からみると「河川とは水と土砂の流路である」という具合に定義することもできるであろう．すなわち河川のあるところ必ず砂防ありという具合に両者は密接不可分の関係にあり，ただ河川によって必要とする砂防の程度に差があるだけのことである．河川工事や治水工事は，われわれに害を与える洪水を安全に導いて，その害からわれわれの生活，社会を守ることであれば，「砂防工事とは山岳地帯から流下してくる土砂の害から，われわれ人間の社会生活を守ることである」という具合にでも定義できるであろう．

　このように多くの災害的性格をもっている土砂の生産と移動ならびに流下を抑制コントロールすることはもちろん，さらには河床を動的平衡の状態に近づける土砂の貯砂調節によって河状を安定させ，土砂による河川の災害を未然に防ぎ，あるいは軽減するところに砂防の意義がある．しかし災害の1つの特徴として一見安定した林相を呈していると思われていた地域に昭和41年9月の台風26号による山梨県足和田村におけるように異常な大豪雨によって土石流が発生し，人家・集落が壊滅的被害を受けて多くの貴重な人命が失なわれている事例もあり，このような事態に対処するにはまず人命保護という立場からも早急に対策をたてなければならない．そこにも砂防の大きな意義があるのではないかと思われる．

6.1.2　流出土砂の生産と流送
　砂防の目的は流出土砂による直接・間接的な被害に対処するためのものであって，特に砂防計画においては流出土砂量を基準としているので，これが計画の基本量ともいうべきものであり，したがって流出土砂の立場から論じられるべきであるが，土砂流出は土砂の生産と流送という2つの過程から成り立ち，

その生産過程の土砂量については，あくまでも予測的な推定によらざるをえないのが現状である．

豪雨による土砂のり面の浸食崩壊は40°前後の傾斜地において最も起こりやすいといわれているが，流出土砂の生産源である斜面崩壊に関する研究としては，人工的な関係をみいだそうとした奥西[1),2)]の研究，流水による斜面の浸食崩壊について考察した著者らの研究[3)]などがある．また村野[4)]は流域の地形・地質学的特性などとの関連とともに，流域特性および水文条件と土砂生産との関連性について研究し，山地流域における土砂流出の危険性の予知法を開発研究している．

安政5年（1858年）4月9日に富山県の常願寺川上流域をマグニチュード7.1の飛越地震が襲い，鳶山の大崩壊と，それに伴う安政の大洪水は有名であり，死者140人，負傷者8945人という大被害を受けたのであるが，この鳶山の残がいはいまも約2億 m^3 の土砂を貯えたまま徐々に流れ続けているといわれており，土石流を食い止める砂防工事が現在も行なわれている．

6.2 砂防基本計画

6.2.1 砂防計画の基本方針

総合河川計画における砂防工事の目的は，単に山腹工事とか，あるいは渓流工事のように局所だけを対象としたものでなく，流域全体を通観して水系における土砂生産の抑制と流送土砂の貯砂，調節によって河状を安定させることにより，土砂による河川の災害を防止することにある．

砂防計画の基本方針は治水事業計画の一環として，水源から河口まで一貫して互いに連繋のとれたものでなければならず，そして下流河川に対しては無害であり，かつ必要である許容流送土砂量を超過する有害な土砂量を合理的に処理するよう計画をたてなければならない．また砂防計画は下流の河川安定だけでなく流速を緩和し，土石流による破壊力を軽減させることによって渓流の安定をはかるという渓流全体についてみても一貫したものでなければならない．

このように砂防工事は上流水源山地から流域全般にわたって，一貫した計画のもとに施工するという計画の一貫性ということが重要であるが，そのほかに砂防計画の基本的態度として要望される事項をあげると次のとおりである．

（1） 適正工法と適正工種

　水源山地の崩壊と渓流荒廃の状態は土砂生産の原因および流域の性質によって異なり，さらに同流域内の場所によって異なるため，砂防計画は土砂生産の原因に応じ，また施工地域の状態に応じて工法と工種が適正で，その規模はまた下流河川工事の規模と調和のとれたものでなければならない．治水工事では絶対安全的見地から計画をたてて工事を実施することは経済上不可能なことであり，工事の安全度は流域の重要度に応じ適正な規模で決定される．しかし下流河川の計画された安全度に対し上流の砂防を計画する場合，特に人命尊重という見地から人家に土砂が流入して埋没したり，人命を損じたりする直接の土砂害はどうしても防がなければならない．そして，できるかぎりにおいて今後における崩壊と荒廃の予想を加え，工種と工法を考慮して検討することが必要である．

（2） 計画の重点と計画実施の順位

　一般に流域が荒廃する場合，その荒廃の主原因がどこにあるのか，あるいはこれらが渓流の上流部にあるか，下流部にあるかなどの差のあるのが普通であるが，荒廃の主原因および激甚区域がおのずから計画樹立の重点となるもので，この重点によって計画実施順位も決められる．この実施順位は現場の効果を左右するもので，これを誤ると工事は進捗するにもかかわらず流域の荒廃はよくならないでなお進行し，かつ下流部の災害が引き続いて起こる事態さえ生ずることになる．したがって計画策定と同時に，この実施順位は十分に検討しておかなければならない．

（3） 河道計画との関連

　一般に土砂を完全に止めることが砂防工事の役目ではなく，洪水中に含まれる流送土砂が下流河川に害を与えないように扞止・調節するのが砂防工事の本来の使命であるから，年間流送土砂量・計画調節量および許容流送土砂量を算定あるいは推定して，許容流送土砂量は下流河道計画に関連させることを必要とする．特に砂防ダムは洪水時には計画貯砂量以上に多量の土砂を貯留し，その後の流水で流路をつくりながら徐々に河床を平衡勾配になるように土砂を調節流下させる機能をもっている．しかし土砂生産の原因とその起こる時期ならびに規模の予想は困難で，したがって現在は土砂を量的に把握しにくい段階にあるから，実際においては流出土砂および地質・地形学的な見地から現地においては十分な調査をすることが大切であろう．

（4） 利水計画との調和

わが国の治水工事の現在の方向としては，洪水を上流でカットする洪水調節と利水を目的とした多目的ダムを築堤方式と関連して計画している．しかし適当なダム地点はわが国では限定されており，さらに洪水調節を重点とした多目的ダムのほか，発電・かんがい・水道・工業用水などの単一または多目的な利水ダムも盛んに築造されてきているが，ダム建設地点の多くを望めない現状において，地点そのものが1つの国の資源ともいいえるものであるから国の総合経済的な見地からしても，ダムの寿命を延ばすことが大切なことである．したがってこれらダムの埋没防止のための砂防計画が，一貫性をもった無駄のない調和のとれた姿のもとに計画されなければならないであろうと思われる．

6.2.2 砂防基本計画の構想

砂防基本計画は下流河川に対して無害であり，かつ必要である許容流送土砂量を超過する有害な土砂量を対象として計画をたてなければならないが，この有害な超過土砂量には年間に累積される年超過土砂量と出水時に一時に流出する最大超過土砂量とがあり，これらを合理的に処理しなければならない．

平均年超過土砂量に対しては直接生産を防止する抑止計画によって処理することとし，さらに将来出水時に予想される最大超過土砂量に対しては，砂防ダムによる調節作用によって一時貯留し，その後の出水によって逐次無害に流送させるような計画をたてるものとする．また砂防計画は下流の河床安定だけでなく流速を緩和し，土石流による破壊力を軽減させることによって渓流の安定をはかるものとしている．

6.2.3 砂防計画の基本量
（1） 平均年流送土砂量

平均年流送土砂量は砂防計画の対象となる土砂量の1つで，砂防計画対象地域の最下流点，すなわち基準地点において年間に生産流送される土砂量の平均化されたものであるので，当然将来起こりえるすべての洪水によって流送される土砂量も含まれている．したがってこの土砂量は土砂生産や流送土砂に関する諸調査に基づいて，その流域の地形・地質および地被状態などを基礎にして勘案し推算する．たとえば常願寺川では，1年間に約100万 m^3 という多量の土砂が下流へ流出するといわれている．

（2） 許容流送土砂量

許容流送土砂量とは，砂防計画の策定に際して砂防基準地点から下流に流送すべき土砂量をいうのであって，これは砂防基準地点において定められる．この土砂量は洪水時に流送土砂が洪水流量を増大して下流河川に害を与えたり，または年間を通して処理が困難なほど河床が上昇する原因となるものであってはならない．また下流河川の河床が低下し，河川構造物の維持が困難になるなどの事態を起こさないようにするため，必要な土砂量も許容流送土砂量として考慮しなければならない．河川だけでなく海岸についても海岸決壊などの原因が明らかに，その河川からの流送土砂量に密接な関係があると考えられる場合には，十分考慮しなければならないことはもちろんである．

許容土砂量の算定には下流河川の勾配・河積・河状や流量，河口部付近では潮汐・潮流・波力・地形などが関係してくるので非常に複雑であり，経験的に定められることも多い．許容土砂量を超過する土砂量をすべて超過土砂量といっている．

（3） 計画扞止量，計画貯砂量および計画調節量

（a） 計画扞止量

計画扞止量とは山腹工・ダム工・谷止め工・床固め工・護岸工および流路工（後述する）などの計画によって崩壊浸食などによる土砂生産を直接防止することによって，年々生産され流出すると考えられる土砂を扞止するものであって，土砂流出の総量を低減するものである．

（b） 計画貯砂量

砂防堰堤などの貯砂ダムは砂防計画完成までは，その貯砂容量だけ超過土砂量を貯留することによって下流河川へ有害に流送される土砂量を抑止するもので，貯砂ダムによる貯砂はダム上流の河床勾配の約 $1/2 \sim 3/4$ の勾配で貯砂されるものとして算定している．

（c） 土砂の調節

土砂の調節とは洪水時に多量の土砂を一時貯留して，その後の流水によって下流河川へ流出させる作用をいい，土砂の調節は砂防ダムによる調節と河川による自然調節とに分けられる．

（d） 計画調節量

砂防ダム（砂防堰堤）は洪水時には計画貯砂量以上に多量の土砂を貯留して，その後の流水で流路をつくりながら徐々に平衡勾配になるように土砂を流下さ

せる機能をもっている．この砂防ダムの調節作用によって調節される土砂量を計画調節量という．

一般にこの調節量は上流水源の崩壊の程度によって大きく左右されるもので，貯砂量の100％にもおよぶ場合がある．しかし砂防計画の完成後にはダムによる調節量は10～20％程度を採用するのが妥当と考えられるが，現地を十分調査の上で決定しなければならない．

（e） 河道調節量

河道は河幅，勾配および湾曲の程度などによって一時流送土砂を河道に貯留して以後の流水によって徐々に土砂を流下させる機能をもったもので，この河道の自然調節作用によって貯留される土砂量を河道調節量といい，河道の状況・流出土砂の程度および上流の荒廃状況などを考慮して算定している．

6.3 山 腹 工 事

砂防工事には水源地域で生産される土砂量を減少させるための直接方式の山腹工事と渓流の河道に高いダムをつくって超過土砂量を調節して下流への流下土砂量を減少させる間接方式の渓流工事とがある．

山腹工事は荒廃した山腹からの砂礫の生産や流出を防ぐために山腹の荒廃または崩壊箇所に施工され，表土風化の進行と崩壊の増大を防いで，主として山腹地形の整理および森林造成を目標として行われる工法であるが，山腹のり面の安定のためののり切り工と造林のための整地を行い，最後に植栽工を行って植栽林が成育してはじめて山腹工の目的が達せられることにもなる．

6.3.1 のり切り工

山腹工を必要とする山腹斜面には，不規則な起伏があったり勾配が急であったりして，そのままで植栽をしても崩壊や浸食を止めることは難しい場合が多い．そこで起伏を均して山腹の傾斜が1：1～1：1.5程度になるように急傾斜地の上部を切りとって緩傾斜とし，後に述べる筋工や積苗工などの基礎とするものである．

6.3.2 山腹階段工
（1） 石積み工

図6.1のように階段状に石を積んでいくもので，空石積みでは高さ2m，勾

図 6.1 山腹石積み工

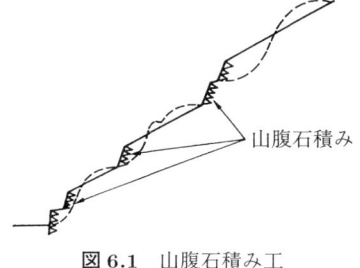

配1：0.5 程度より緩く，練り石積みでは高さ3 m，勾配1：0.4 程度より緩くするのが普通である．

（2）筋　工

図 6.2 のように山腹に高さ1～1.5 m ごとに幅約 50～60 cm の水平の段を切り，段の端より 10～20 cm 程度入った所に茅などを植え，苗木をその後方 20 cm 程度の所に植える工法である．肥料として普通はわらなどを入れるが，地味の悪い所では硫安・木灰などを入れると効果があるが，施工する材料によって芝筋工・茅筋工・わら筋工・石筋工などがある．

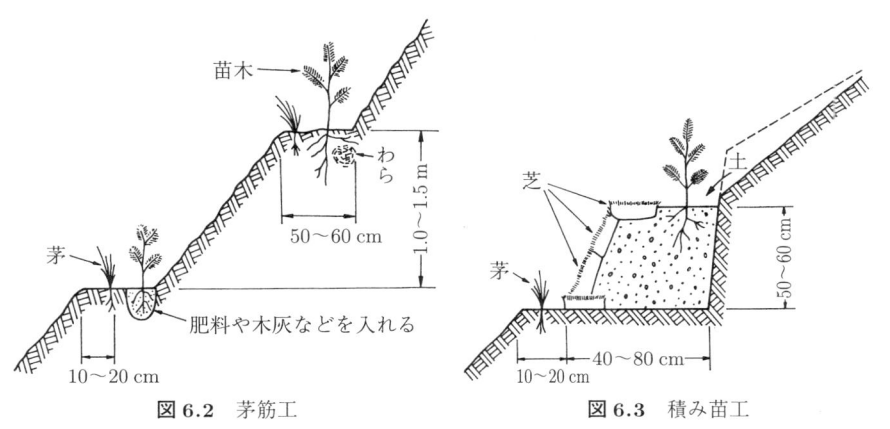

図 6.2　茅筋工　　　　　図 6.3　積み苗工

（3）積み苗工

よく用いられる工法で普通は 30°より緩い傾斜地で地質のやや堅い所に施工されるが，雑木，雑草の茂っている斜面の表土を切りとり，高さ約 2～3 m ごとに幅 1 m 程度の水平小段を設け，図 6.3 に示すように前面に張り芝を行って小段上に苗木を植えるものである．この工法は降雨量の少ない地方の禿げ地，

または花崗岩・石英粗面岩などが多い粘土質の少ないやせ地に適している．

（4）積み石工

山腹や山麓で凹凸の激しく岩石が露出して石材が多い所，または豪雨の際に積み苗工では崩壊するおそれのある所などに用いられる．

図6.4に示すように高さ約1.5～2.5mごとに幅1m程度の水平小段をつくり，段の外側に石を積み重ね，その内側に土砂を盛って内部に肥料を入れて苗木を植える．石の代わりに丸太やそだなどが用いられることもあり，これらを丸太積み工・そだ積み工などという．

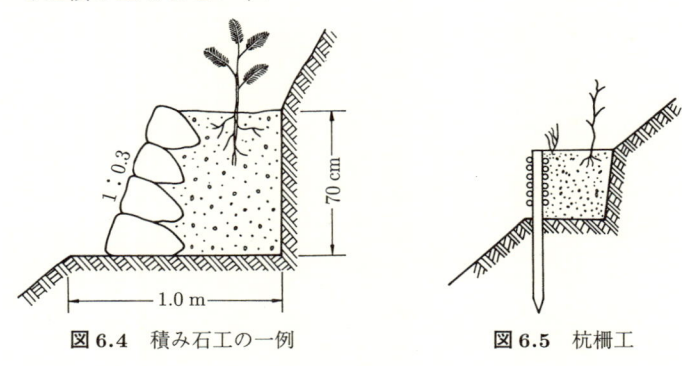

図6.4 積み石工の一例　　　図6.5 杭柵工

（5）杭　柵　工

石材が少ない場合，地中に杭の打ち込める所に用いられるが，図6.5に示すように杭をそだで編み，その後に発芽性のある柳類の立てそだをし，次に土砂を入れて苗木を植える．杭柵工は湿り気が多く樹木の成育のよい所でないと杭が腐ってくるので，長期間の山腹保護工としては適当でない．

6.3.3　山腹被覆工

風化の激しい山腹や，霜柱が立つような所では，階段工では成功しないことが多いので山腹を覆う工事が必要である．被覆は地表水の流速を減少させるだけでなく，雨滴が地表面に衝突するのを防いで地面浸食を防止する効果がある．山腹全体を覆う場合とそだ束で網状に覆う場合とがあるが，わら伏工・そだ伏工・網状工・むしろ張り工などがある（図6.6）．

(a）そだ伏工　　　　（b）網状工

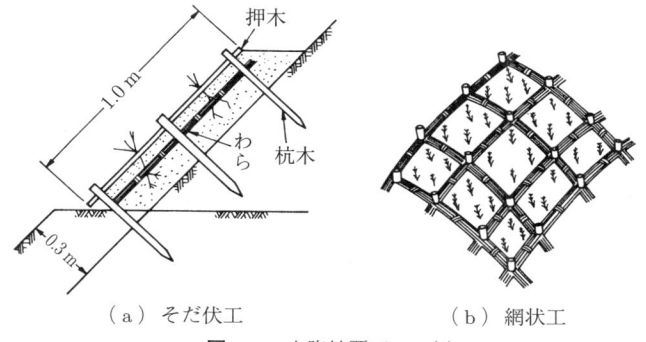

図 6.6　山腹被覆工の一例

6.3.4 排水工

降雨の時の地表水や地下水を集めて排水するもので，地表水に対しては閉渠が用いられ，地下水または浸透水に対しては暗渠が用いられる．前者を山腹水路工，後者を山腹暗渠工という．水路工は張り石・張り芝・丸太・そだ・杭柵などに分類され，暗渠工は礫暗渠・そだ暗渠・蛇籠暗渠などに分類される（図6.7）．暗渠工は地すべり防止工法としても用いられるものである．

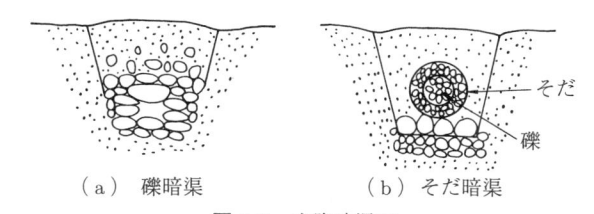

(a）礫暗渠　　　　（b）そだ暗渠

図 6.7　山腹暗渠工

6.3.5 植栽工

上述の工法はいずれも荒廃した山腹面を安定して植栽を可能にするための基礎的な工事であって，最後に植栽工を行ってはじめて山腹工が完成したことにもなるが，植栽樹が十分に成長するまでに，補植・追肥などを行って維持管理をしなければならない．また斜面を全体として緑化するために，斜面混播や種子吹付工法なども用いられている．

6.4 渓流工事

間接方式の渓流工事には，砂防ダムなどによる土砂貯留・調節工と山地から流出した土砂および山腹崩壊の原因の1つである渓岸の浸食防止工法とがあり，主としてダム工が用いられるが実際には両者併用されることが多い．

6.4.1 ダ ム 工

ダム工は渓流工事として最も重視されているものであるが，そのおもな目的は次のとおりである．

① 上流からの流下土砂をためて貯留と調節を行い，下流への流下土砂量を減らす．

② 大きな粒径の礫・転石を止めて下流への流送土砂を細粒化し，それによって流水の破壊力を小さくする．すなわち粒度の調整を行う．

③ 渓床を高くすることによって両岸の傾斜を緩くし，また河幅を広くして浸食力・掃流力を減少させる．

（1） 砂防ダムの機能

砂防ダムを築造すると洪水時に多量の土砂がダムの上流部に貯留され，その洪水の減水時およびその後に起こる中・小洪水によって，貯砂池にたまった土砂が少量ずつダムから下流へ流下していく．このようにダムは流下土砂が一時に多量に下流へ流送されるのを防ぎ，いわゆる流砂量の調整を行うものである．

築造位置はダムの主目的によってやや異なるが，渓床や渓岸の浸食防止が主目的の場合には目的箇所のすぐ下流に，貯砂を主目的とする場合には築造地点で河幅が狭く，その上流で河床勾配が緩く河幅の広がっているような地点を選ぶ．ダムの高さも貯砂が主目的の場合にはなるべく高く，浸食防止の場合には低めにし，ダムの基礎が良質の岩盤の場合には高いダムを採用するが，基礎がよくない時には低いダムとするのが普通である．

ダムは1つだけでなく，図 6.8 に示すように階段状に設けられることがあるが，これを階段ダム工という．階段ダム工の最下流のダムはそれより上流のダム群の基礎工となるものであるが，砂防ダムは下流から上流に向かって築造していき，その地点は両岸に岩盤のある所を選び，一般にはコンクリートダムが用いられる．

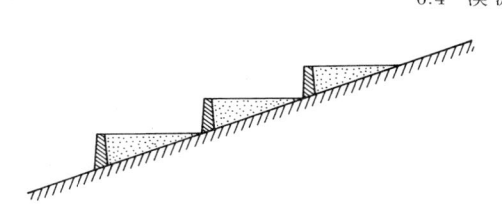

図 6.8 階段ダム工

（2） 砂防ダムの構造

砂防ダムの種類には，直線ダム（重力ダム）と曲線ダム（アーチダム）があり，また使用材料によっては，コンクリートダム・粗石コンクリートダム・練り石積みダム・土ダム（アースダム）などがある．ダム各部の名称は図 6.9 に示すとおりであるが，ダム下流面ののり勾配は約 1：0.2 程度で越流する礫・玉石・転石がのり面に衝突しない程度に急にしておく．そして砂礫を含んだ沇水が水通しの天端を越流するので天端は摩耗しやすく，また転石が衝突して破損しやすいので切り石や鉄板が張られるが，天端幅は 2 m 程度を標準とし，大転石が流下するような所では 3 m 程度とする．堤体には水抜き孔を設けるが，その目的はダム施工中の排水と堆砂後に浸透水を排除して水圧を減少させることであり，特別の場合には平常時に少量ずつの砂を下流へ流出させる排砂用のものもある．ダム基礎の根入れは岩盤の所では 1 m 以上，砂礫層の所では転石が累積していても 2 m 以上とし，砂礫層の所では一般に水たたき工を設ける．

水たたき工は，原則としてコンクリート構造とし，必要な水たたき工の長さ（L）は次式で決められる．

$$L = (1.5 \sim 2.0)(H+t) - nH \tag{6.1}$$

ただし，H：ダムの有効高で，m 単位
　　　　t：越流水深で，m 単位

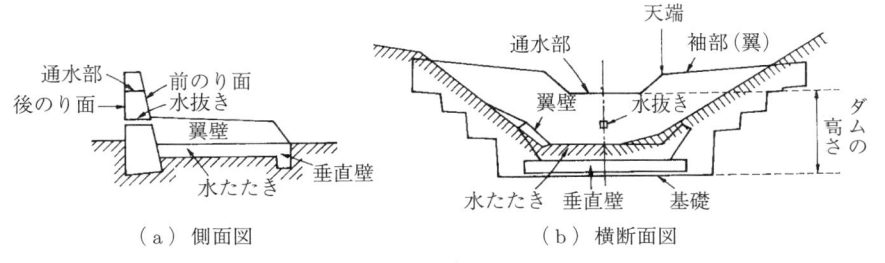

(a) 側面図　　　(b) 横断面図

図 6.9 ダム各部の名称

n : ダム下流面ののり勾配 $(1:n)$ で, 低いダムでは 1.5, 高い
ダムでは 2.0 を用いる.

水たたき工の下流先端部には洗掘防止のために垂直壁をつけるが, さらに流量の多いところでは垂直壁のすぐ下流側が洗掘されるので, コンクリートブロックや捨石などの根固め工を設ける. またダムより下流へ $(1.5\sim2.0)(H+t)$ 程度の距離のところに副ダムを設け, 本ダムの越流水に対してウォータークッションの役割をさせて落下する水のエネルギーを減殺する.

(3) 床固め工, 帯工

ダムの中で高さが低く渓床浸食防止および流心の固定を主目的とするものを床固め工 (または床止め工) といい, 一般に高さ 3 m 以下の低いダムであるが, これは渓床を維持しながら流心を一定にして渓岸浸食を防止するのに役立つものである. 床固め工のうち落差がなくて河床面と高さがほぼ等しいものを特に帯工といっている.

(4) わが国の著名な砂防ダム

表 6.1 はわが国における著名な砂防ダムを列挙したもの, 図 6.10, 6.11 は砂防ダムの写真例である.

表 6.1 わが国の著名な砂防ダム

水系名	河川名	ダム名	竣功年月	堤高 (m)	堤長 (m)	天端幅 (m)	堤体積 (m³)	推定貯砂量 (千m³)	摘要
最上川	銅山川	烏川ダム	昭 49.11	30.0	100.0	3.0	32538	59	福島県補助砂防ダム, アーチ半径 $R=47\sim71$ m
阿武隈川	阿武隈川	真船ダム	〃 31. 3	44.0	78.7	1.8	6929	3	
利根川	渡良瀬川	足尾ダム	〃 29.12	37.0	121.0	3.0	81861	4000	
〃	鬼怒川	方等上流ダム	〃 27. 4	30.0	53.0	3.32	13555	201	
富士川	大武川	大武川ダム	〃 36.11	20.0	202.0	2.5	31026	800	
常願寺川	常願寺川	大宮ダム	〃 38. 3	22.0	107.4	4.0	47325	5000	
〃	湯川	白岩ダム	〃 14.12	63.0	75.0	4.9	79622	1000	
神通川	蒲田川	外ケ谷第3号ダム	〃 34. 9	26.0	86.0	4.0	13.202	220	
手取川	尾添川	御鍋ダム	〃 41.12	41.0	60.0	3.0	13153	2200	
天竜川	小渋川	釜沢第3ダム	〃 44. 2	30.0	92.5	3.0	38445	1800	長野県補助砂防ダム
木曽川	上山沢	与川ダム	〃 48. 3	40.0	96.0	3.0	41493	435	
六甲山	住吉川	五助ダム	〃 32. 3	30.0	78.0	3.1	14414	182	
重信川	重信川	蕗地谷ダム	〃 44.12	28.5	57.0	2.0	11605	51	
球磨川	川辺川	樅木ダム	〃 49. 3	30.0	83.0	3.0	21020	15	

6.4 渓流工事

(a) (b)

図 6.10 御鍋砂防ダム（手取川水系）

図 6.11 八海砂防ダム（信濃川水系魚野川）

6.4.2 護岸工, 水制工

護岸工は渓流において水流の湾曲・偏流により水衝部となる部分, あるいは凹岸渓岸で水流の激突により山腹崩壊のおそれのある場所, または崩壊の増大のおそれのある場所に設けられる工作物である. 護岸にはコンクリート護岸・石積み護岸・枠護岸・蛇籠護岸などがあるが, 渓流では一般に流速が速く流水中に多量の砂礫や転石などを含むために簡単な工作物では破損されやすいので, 普通はコンクリート護岸か, 練り石積み護岸が用いられる.

水制工は護岸工と同様に激突する渓岸または堤防の浸食を防ぐために設けら

れる工作物で，流れにほぼ直角に設けられる．
　水制工の目的は次のとおりである．
　① 流れの方向を転じて渓岸の保護および山腹崩壊を防ぐ．
　② 護岸工の前面の洗掘防止のために流れの勢力を緩める．
　③ 乱流や偏流を防ぐために流れの幅を制限する．
　水制には粗石コンクリート水制・枠水制・蛇籠水制・コンクリートブロック水制などがあるが，護岸・水制の設計は前述した河道部の場合と同じような注意が必要である．特に渓流部では流速が非常に速いこと，および流水中に多量の土砂あるいは転石を含むことなどに注意して設計しなければならない．

6.4.3 流路工

　流路工を一般的に定義すれば，砂礫の堆積地帯のように縦横浸食が盛んに行われるような所に採用される工法であり，床固め工と合わせて両岸に護岸工を有した一定流路をいうのであるが，その目的は，
　① 渓床の固定と渓岸の保護．
　② 氾濫防止．
にある．また工法は，
　① 護岸などの縦工を主とし，床固め工などの横工を従とするもの．
　② 横工を主とし縦工を従とするもの．
に分けられる．目的としては「渓床の固定と渓岸の保護」が大部分であり，工法については1つの名称で与えられる流路工も条件により，いろいろな形態をとりえるものと思われる．
　次に施工場所であるが，一般に渓床勾配が1/30〜1/100程度で河幅が大きく流量が大なる箇所においては護岸工が優先されて用いられているようである．これに反して渓床勾配が10数分の1というような渓流で流量が比較的少ないような箇所においては床固め工を優先して用いているようであるが，床固め工はまた扇状地の流路，天井川などの渓流下流部の勾配1/30〜1/100程度の区間にも用いられ，護岸工は流送砂礫を堆積して乱流または偏流がはなはだしく，河幅の非常に広がった区間に用いられる．
　施工期間は，ある程度上流の砂防工事が進捗して，その効果を確認してから流路工を施工するのが理想的であるが，上流の砂防工事に対する目安がついた後か，あるいは直上流部に貯砂ダムを設けて施工すべきである．

のり線形についてはのり線は直線形をとるべきだという意見と，ある程度の曲線蛇行を許すべきだという2つの説がある．前述の河川砂防技術基準では「できるだけ曲線をさけ直線とすることが望ましい」としているが，のり線の決定には自然的な流路の発達の傾向と著しく矛盾することのないようにすることが大切である．

縦断勾配の決定は流路工計画で最も重要なことである．計画勾配は計画区間だけでなく，上流から下流まで河床縦断面の発達状況を見極めて計画し，一方浸食と堆積の起きない渓床勾配，すなわち平衡勾配の理論により検討するのが普通であるが，ただ単にその地点の1/2とか2/3とかを標準とするのではなく，上流から下流まで河床縦断形を全体的に把握することが大切である．

断面形は流路工の位置が多くの場合，砂礫の流下区間にあるから原則として深い断面を採用し，この区間における砂礫の堆積を促し，ついには河積を減じて氾濫を助長するようになる．複断面を選ぶか単断面を選ぶかは十分な検討を要するようであるけれども，河川工事と流路工工事の相違点は，この両者の内容においては特別な工法があるわけではないので明確ではないが，その目的から流路工工事は河床の固定，河岸の保護であるのに対して，河川工事は本来河積の増大による洪水防御がその主目標であるといえるであろうと思われる．

図6.12は流路工の写真例であるが，流路工の勾配・幅員・間隔などについて設計や計画する場合，理論的な公式というものはなく，従来の既設流路工などを参考にして決める場合が多い．

図 6.12　魚野川流路工（信濃川水系）

演習問題 [6]

6.1 砂防計画の基本方針について考察せよ．
6.2 砂防計画の基本量について考察せよ．
6.3 砂防工事における山腹工事について考察せよ．
6.4 砂防工事における渓流工事について考察せよ．
6.5 流路工について考察せよ．

第7章　河川の維持管理

7.1　河　川　法

　現行の河川法は昭和39年7月10日に法律第167号として公布され，翌昭和40年4月1日から施行された法律であり，それまでは明治29年に制定された旧河川法が約70年の長い間存在していた．旧河川法が制定された当時の社会の背景を考えてみると，明治時代も中期となると鉄道が運輸機関の中心と考えられるようになり，従来行われていた舟運の重要度はしだいに低くなってきたのであるが，一方において利根川や淀川などの重要河川が洪水に見舞われ，洪水防御の必要性が強く叫ばれるようになっていた．政府はこの要望に応えて明治29年に至って第9帝国議会に旧河川法を提案し，貴族院で一部修正の上，同年3月25日に可決されたものである．その内容については治水に重点がおかれ利水関係の規定がきわめて不十分であったことと，どちらかといえば中央集権的国家権力の統制的色彩の強いものであったということがいえるであろう．

　河川法は河川の管理に関することを定めた基本法であり，その新法は河川を水系一貫とし，広域的に治水と利水の両面を管理することを基本方針として，また河川の重要性により水系ごとに区分するとともに，その第1条に目的が，「国土の保全と開発に寄与し，もって公共の安全を保持し，かつ，公共の福祉を増進すること」にあることを明らかにしている．さらに平成9年に河川環境の整備と保全をあらたに追加し，堤防沿いの樹林帯が河川管理施設として位置づけられて，地域の意向を反映する河川整備計画制度を導入するなどして河川法が改正され，それとともに改正前から，その手段としての河川の管理についての目標をも明らかにしている．すなわち河川は洪水・高潮などによる災害の発生が防止され，河川が適正に利用され，および流水の正常な機能が維持されるように総合的に管理するものとされている．

　さらに河川は水利使用・土地の占用・土砂の採取・舟運や流し筏（いかだ）などのいろいろな用途に利用されているが，適正な河川管理としては，これら利用相互の調整を行ってその利用の秩序を保ち，利用に伴う災害発生の防止をはかるとと

もに積極的な水資源開発を行うことを意味しているということもいえよう．したがって河川を利用するには，その利益を社会に還元し，一方，人々がその河川または河川の利用により，水害その他の害を受けないようにしなければならない．このように河川に関する一切の事項について，公共の利益のために規制することが河川の管理である．また公共のために河川に設けられたすべての工作物は，そのままでは経年的に機能が衰え損傷が増大するので，これらを常に整備し機能の衰えを防がなければならないのであるが，これが河川の維持である．

河川の管理と維持は河川を利用し，洪水の災害を防ぐ上に重要な業務であって，河川が公共性をもつことから，それらの業務は法律によって規定されており，国または地方公共団体によって施行される．

河川に関する法律は河川法で代表されるが，そのほかにも河川の維持・管理に関係ある法律として，水防法・災害対策基本法・公共土木施設災害復旧費国庫負担法・砂防法などをあげることができる．

河川法によれば河川管理の対象は，通常，流水および河川敷の占用・工作物設置・河川生産物採取などであって，1級河川（利根川・木曽川・淀川など109水系，13971河川）については国土交通大臣が，また2級河川（全国で2718水系，7057河川）については，その河川が存在する都道府県の知事が管理すると規定している．河川の維持も以上の管理区分に従って行われるが，異常な天然現象に基づく河川工作物の災害復旧費は国庫負担とし，地方財政の安定をはかるとともに統一的な基準に従って処理されている．

7.2 河川の維持管理

7.2.1 河川の維持

堤防は完成してから年月を経るに従って雑草が茂り，人畜や自動車によって天端やのり面に損傷を生じるが，のり面に雑草が繁茂すると芝が枯れるので年に2～3回刈り取ることが必要である．冬には雑草は枯れるが，これを焼けば灰分が芝の肥料になるから普通は芝焼きを行う．天端や小段を自動車などが通行する所では車輪の跡ができて雨水がたまり堤体を弱くするので，砂利や砕石などを混入した良質土を置いて補修する．また堤体に漏水箇所がある場所では，その原因を調査してただちに対策を講じなければならない．

石張り堤やコンクリートのり覆工などでは，裏込めの部分に空洞ができてい

ないかどうかに注意する必要があり，また，のり止め工の前面の河床が大きく低下していたり，根固め工の前面が著しく洗掘されて破損している場合には，修理するとか根固め工の継ぎ足しをしなければならない．水制工が破壊すると付近の流況を変え，特に長い水制では水衝の場所が変わるなど河状を大きく変化させるおそれがあるからただちに補修するとともに，また透過水制にごみが付着して不透過水制のようになっていることがあるが，除去することが必要である．

高水敷に雑草や竹木が繁茂すると洪水の流下断面積が小さくなり，また粗度が大きくなるので，これらは取り除かなければならないが，堰(せき)・水門・樋管などの構造物は完成してから長年月の間に不等沈下により亀裂が生じたり，堤防との接触部に損傷をきたしたりするから平常から十分に調査するとともに，水門などの扉は開閉の操作をときどき行って，必要な時にその目的をすみやかに達成することができるようにしておかなければならない．

7.2.2 河川の管理

河川管理の範囲は非常に広く表 7.1 に示すとおりであるが，一般には行政管理に属する事項を行うものを河川の管理ということが多い．

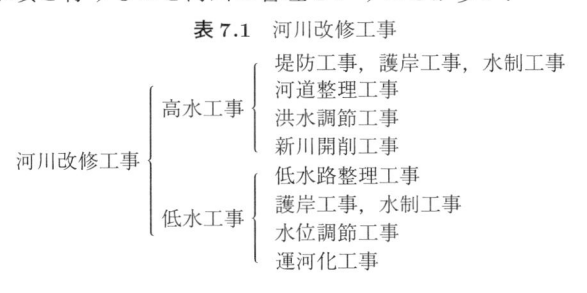

表 7.1 河川改修工事

河川改修工事
- 高水工事
  - 堤防工事，護岸工事，水制工事
  - 河道整理工事
  - 洪水調節工事
  - 新川開削工事
- 低水工事
  - 低水路整理工事
  - 護岸工事，水制工事
  - 水位調節工事
  - 運河化工事

河川の流水を使用する時には，河川法に基づく流水占用の許可を受けなければならない．流水とは河道の中を流れている表流水・湖沼や調節池の水・伏流水をさすが，上水道・農業かんがい・工業・発電などの用に供するために，流水を独占的に継続して使用する行為を流水占用といい，一般に水利権といわれている．占用を許可する時に考慮しなければならない点は，まず使用水量がその目的をはたすために妥当な量であるか，次にそれだけの量を取水しても取水地点から下流の既得水利権に支障をきたさないか，および下流の河床状態の維持に差しつかえないかなどである．

河川敷地の占用とは，河川区域内の土地を運動場・ゴルフ場・公園や材料置場などに使用することであるが，その場合には許可を受けなければならない．河川区域とは水が常に流れている所，堤防や樋門などの構造物の敷地または高水敷をいい，敷地の占用は土地をそのままの状態で使用する場合と，工作物の設置，土地の形状の変更を伴う場合があり，特に後の2者は洪水の流下に支障をきたすことがある．占用を許可するにあたっては，工作物設置に関するものとして，橋・堰・樋門・樋管・道路などがあるが，橋の方向は高水時の流心に直角であること，桁下高は堤防の計画天端高よりも十分に高いこと，橋脚の形状は流水抵抗をできるだけ小さくして背水の影響を少なくすることなどが必要である．土地の形状変更というのは河川敷地を使用するために敷地内の土地を掘削・盛土などを行う行為であるが，この行為によって洪水の流下・流水の方向などに影響を与えるおそれがあるので，河川管理者はその点をよく検討した上で許可を与えなければならない．

7.2.3 水質管理

急速な経済発展とこれに伴う都市への人口集中のために，河川流域や海面に沿う地域に発生する汚濁負荷量は年々増加し，河川や海の水質は悪化が激しいので，昭和45年4月に，河川・湖沼・海域における環境基準が制定されて流水の水質基準が定められた．次いで同年12月には，従前の水質保全法を抜本的に改正して工場排水規制法を吸収した水質汚濁防止法が制定されるに至り，その結果，工場や事業場から排出される水質が先に定められた環境基準に合うように規制されることになった．さらに昭和46年6月には，工場・事業場からの排出水の全国一律の排水基準値が定められ，これによって河川や海域などの公共用水域の水質管理を行う者は，環境基準の達成と維持のための義務を負うことになったのである．

昭和45年4月に制定された環境基準によれば，河川・湖沼・海域別に水に含まれる有毒物質，pH（水素イオン濃度）・BOD（生物化学的酸素要求量）・COD（化学的酸素要求量）・DO（溶存酸素量）・SS（浮遊物量）の濃度限界が定められているので，注意しなければならない．

7.2.4 ダムの管理

河川に設置されたダムは，その目的とする使命をはたすために十分な機能を

発揮することが要求される．すなわち下流地域の洪水氾濫を防止するために行う洪水調節，各種用水の安定した取水が可能であるように行う水の補給，そして発電などを行う多目的ダムは全国の主要河川において数多く建設されているが，これらの各種目的は1つの貯水池でこれを実施しようとする場合には互いにその利害が相反することとなり，これらを調整した最適な運用が必要となるのである．

特に多目的ダムの管理はダムの操作・維持・修繕という事実行為のほかに一部の行政行為が含まれて管理される．その主要なものはダムの操作であるが，まず洪水期・干害期などの別を考えて各期間における最高・最低の水位と貯留および放流が決められ，洪水調節の対象となるべき洪水の規模については下流河川の状況を現状について十分調査して，既往洪水の規模と災害の関係，特に既往最大洪水についてよく調査検討して定められている．

ダムからの放流は下流における人畜への危険および河川工作物などの被害を起こさないように放流量を制限し，なお危害防止のための立札を立て通知警報などを出して予備放流を行うことになっている．なお多額の建設費を投じて建設されたダムに，その機能を十分に発揮させるために水系一貫した施設群の有機的な管理体制（統合管理）を確立することが必要である．現在，北上川・利根川・淀川などにおいてダムの統合管理が行われている．

7.3 洪水予報と水防警報

河川において発生しつつある洪水の規模と，その状態の変化の予知ができれば必要な水防活動をある程度計画的に実施することができ，流域の住民も事態の変化に応じて物心両面の準備ができ，洪水の被害を最小限度にとどめることができるであろう．したがって洪水の予報は河川の管理業務としても大変重要な業務であるが，これを効果的に，かつ社会的な混乱を生じないように行うためには，予報精度が高いこと，予報が迅速に，かつ十分な時間的余裕をもって行われること，通報施設が十分に整備されていることなどが不可欠の要件となってくる．わが国の河川は急流で流域面積も小さく，その地勢が複雑であって出水時間も短いため洪水予報には困難な要素が多い．水防を行う責任者は，第1次的には地元市町村の水防事務組合・水害予防組合などの水防管理団体で，第2次的には都道府県であることが，水防法で定められている．また水防に必要な器材・倉庫・通信施設などの経費は国庫から補助されており，しだいに整

備されている現状である．

7.3.1 洪水予報と水防警報の経緯

　適切な水防活動を行うためには，同じく適切な洪水予報と水防警報の業務が重要である．洪水予報はフランスのセーヌ川で1856年に実施され，続いて1866年にイタリアのポー川ほか2河川で実施されたのが最初であるといわれているが，わが国では昭和22年9月のキャスリン（Catherine）台風によって利根川が氾濫し東京まで浸水するという大被害を受けたので，昭和23年（1948年）にまず利根川に洪水予報組織ができて利根川・荒川・北上川で洪水予報が実施され，翌年の24年には水防法が制定，そして洪水予報連絡協議会が設置された．翌25年には利根川・木曽川・淀川の3河川に無線局が設置されたが，昭和30年7月には水防法の改正によって洪水予報および水防警報が法定化し義務づけられるようになった．2つ以上の都府県にわたる河川または流域面積が大き

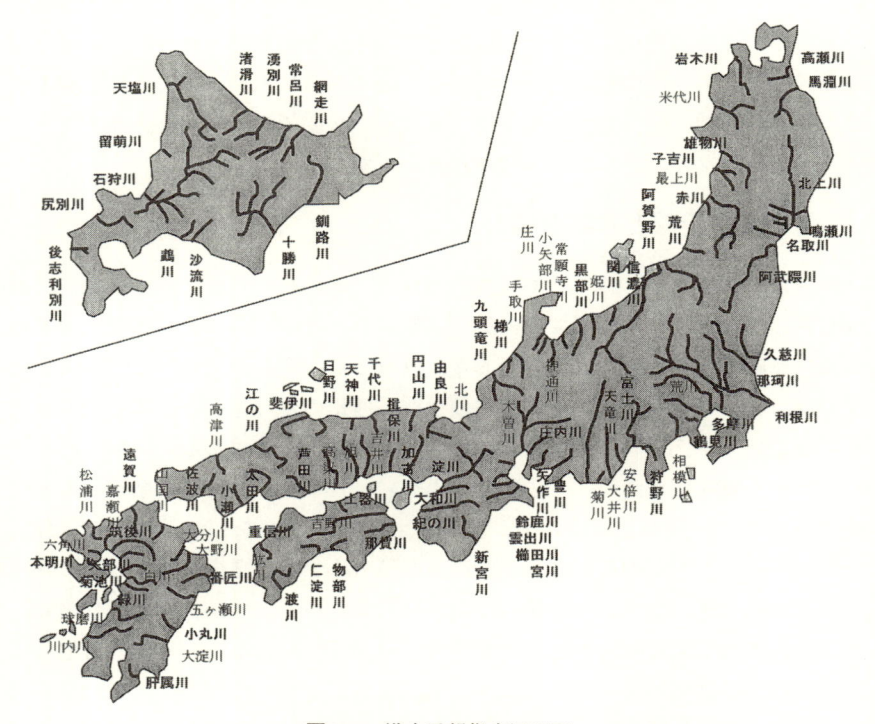

図7.1　洪水予報指定河川図

い河川で，洪水により国民経済上重大な損害を生じるおそれがある重要な河川については，国土交通大臣が気象庁長官と共同して洪水予報を行うことが水防法第10条2項で定められており，現在のところ図7.1に示すように1級河川全部（109水系193河川）と県知事が指定した3河川（庄内川水系新川，木曽川水系長良川，神通川水系宮川）が指定されている．また同法に洪水または高潮により国民経済上重大な損害を生じるおそれのある河川・湖沼・海岸について，国土交通大臣または都道府県知事が水防警報を行うことも定められており，このうち国土交通大臣が行う水防警報指定河川は78水系（1級河川）となっている．さらに平成13年7月には水災による被害の軽減をはかるため，国土交通大臣に加え，あらたに都道府県知事が洪水予報を行うことができるように改正，そして平成17年4月には水害等が発生した時に，避難などに必要な情報を記載したハザードマップ（浸水想定区域図）を配布し，一般の住民に周知させることが義務づけられている．

7.3.2 洪水予報

洪水予報は水文学的に雨量・流量・水位の関係をみいだすことであるから，洪水流出・ダムによる洪水調節・河道内洪水の伝播・分合流などの複雑な問題があるだけでなく，警戒水位あるいは最高水位に達する前に，最高水位の値およびその到達時刻などを迅速に推定予測しなければならないので，難しい問題である．方法としては，気象法・雨量法・水位法に分類されるが，過去における多くの観測資料がないと精度のよい予報を行うことはできない．

（1）気象法

台風の現在までの進路，速度や気圧配置などの状況からその後の状態を推定し，これといままでの台風資料の中から類似したものの雨量記録などと比較して流域内の雨量分布を予想する．これから既往洪水時の上流域の雨量を下流地点の水位との相関関係を用いて，下流地点の最高水位を予想する．この方法は高い精度を期待することはできないが，住民に洪水の大体の規模を早く知らせることができるので好都合である．

（2）雨量法

上流域の雨量と下流地点の流出量との関係をいままでの洪水時の資料を用いて調べておき，雨量を与えてただちに流量または水位を予測する方法である．たとえば雨量の最盛時前3時間の雨量から，下流地点の最大流量または最高水

位の値と到達時間を図に描かれた相関曲線を用いて求めたり，あるいは単位図法，貯留関数法などによって流出量が算定されるが，この方法の効果をあげるためには雨量資料の収集，そして流出計算が迅速に行われる必要がある．このような目的にそって，利根川・北上川・淀川などには，洪水予報用として電子計算機やアナログコンピューターが設備されている．

　河川の流出に関する因子にはいろいろのものがあるが，最も支配的と考えられるものは降雨因子と流域因子に大別できるであろう．これら2因子の本質的な相違点は前者が洪水ごとに変化し，後者は変化しないことである．洪水予報および水防警報などにおける必要な条件は，予報精度が高いことと十分な時間的余裕のあることであるが，特に中・小河川の洪水予報においては，時間的余裕を少しでも長くとるために，雨量から水位や流量などを予報しなければならない．流域因子としては，その流域の面積・形状・地貌(ちぼう)・地質・地覆(ちふく)などが考

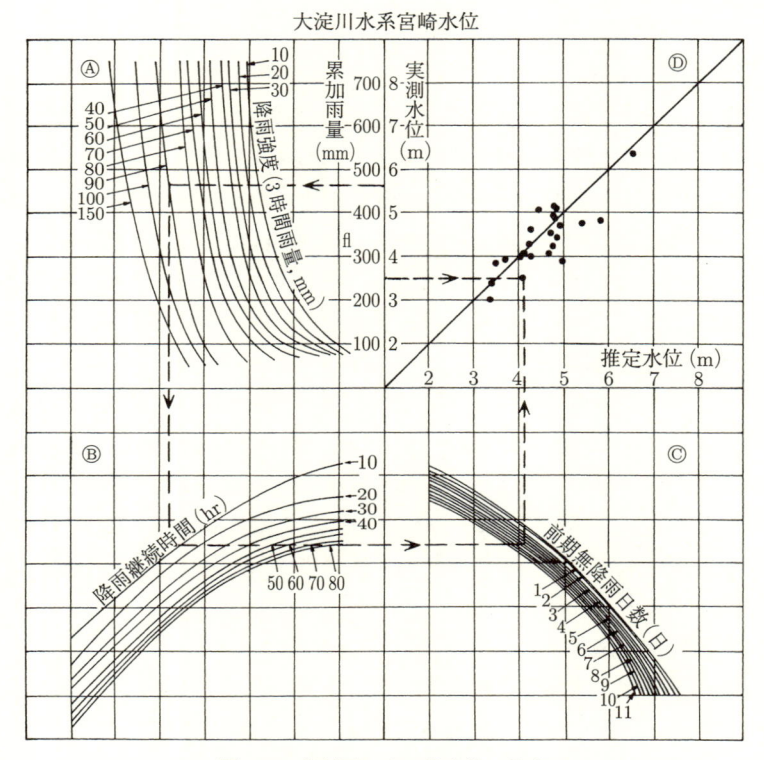

図7.2　共軸図による洪水位の推定

えられるが，著者は流域因子は与えられたものとし，降雨因子と洪水流出との関係を相関によって結びつけるために，降雨因子として図7.2のように累加雨量・3時間降雨強度・降雨継続時間・前期無降雨日数の4因子を取り上げ，相関図法のなかで精度の高い共軸図法を用いて，流出地点の洪水位を推定する方法について実用的見地から研究し，大淀川に適用して洪水予報の第1段階としては十分に満足すべき結果を得た[1]．

（3）水　位　法

上流地点と下流地点の最高水位との関係および到達時間を過去の洪水記録から調べておいて，洪水時に上流地点の最高水位を知って下流地点の最高水位およびその到達時間を求めるものである．この方法は比較的精度もよく広く用いられているが，上・下流地点間の距離が短い所では予報からその出現までの時間に余裕がないこと．河道改修その他の河道変化のために，相関関係は常に修正しておく必要があるという欠点をもっている．

以上（1）～（3）の3方法を述べたが，実際の洪水予報にはこれらを単一に使用するのではなく，最初は気象法，次に雨量法を用い，また上流基準地点に最高水位が現れれば，水位法でも予測するなど時間の経過に合わせて適当な方法で予測するものである．特に最近では洪水調節池も多く建設され人為的な操作が加わるので洪水予報のための流出計算はきわめて複雑化し，このため専用の計算機が一段と強化整備されつつある現状である．

7.3.3　水防警報

水防警報は直接水防活動の指針を与えるのが目的で発表され予報を行うことを目的としないもので，水防活動は待機→準備→出動→解除の順序で行われるから，その段階に合うように指示を発表するのが目的である．しかし水源地の降雨状況，上流部の出水状況をよく把握しておかなければ指示を与えることはできないから，洪水予報と同じく観測通信網が整備されていなければならない．

表7.2　水防警報

段　　階	種　類	内　　　　　容
第 1 段 階	準　備	水防資器材の整備・点検，水門などの開閉の準備，幹部の出動など
第 2 段 階	出　動	水防団員の出動の通知
第 3 段 階	解　除	水防活動の終了の通知
適　　宜	情　報	水防活動のために必要な水位，河川の状況の通知

水防警報の種類と内容は表7.2に示すとおりであって，第1段階の準備の開始は各量水標ごとに定められている指定水位から警戒水位になった時，また出動は警戒水位よりも高く指定されている水位に達した時に開始される．

洪水予報の指定河川では各河川ごとに通報規定が定められており，洪水が起こるおそれのある時には全般の気象状況・流域の雨量予報・雨量観測値の通報・河川の水位・流量の予報および通報などを行うことになっている．雨量・水位・流量の予報・通報は指定観測所について行われ，通報要領および通報様式が定められているが，水防警報指定河川でも同じく指定観測所で水防活動の指針が与えられる．指定観測所では通報水位（指定水位）が定められていて，水位が上昇してこの水位に達すると，それ以後は原則として1時間ごとに水位の値を通報することになっている．

7.4 水　　　防

各河川で河川改修工事が実施されている現在において，その完成までには長年月を要するのであるが，河川の現状に対して現在における安全度の最大限，または安全度を越える洪水が発生しえることは常に意識しておかなければならないことである．洪水時に堤防決壊につながる現象が発生している河川堤防を応急的に補強し未然に災害を防止するか，あるいは不幸にして堤防決壊した場合に，その被害を最小限にとどめ被害の増大を防ぐための活動を水防活動といい，これに関する行為を含めて水防といっている．

7.4.1 水防組織

水防法によると第1条に水防の目的を「洪水または高潮に際し，水災を警戒し，防御し，およびこれによる被害を軽減し，もって公共の安全を保持する」と規定されている．この目的のため各地域に水防団が結成され，有事の際には出動して警戒・防御・その他の活動に従事することになる．水防団への指示は都道府県知事が発令する水防警報を通じて行われるが，2府県以上にわたる国民経済上重大な影響のある河川や国土交通大臣が指定した河川については，その水防警報は国土交通大臣が出さなければならない．

また都道府県知事は，毎年，水防計画をたてることが義務づけられており，その計画の内容には次の事項があげられている．

① 堤防・水防施設などの日常巡視．

② 水防団などが出動して後の警戒体制・警戒事項.
③ 洪水予報・水防警報・そのほか洪水時に必要な通信・連絡.
④ 水防資材・人員の確保・輸送路・輸送手段.
⑤ ダム・水門・閘門などの操作と水防活動との調整.
⑥ 水防団出動後の作業・体制・水防の責任区域・水防作業に伴う行動基準・責任・権限など.
⑦ 各水防団体相互の協力・応援.
⑧ 水防資材・器具・設備の配置・整備.
⑨ 水防団員の訓練.

7.4.2 水防工法

水防活動として現地に適用される応急工法であるが,資材は現地で入手しやすく悪天候のもとでも施工が容易で,しかも堤防の保護や補強などに効果的であることが必要である.堤防決壊の原因は,越水・浸透およびのり面決壊などに大別することができる.

(1) 越水に対するもの

(a) 積み土俵工

図7.3のように堤防天端に土俵を1段あるいは2段・3段と積み,3段の場合には木杭または竹をくし刺しにして土俵が転落しないようにしなければならない.土俵は,水防活動では基本的な資材として用いられてきたが,最近では,わら俵の代わりに麻袋が多く用いられるようになっている.

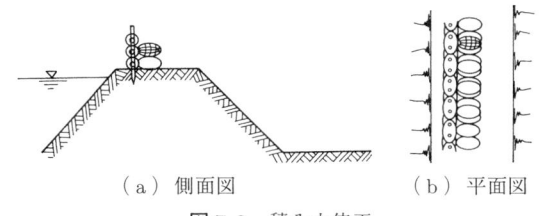

(a) 側面図　　(b) 平面図

図7.3　積み土俵工

(b) 堰板工

土俵用の土砂の採取が困難な所で,かなり多く実施されている工法で,堤防天端に杭を打ち込み,その前面に板を釘づけにして防水堰をつくるものである.以上のように,越流に対しては堤防高を応急的に嵩上げする以外に方法がな

いのであるが，堤防決壊の発生状況は，まず越流水によって裏のり面下部に洗掘を生じ，これを契機としてのり面決壊が急激に拡大進行し，きわめて短時間で堤防断面全体が決壊されるものであり，土砂堤防では越流防止が最も重要となってくるわけである．

（2） 浸透に対するもの

（a） 釜　段　工

裏小段・裏のり先の水平部に漏水が生じた時には，その周囲を半径1～2m程度の円形に土俵を積み，水をためて河川水位との落差を小さくして浸透水の流勢を弱めるものであるが，水の湧水口をむやみに土やむしろで詰めたりすると堤体内に水が充満してのり面崩れを起こすので，注意しなければならない（図7.4）．

（b） 月の輪工

裏のり面の漏水する所に，土俵を半円形に積んで漏水の圧力を弱めながら漏水を流し出すものである（図7.5）．

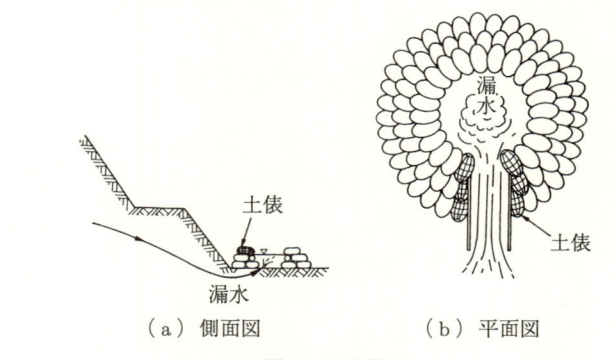

（a）側面図　　　（b）平面図

図7.4　釜段工

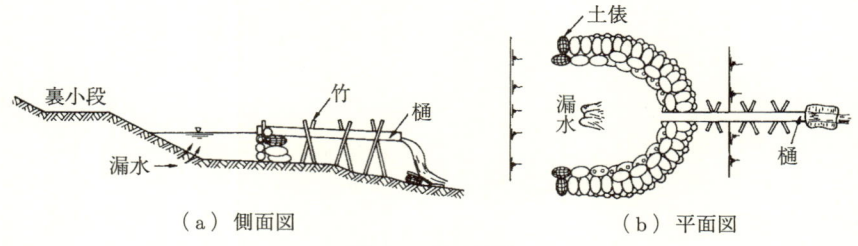

（a）側面図　　　（b）平面図

図7.5　月の輪工

（c）詰土俵工

表のり面に大きな漏水口がある場合には，そこに土俵を詰めて漏水を防ぐものである．

（d）むしろ張り工

漏水口の位置がはっきりしない時や数箇所から浸透して詰土俵では止水が困難な時には，図7.6のように表のり面をむしろで覆うものであるが，広い範囲ののり面を覆う場合には，むしろを縄で接合して下端に重りのための土俵を結びつけ，土俵を中心にして巻き込み，堤防の表のり肩より水中に垂れ下げるものである．

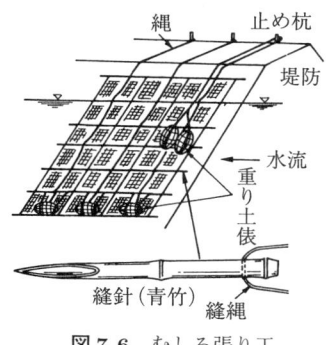

図7.6 むしろ張り工

（3）のり面決壊に対するもの

（a）畳張り工

むしろ張りの工法は，そのままのり面決壊防止に有効であるが，むしろがない場合とか流勢が強い場合には，むしろの代わりに畳を用いることもある．畳には重り土俵を用いる必要はない．

（b）木流し工

図7.7のように付近の立木または竹を切り，枝に適当に重り土俵を結びつけ，これをのり面に沿わせて流しかけ，根元につけた縄で留め杭につなぎ止めておく工法であるが，簡単な工法であるだけでなくのり面の粗度を増し，あるいは水制的にも作用するので，急流部におけるのり面決壊防止に有効である．

（c）立て籠工

蛇籠を立ててのり面に並べるもので急流部に用いられるが，施工は鉄線蛇籠をのり面に立てて沿わせ，上部より玉石を充填するものである．

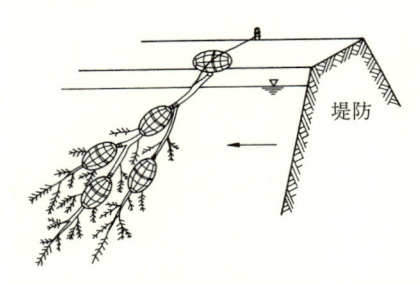

図 7.7 木流し工

(d) つき回し工

表のり面が洗掘されて堤防断面が狭くなった所を補強するために，裏のり面に木杭を打ち，これに土俵を詰めるものである（図 7.8）．

（a）側面図　　　　（b）平面図
図 7.8 つき回し工

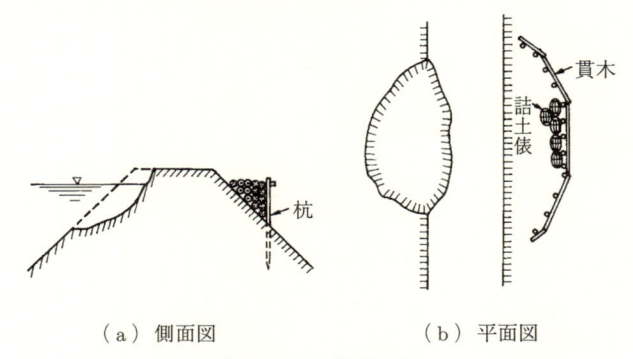

(e) 枠入れ工

表のり面の水あたりが強く，特にのり先が洗掘される場合には 5.3.2 項において前述した牛や枠などの水制を置いて流速を緩和するものである．

(f) 捨石工

主として護岸が決壊された時に用いられ，石材が近辺に豊富にある時には有効である．

(4) ひび割れ，川裏決壊に対するもの

(a) 折り返し工

図 7.9 のように堤防天端に発生した亀裂に対し，これを挟んで両のり面に青竹を深く差し込み，亀裂を両側から圧縮するように折り曲げ，さらに竹の尖端をからませて折り返す工法で，竹の折り曲げ部には土俵などをあてて竹の折損

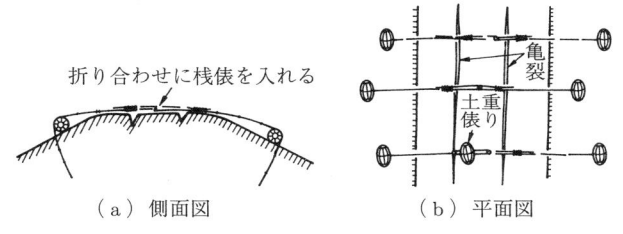

図7.9 折り返し工

を防ぐようにする．

（b） 五徳縫い工

堤防の裏のり部に発生した亀裂の防止工で，図7.10のように亀裂を挟んで数本の青竹を鉛直方向に深く差し込み，これを束ねて，そこに重り土俵を載せるものである．竹を束ねることで亀裂部分を締めつけ，重り土俵がその後の緩みを防ぐことになる．

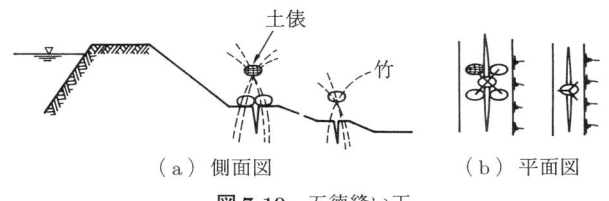

図7.10 五徳縫い工

（c） そ の 他

川裏のり面の決壊箇所に対しては，図7.11のように土俵を詰めて補強を行うが，同図（a）は杭打ち積み土俵工といい並び杭を打ってささえ木でおさえ，その上に土俵を詰めるもので，同図（b）は土俵羽口工といい土俵を並べて竹で深く突き刺して止め，これを図のように積み上げてゆく．同図（c）はつなぎ杭打ち工といい，決壊箇所全面に数列の杭を打ち，各杭を貫木で連結してそ

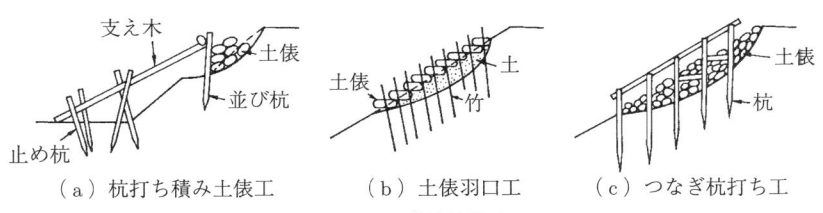

図7.11 川裏決壊防止工

の間に土俵を詰めるものである．

演習問題［7］

7.1 河川法について考察せよ．
7.2 河川の維持と管理の基本的事項について考察せよ．
7.3 河川の維持と管理で重要な水質管理とダム管理について考察せよ．
7.4 洪水予報と水防警報について考察せよ．
7.5 水防工法について考察せよ．

第8章　水資源開発

8.1　水　資　源

　地球にある水の量は約13億8600万 km³ といわれ，約97%が海水，陸水はわずか約3%であるが，その陸水が陸上生物の生命を維持している．

　古代文明がいずれも大河のほとりに発生して以来，人類は水の利用によってその繁栄を築き上げてきたのであり，最近の高度社会では水の使用量の大小が文化の尺度を示すバロメーターといっても過言ではないであろう．われわれの生活における周囲を眺めてみても，水は飲料水だけでなく，食料や物の生産・輸送手段に，電気などの照明・エネルギー源に，そしてレジャー用などにと各種の分野にわたり多面的に利用されている．地球表面積のうち約70%は海であることから考えて，その量ははかりしれない大きいものであるが，水資源の基礎となるものは降水（降雨だけでなく，降雪の場合には溶かして降雨に換算する）である．

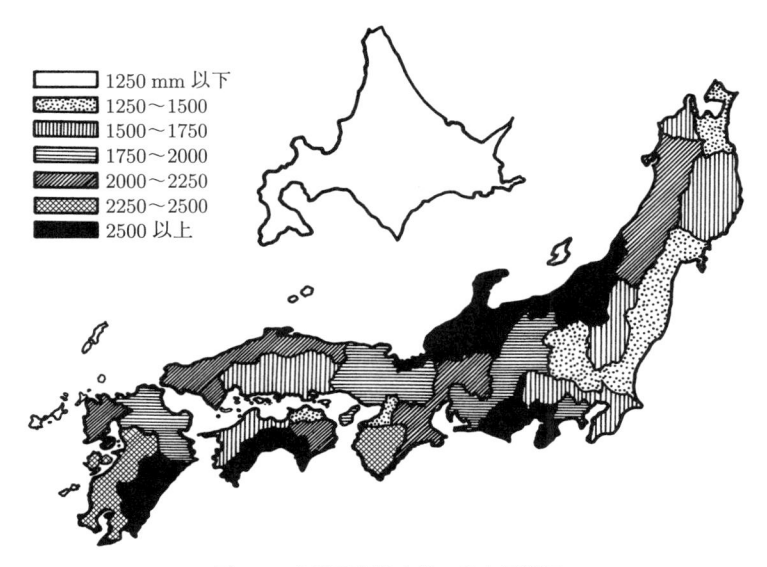

図 8.1　年間平均降水量の分布図概要

8.1.1. わが国の水資源

わが国の降水量は前述の表2.4に示すとおりきわめて大きく，また地域的にみると図8.1のように年間の平均降水量は，1500〜2250 mm程度の所が多くの部分を占めている．わが国の年間平均降水量は約1800 mmであるが，国土面積約37万 km² に対し総量約6700億 m³ となる．世界の陸地の年間平均降水量は

表 8.1 主要国の1人当たり降水量概略値

国 名	面 積 (km²)	人 口 (千人)	降 水 量 (億m³/年)	人口1人当たり降水量 (m³/年/人)
世　　　界	135641000	5768000	1017308	17637
アメリカ	9363520	266557	74908	28102
ブラジル	8547403	157872	136758	86626
スウェーデン	449964	8843	3150	35621
イギリス	244100	58784	2929	4983
フランス	551500	58375	4412	7558
ドイツ	356733	81912	2497	3048
インド	3287590	936000	72327	7727
中　　国	9596961	1232083	67179	5452
日　　本	377837	125761	6801	5408

注） 1) 面積と人口は，世界の統計（総務庁統計局編）1999年版によるものである．
　　2) 降水量（億m³/年）は面積に，それぞれの表2.4における国の降水量を乗じ，人口1人当たり降水量（m³/年/人）は，それを人口で割った値であるが，日本の降水量は1800 mmとした．

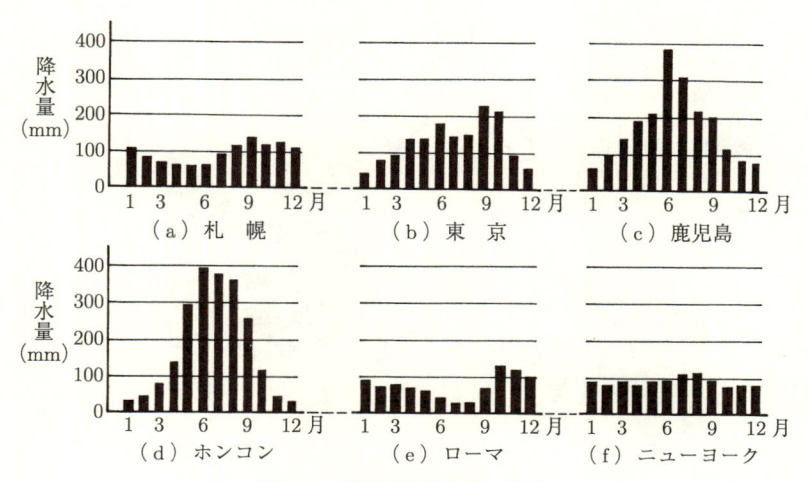

図 8.2 月別平均降水量の概要
(a) 札幌　(b) 東京　(c) 鹿児島　(d) ホンコン　(e) ローマ　(f) ニューヨーク

約730 mm 程度といわれており，わが国はきわめて豊かな水資源に恵まれていることになるが，1人当たりの平均降水量では表 8.1 に示すように大変少ない量となっている．図 8.2 は世界とわが国の主要都市における月別平均降水量の概況を示したものである．

8.1.2 わが国の河川流出量

降水は蒸発するか，あるいは地下水のまま直接海に湧き出るものを除けば，やがては河川に流出し流下していくことになる．1年間に流出する河川流出量を年間流出量あるいは総流出量とよんでおり，流域内における年間降水量に対する比率が年間流出率となるのであるが，わが国は多雨であるため蒸発で失う割合が欧米諸国に比べて非常に小さく，年間流出率は約 80% 近くにも達し，約 5300 億 m^3 程度が河川に流出するといわれている．

水を利用する立場で河川の流出状況をみる場合には，総流出量とともに流量の変動状況，すなわち流況を知ることが大切である．わが国の河川流量は，一般に融雪期・梅雨期・台風期に大きな出水があり，この時期が豊水期となるが，梅雨期と台風期の間には夏の渇水，台風期と融雪期の間には冬の渇水期が現れることになる．そのために年間を通じて安定した流量が得られるように，多目的ダム・河口堰・流況調整河川などの水資源開発施設を建設整備するとともに，昭和 62 年（1987 年）頃より水辺空間等整備事業や河川水活用等事業などがなされている．

8.2 利 水 計 画

8.2.1 利水計画の種類

河川水を利用する事業には，水力発電・かんがい・工業用水・上水道・舟運・水産・下水道・観光などがあげられるが，ここでは，これらに必要な水を供給するという河川の立場から簡単に述べることとする．

水資源を開発し河水の有効利用をはかるため河川流域について行われる事業としては，水源地における水源かん養・ダム貯水池・天然湖沼の開発・河口湖などがあげられる．

（1） 水源地における水源かん養

常時の河川流量を豊かにし利水効果を増進するためには，水源地域の保水機能が良好であることが望まれる．水源かん養は治山事業の一環として行われ，

荒廃山地の復旧とともに植林などによって水源地域の林相をよくする．良好な林相をもつ水源地は豪雨に際して流出を遅滞し，平常時の基底流量を増加させる機能をもつが，現在のところ，この機能を数量的に明らかにするまでには至っていないのが現状である．

（2） ダム貯水池

河川の上流部にダム貯水池を建設し，洪水時・豊水時の余剰水を貯留して渇水時に補給するもので，河川の流況を改善し，その安定をはかるのに有効な方法である．特に洪水流量を調節する場合には貯水池をそのまま利用することができ，多目的ダム貯水池として効果的である．しかしダム貯水池は治水上，特に河道安定の面では従来の平衡条件を大きく変化させる結果となり，ダム下流の河床洗掘・貯水池の堆砂・貯水池より上流の河床上昇などの変動が生じ，洪水時には洪水波の伝播を速めるなど，計画上注意すべき点が多く，また利水面においても，上・下流地域の既得水利権との調整を必要とする．

（3） 天然湖沼の開発

河川上流部の天然湖沼は，それ自体がダム貯水池の機能をもっているのであるが，この機能を洪水，利水のために助長開発することは，その湖沼の規模が大きいほど効果的である．わが国でも琵琶湖・諏訪湖などはその好例であり，それぞれ淀川・天竜川の流況に大きく貢献している．特に琵琶湖は，わが国最大の湖水であって淀川の洪水を調節するだけでなく，常時，流量を補給しているが，その効果をさらにあげるため流出口である瀬田川に可動堰を設け，湖面水位を人工的に昇降して洪水調節と下流京阪神地域の各用水を供給している．

天然湖沼の開発はダム貯水池のように上・下流の河状の変化を伴うことは少ないが，人為的に湖面水位を変動させるためには，湖沼沿岸の漁業・排水・浸水などに対する十分な対策が必要である．

（4） 河　口　湖

河口湖にも自然に存在するものと，人工的に河口部の河道を利用するものとがある．一般に河口部で河水に塩水が浸入するので利用しにくく，そのまま海に放流し自然のままの姿で沿岸漁業に利用されていた．しかしながら最近では，河口部に堰を設けて塩水の浸入を防ぎながら河口湖として貯水し，有効な水資源として活用することが計画されているが，すでに利根川などでは実現している．

この計画は河口部であるので，利用できる水量・水質について調査を要する

ことはもちろん，河口の維持・塩水の浸入・上流に及ぼす治水上・利水上の諸問題・海岸および河川の漁業に与える影響などを十分に調査し，慎重に検討しなければならない．

8.2.2 利水計画と河川の流況

利水の立場からみれば産業の発達，生活水準の向上などにつれ，必要な水量を必要な時に得られることが望ましいのであるが，常時一定量の水を必要とするものもあれば，また季節的に必要なものもある．しかし天然の降雨は，雨季と乾季があって一定せず河川の流量もこれに応じて増減し，特にわが国のように流域面積が小さい河川では，利水条件が不安定であるのが普通である．

（1） 河川の流況

河川の流量の持続状況を流況といい，最大流量と最小流量の比を河状係数ということは前述したが，河川には自然の状況でも河状係数が大きいものと小さいものがあり，一般に流域が大きくなるほど河状係数は小さくなるのであるが，利水面からみれば河状係数が小さい河川ほど，その水資源の開発は容易であり利用価値が高い．わが国の河川は地理的・地形的条件からも，河状係数が大陸の河川に比較して非常に大きく，したがって利水上では不利な立場にあるといわなければならない．

わが国および大陸の代表的河川の河状係数を示したものが前述の表4.4であって，このような事実を明確に示しているということができるのであるが，わが国の諸河川でも信濃川・淀川などは河状係数が比較的小さい．その原因としては，淀川は琵琶湖が流況を良好にしているものであり，信濃川では特に冬期間，降水の大部分が積雪として地上に貯留される結果である．このように天然あるいは人工的な大貯水池（多目的ダムなど）の存在が流況を良好にするわけであるが，自然河川の流況をどこまで改善できるかによって，河水の利用計画の範囲が決まるということもできよう．さらに水資源の根源である降水は自然現象であって，この範囲を越えた河水の利用は不可能であり，その結果として水資源が有限であるといわれる理由もここにあるわけである．

地下水はわれわれ人類の生存に不可欠な水資源の源泉となるものであり，そして水資源については最も恵まれているわが国ではあるが，特に地下水においては最近枯渇しており，そのため今日では各地で地下水汲み上げの規制が行われるようになってきている．地下水はどこまで利用できるか，すなわち地下水

開発許容限界の一研究として,地下水位・揚水量および影響圏などについて水理学的な面からの検討を加えた著者らの研究[1]などもある.

(2) 基準渇水量の決定

利水計画をたてるにあたっては,既往の主要渇水を考慮して基準となる渇水量を決めなくてはならないわけであるが,渇水も洪水と同じく場所ごとに異なった現れ方をするので,その水系の基準渇水量の決定には計画基準地点を設定し,この地点における水理・水文資料などを参考として決定するのが普通である.利水計画は各種用水の需要に対してたてられる河水の需給計画とでもいうべきであるが,基準渇水量に基づいて河水の配分および補給を計画することでもある.そして需要に対して基準渇水量が不足する場合には,前述の方法などによって河川流況の安定化を考えなければならないことになるが,全般的な注意事項をあげると次のとおりである.

① 既得水利権に基づく水利使用は新規の水利使用に対して優先すべきであるから,計画策定にあたっては,その実施によって既得水利権が侵されないように考慮しなければならない.

② 権利に基づく需要水量のほかに,河川の流路維持・河水の水質・舟運・漁業・観光などに支障を与えないために必要な水量を考慮しなければならない.

③ 補給水量の算定にあたっては既設の取水構造物に対し,取水に必要な水位を維持させるための流量を考慮する必要がある.

④ 取水施設・導水施設などには,浸透・蒸発など各種損失があるので補給量の算定にこれらを見込む必要がある.

⑤ 農業用水は取水量が多く,かつ大部分は昔からの慣行水利権に従って取水しており,さらに干害期にまとまって取るので他の用水との関係をよく把握するとともに,必要に応じては,用排水系統の統廃合などを行い,最小にして有効適切な取水量におさえ,これによって節減しえる水量を他の用水にあてるべきものと思われる.

⑥ 流量が小さくなると河床のわずかな変動などが大きく影響したり,観測誤差の流量に対する比率が大きくなったりする.また水位流量曲線を用いて水位記録より換算する場合,渇水時水脈が変わって量水標の所が死水になっていたり,主水脈と水位差がついていたりすることがあるし,実測の範囲を大きく越えて外挿したりする場合には相当の誤差が入るので,資料

の信頼性を十分検討しておかなくてはならない．

8.3 河川の総合開発

　河川は大洪水をもたらして時によっては，われわれ人類の生命さえ奪って社会生活を破壊する悪い面と，人類だけでなく生物の生活に欠かすことのできない豊かな水を供給して，生物の生命を維持するとともに文化・文明を育成するというまったく相反する良好な面をもっている．公共事業としての河川事業は，前者の面を軽減するとともに，後者の面を助長する手段として，われわれは治水事業を実施しているのであるが，後者の面を積極的に実施して発展させることも一段と重要なことであり，この面が水資源開発であり，また利水面でもある．そしてまったく相反するこれらの両面を上手に調整して，国家の一大資源である河川を有効に開発利用していくことが河川の総合開発であるが，治水面については，すでに前述しているので，ここでは利水面を主体として述べることとしたい．

8.3.1 総合開発の目標と規模

　河川の総合開発は，一般的には治水目的，水資源開発目的および流域または地域における農業・工業・漁業などの開発目的を含むものであるが，特定の地域や河川については，まず計画として治水・水力発電・かんがい・上水道・工業用水・舟運その他の目標のうち，どれを取り上げるかを定めなければならない．また，それらのなかでも第1次的目標が何であり，第2次目標が何であるかを明確にすることが必要である．

　水資源開発計画は将来のことを考えて可能なかぎり大規模とし，水資源の利用に無駄をなくすることが望ましいわけである．総合開発計画においては各利水目標に対する水の配分が重要であり，このためには，各目的の需要水量の妥当性が検討されることと，その需要形態に応じた配分が考慮されなければならない．たとえば上水道・工業用水には年間を通じてほぼ一定量を必要とするが，かんがい用水では季節性があり，洪水調節のために洪水期までに一定の貯水容量を空にしておかなければならないなどである．これらの問題のなかには事業目的相互に利害が相反するものもあるので，それを十分に調整し水資源の効率的な配分計画を確立しておく必要がある．

8.3.2 総合開発の方式

利水面における河川の総合開発は，新規の利用水を産み出すことが中心となり，山間部に多目的貯水池を建設する事業が主体となるが，河川に多目的貯水池を設ける場合，その配置については次の3方式がある．

（1） 本川筋開発方式

上流部の貯水池群により洪水調節を行い，貯水池に貯留された水で発電して使用済の水を下流でかんがい・上水道・工業用水などに利用する方式であるが，本川沿いにいくつかのダムを設ければ水を有効に利用することができる．富山県下を流れる黒部川上流域は，年平均降水量が約 3800 mm というわが国ではまれにみる多雨豪雪地帯である上に，河川勾配が平均約 1/40 というこれも同じくわが国でも有数の急峻な河川であるため，水力発電に利用する河川としては好適条件を備えており，最上流部の黒部川第 4 ダム（流域面積約 184.5 km^2）は，関西電力が昭和 31 年 7 月着工以来 7 年の歳月と 513 億円の工費，そして延べ 1000 万人の労力を投入して昭和 38 年 6 月に竣功した．同ダムは，高さ 186 m（わが国第 1 位），長さ 492 m，堤体積 158 万 m^3 のアーチ式ダムで，このダムによって総貯水量約 2 億 m^3 の人造による黒部湖が誕生したことになるが，最大出力 335000 kW が得られ，さらにその後建設の新黒部川第 2 ダムおよび新黒部川第 3 ダム（合計最大出力 422900 kW）が加わり，既設の 5 発電所（合計最大出力 243700 kW）を加えると総出力 100 万 kW に達するという巨大な電源地帯となった．図 8.3 は黒部川第 4 ダムのものである．

図 8.3　黒部川第 4 ダム（関西電力㈱）

(2) 流域変更方式

ある流域に貯水池または取水施設を設け，取り入れた水を他の流域に送り，その流域の水と合わせて利用する場合であって，集水面積が大きくなり利用水量も増加するだけでなく，流域変更により大きな落差が得られる時には発電に有利となる．この方式では元の流域に流下する水量が減少するので，下流の漁業や他の利水目的との間に問題を生じやすいが，これらの問題が解決されていれば理想的な方式とでもいうべきであろう．富山県下を流れる常願寺川上流部に北陸電力によって建設された高さ 140 m の有峰ダムは，昭和30年9月着工以来5年有余の年月を費やし，総計最大出力 267600 kW の電力を供給しているが，有峰貯水池には隣接流域における神通川の流量を流域変更によって，45 m^3/sec（最大）導入している．

(3) 揚水式開発方式

1つの大貯水池の下流に接続してダム貯水池を設け，上流側の発電所を揚水式発電所とするもので，その発電に使用した水を下流側の貯水池に貯留し，深夜には負荷（電気の需要量）も著しく減少するので，既存の火力発電所にも余裕ができることになるが，その火力発電所に余裕ができる深夜の余剰電力を利用して上流側貯水池にポンプで揚水し，再びピーク時にその水を使用して発電量を増す方式である．揚水に電力を使用するが，これには余剰電力をあて，ピーク時に価値の高い電力を発生しえるので経済的に問題はなく，水資源の有効な利用方式として注目をあびており，今後の水力開発計画はこの方式を基本として考えられている．すでに長野県下を流れる梓川（松本平で犀川となる）は早くから電源の宝庫として着目され，大正末期から10地点約10万kWの電力を開発してきたのであるが東京電力が昭和39年12月以来，5年有余の歳

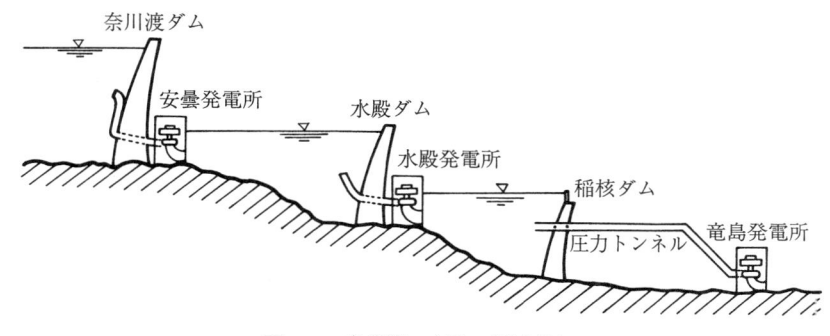

図 8.4　奈川渡・水殿・稲核ダム

月と500億円あまりの巨費，延べ500万人の労力を投入して，上流より奈川渡・水殿・稲核の3つのアーチダムを図8.4のように築造するとともに，ダム直下には同じく図8.4のように上流から安曇・水殿および稲核ダムの下流2.7 kmへ竜島の各発電所を表8.2のように建設し，合計最大出力90万kWの揚水式発電としては東洋一の規模を誇る水力電源が開発された．さらに既設6箇所の発電所を合わせて9箇所，合計96万kWが生み出されるとともに，新設された3つのダムは下流部における農地を大変豊かにしている．図8.5は奈川渡ダムのものである．

表8.2 奈川渡・水殿・稲核ダムの概要

ダム名	貯　　水　　池				
	総貯水量 (千m³)	有効貯水量 (千m³)	満水面標高 (m)	利用水深 (m)	たん水面積 (ha)
奈川渡	123000	94000	982	55	274
水　殿	15100	4000	853.5	8	57
稲　核	10700	6100	787	14	51

ダム名	ダ　　ム						最大出力 (kW)	年間発生電力量 (百万kWH)		
	形式	高さ (m)	堤頂長 (m)	堤頂幅 (m)	敷幅 (m)	堤体積 (m³)		自己分	揚水分	合計
奈川渡	アーチダム	155	355.5	10	35	660000	623000	291	467	758
水　殿	アーチダム	95.5	343.3	7	24	304000	245000	181	127	308
稲　核	アーチダム	60	192.8	4	15	65400	32000	128	—	128

図8.5 奈川渡ダム（東京電力㈱）

演習問題 [8]

8.1 地球における水資源について考察せよ．
8.2 わが国における水資源と河川流出量について考察せよ．
8.3 河川流域において行われる利水事業について考察せよ．
8.4 利水計画と河川の流況改善について考察せよ．
8.5 河川の総合開発について考察せよ．

演習問題略解

第1章

1.1 1.1.2項に示すように，われわれ人間の成長過程と同じように，幼年期→壮年期→老年期の河谷という具合に大変長い年月をかけて地形的長年循環を繰り返している．

1.2 1.1.3項に示すように，河谷においても永遠に安定する平衡状態に向かって絶えず自然の歩みを続けており，有名なステルンベルグの法則がある．

1.3 1.2節に示すように，平面的形状としては羽状流域，放射状流域，平行状流域が基本形であるが，これらが適当に組み合わさった複合流域の4種類がある．

1.4 1.3.1項に示すように，主として上流部においては，浸食→主として中流部においては，運搬→主として下流部においては，堆積の3作用によって，河谷形状や河床などは絶えず変化し続けている．

1.5 1.3.2～1.3.4項に示すように，上流部は山地部の河谷，中流部はU字形あるいは台形状に近い氾濫平野や扇状地部，下流部は河口洲，すなわち，三角洲が発達していて河川は蛇行して流れている．

第2章

2.1 2.1.2項に示すように，1気圧は水銀柱760mmで約1013ヘクトパスカル（ミリバール）である．

2.2 2.2.3項に示すように，冬，春，夏，秋の四季によって特性があるが，冬季における日本海側の雨または雪，太平洋側の晴天（西高東低型）は非常に有名な特性となっている．

2.3 2.1.4項と2.1.5項に示すように，わが国における天気の大きな特性となっている．

2.4 2.2.6項に示すように，算術平均法，等雨量線法，ティーセン法であるが，実用的にはティーセン法が最も多く用いられている．

2.5 2.3.1項に示すように，最高水位，平均水位，平水位，最低水位，平均低水位および平均高水位，最多水位などがある．

2.6 2.3.6項に示すとおりであるが，流況曲線図は発電水力関係でよく利用される非常に重要なものである．

2.7 2.4.5項に示すとおりであるが，計算例としては，$Q_{\max} = \dfrac{1}{3.6} frA = 0.2778 frA$

において，$f = 0.8$，$A = 360$，$r = R_0 \left(\dfrac{24}{T}\right)^{2/3} = \dfrac{120}{24} 8^{2/3} = 5 \times 4 = 20$
∴ $Q_{\max} = \dfrac{1}{3.6} \times 0.8 \times 20 \times 360 = 1600 \ \mathrm{m^3/Sec}$ となる．

2.8 同じく 2.4.5 項に示すとおりであるが，単位図法は簡単で理解しやすく，古くからよく用いられてきた方法である．

2.9 2.5.2 項と 2.5.3 項に示すとおりであるが，対数正規分布は経験的事実から実用的に大変よく用いられている．

2.10 2.5.5 項に示すように，N 年以上の水文量が N 年間に 1 度も起こらないであろう確率，すなわち，その間の安全性が期待される確率は約 37~50% などとなっている．

第 3 章

3.1 3.1 節に示すとおりであるが，Q を流量，t を時間とすれば，

(a) 定流 $\left(\dfrac{\partial Q}{\partial t} = 0\right)$ $\begin{cases} 等流（等速定流） \\ 不等流（不等速定流）\end{cases}$, (b) 不定流（非定流）$\left(\dfrac{\partial Q}{\partial t} \neq 0\right)$

に分類することができる．

3.2 3.2.2 項に示すとおりであるが，大きな特性の 1 つは，ある地点で洪水の最大値を観測した場合には I（水面勾配），V（平均流速），Q（流量），H（水位）の順序で現れることである．

3.3 3.3 節に示すように，掃流砂・浮流砂および洗流砂であるが，実用上は掃流砂と浮流砂の 2 種類に分けて考えられる場合が多い．

3.4 3.3.4 項に示すように，河道に河川横断構造物を設けた場合の河床における局所的変動などがあげられる．

3.5 3.4 節に示すとおりであるが，河口部は感潮河川となっており，そして低水時には密度流となっていることが多い．

第 4 章

4.1 4.1 節に示すとおりであるが，治水と利水の両面を満足する河川水系の一貫した将来も十分に予測した河川計画を樹立することである．

4.2 4.2 節に示すとおりであるが，計画高水流量に対する考え方，河川改修工事の安全度の評価，改修方針の決定，洪水対策に対する考え方などが問題点となっている．

4.3 4.3.1 項と 4.3.2 項に示すとおりであるが，計画高水流量の決定法は古くから大きな問題点となっている．

4.4 4.3.3 項に示すとおりであるが，アメリカにおける T.V.A. 事業は歴史的にも非常に有名な事業となっている．

4.5 4.4.1項に示すとおりであるが，実際上の河道は，動的平衡状態にあるものが安定河道である．

第5章

5.1 5.1.1項に示すとおりであるが，最近のスーパー堤防は，街づくりの重要な要素となっている．

5.2 5.2.1項に示すように，護岸はのり覆工，のり止め工，根固め工の3部，さらに根固め工の前面に接するか，または根固め工と一体として前面に設置する根固め水制を含めると4部から構成されている．

5.3 5.3.1項に示すとおりであるが，実際上は透過水制と不透過水制との組み合わせで効果が期待されるものも多い．

5.4 5.4節に示すとおりであるが，床固めの機能としては，山地部河川に設けられるものと平地部の河川に設けられるものがあり，その高さは河川の平衡河床から決められた計画河床に基づいて決定される．

5.5 5.6節に示すとおりであるが，合流点の導流堤は透過水制工法がよく用いられている．

第6章

6.1 6.2.1項に示すように，河川における水源から河口まで一貫して互いに連繋のとれたものでなければならない．

6.2 6.2.3項に示すように，砂防基本計画は土砂を完全に押止するのではなく，下流部に害を与えない許容流送土砂量を流してもよいとするものである．

6.3 6.3節に示すように，山腹工事は水源地域で生産される土砂量を減少させるための直接方式といわれるものである．

6.4 6.4節に示すように，渓流の河道に高い砂防ダムを建設して下流への流下土砂量を減少させる間接方式といわれるものである．

6.5 6.4.3項に示すように，床固め工と合わせて両岸に護岸工を有する一定流路である．

第7章

7.1 7.1節に示すように，河川の管理に関することを定めた基本法である．

7.2 7.2.1項と7.2.2項に示すように，河川の維持は河川堤防の維持であり，河川管理は河川法に基づく流水占用の許可や河川敷地の占用などである．

7.3 7.2.3項と7.2.4項に示すように，水質管理における環境基準が定められており，ダム管理においては，ダムの操作管理が重要である．

7.4 7.3 節に示すように，洪水予報は地域住民に洪水の規模を予知して不安をなくするとともに，その準備体制を整えることであり，水防警報は直接的に水防活動の指針を与える目的で発表されるものである．

7.5 7.4.2 項に示すように，越水に対するもの，浸透に対するもの，のり面欠壊に対するもの，ひび割れ・川裏崩壊に対するものに分けて工法を考えることができる．

第 8 章

8.1 8.1 節に示すように，水の惑星といわれる地球には驚くべき水資源がある．

8.2 8.1.1 項と 8.1.2 項に示すように，わが国における水資源の豊富さと河川流出量の多さがわかる．

8.3 8.2.1 項に示すように，水源地における水源かん養，ダム貯水池，天然湖沼の開発，河口湖などが主体となっている．

8.4 8.2.2 項に示すように，天然あるいは人工的な大貯水池が，そのおもなものである．

8.5 8.3 節に示すように，本川筋開発方式，流域変更方式，揚水式開発方式があり，それぞれ，わが国における代表的で有名なダムが建設開発されている．

参考文献

第1章
1) 安芸皎一：河相論，岩波書店，1951.
2) Sternberg, H.：Untersuchungen über des Längen und Querprofile geschiebeführen der Ftüsse, Zeitschrift f. Bauwesen, 498, 1875.
3) Schocklitsch, A.：Handbuch des Wasserbaues. I, 1950.
4) Horton, R. E.：Drainage-Basin Characteristics, Trans. Am. Geophys. Union, 1931.

第2章
1) Foster. E. E.：Rainfall and Runoff, London, 1949.
2) 土木学会編：水理公式集，土木学会，1957.
3) 物部長穂：水理学，岩波書店，1933.
4) Barnes, B. S.：Discussion of Analysis of Runoff Characteristics, Trans. ASCE. Vol. 105, 1940.
5) Barnes, B. S.：Structure of Discharge Recession Curves, Trans. AGU. Vol. 20, 1939.
6) Hortom, R. E.：Determination of Infiltration Capacity for large Basins, Trans. AGU. Vol. 18, 1937.
7) 石原藤次郎・田中要三・金丸昭治：わが国における単位図の特性について，土木学会誌，41巻3号，1956.
8) 立神弘洋：木曽川洪水の水文学的研究，建設省中部地方建設局，1954.
9) 前出 3)
10) Sherman, L. K.：Stream Flow fron Rainfall by Unit Hydrograph Method, ENR. 1932.
11) 石原藤次郎・石原安雄：出水解析に関する最近の進歩（―由良川を中心として―），京都大学防災研究所創立10周年記念号，5号B，1962.
12) 柴原孝太郎：河川流出に関する近似解法について，建設省河川局，1951〜1955.
13) 管原正己・丸山文行：雨量から流量を予知する方法について，水文諸量の予知に関する研究論文集，1956.
14) 石原藤次郎・高瀬信忠：流出関数による由良川洪水の解析，土木学会論文集，57号，1958.
15) 佐藤清一・吉川秀夫・木村俊晃：降雨から流出を推定する1方法，土木研究所

報告，87号．1954．
16) 木村俊晃：貯留関数法Ⅱ，土木技術資料，4巻1号，1962．
木村俊晃：貯留関数法Ⅲ，土木技術資料，4巻4号，1962．
17) 岩垣雄一・末石富太郎：横から一様な流入のある開水路の不定流について，土木学会誌，39巻11号，1954．
18) Wilson, W. T.：An Outline of the Thermodynamics of Snow Melt, Trans. AGU. 1941.
19) Light, P.：Analysis of high Rates of Snow Melting, Trans. AGU. 1941.
20) Garstka. W. U. and others：Factors affecting Snow Melt and Stream Flow, U. S. Department of the interior Bureau of Reclamation, 1958.
21) 井上章平：融雪出水の解析について，建設省直轄工事第12回技術研究報告，1958．
22) 山田睦郎：融雪洪水の予報について，建設省直轄工事第16回技術研究報告，1962．
23) 境　隆雄：河川の融雪流出に関する研究、土木学会論文集，95号，1963．
24) 高瀬信忠・野村継男：手取川流域における融雪出水に関する研究，金沢大学日本海域研究所報告，4号，1972．
25) 高瀬信忠・野村継男：黒部川流域における融雪出水に関する研究，金沢大学工学部紀要，8巻1号，1974．
26) 吉野文雄：手取川水系尾添川流域における融雪流出について，金沢大学工学部卒業論文，1965．
27) 高瀬信忠・山本忠勝・野村継男：日本海域流入河川の融雪出水に関する研究（―信濃川支川柿川流域を対象として―），金沢大学日本海域研究所報告，3号，1971．
28) Fostor, H. A.：Duration Curve, Trans. ASCE. Vol. 99. 1934.
29) 石原藤次郎・岩井重久：水文学―水文図学，本文統計学，土木技術，1946．
30) 岩井重久：確率洪水推定法とその本邦河川への応用・統計数理研究，2巻7号，1949．
31) 石原藤次郎・岩井重久：降雨曲線の決定に関する1統計的方法，建設工学1，1947．
32) 石原藤次郎・岩井重久・川本正身：流況曲線の統計的推定法，土木研究1，1948．
33) たとえば，多田文男編：気候学，古今書院，1962．
34) 石原藤次郎・上山惟康：年最大洪水流量の長期予報について，土木学会誌，37巻11号，1952．
35) 上山惟康：洪水の周期変動について，土木学会誌，37巻11号，1952．
36) 角屋　睦：計画降雨量に関する順序統計学的考察，農業土木研究，22巻6号，1955．

37) Gumbel, E. J.：Simplified Plotting of Statistical Observation, Trans. AGU. 1954.
    岩井重久：米国における水文統計学について，水工学最近の進歩（土木学会水工学論文集），土木学会，1953.
38) Chow, V. T.：A General Formula for Hydrologic Frequency Analysis, Trans. AGU. No. 32, 1951.
39) Gumbel, E. J.：The Return Period of Flood Flows, Ann. Math. Stat. 12, 1941.
40) 角屋　睦：計画洪水量に関する順序統計学的考察，農業土木研究，21巻3号，1953.
41) 高瀬信忠：対数正規分布に関する順序統計学的考察，土木学会論文集，47号，1957.
42) 高瀬信忠：水文学における対数正規分布の解法，土木技術資料，2巻12号，1960.
43) 石原藤次郎・高瀬信忠：対数正規分布とその積率による解法，土木学会論文集，47号，1957.
44) 前出　41)
45) 前出　43)
46) Chow, V. T.：The Log Probability Low and its Engineering Applications, Proc. ASCE. Vol. 80, No. 536, 1955.
47) 高瀬信忠・鈴木秀利：水文量発生の確率論的特性に関する研究，土木学会論文報告集，204号，1972.
48) 角屋　睦：河川の防災基準についての1思考，河川災害に関するパネルディスカッション討議要旨，文部省災害科学総合研究班，1964.
49) 高橋浩一郎：モンテカルロ法による再現期間と設計荷重に関する研究，水資源資料，No. 15，科学技術庁資源局，1967.

第3章

1) Stipp, J. S.：Backwater Profiles solved by Escoffier-Raytchine-Chatelain Method, Civil Eng. 1953.
2) 矢野勝正：洪水特論，理工図書，1958.
3) 矢野勝正：洪水流の特性について，京都大学防災研究所年報，2号，1958.
4) Kleig, M.：Theorie du Mouvement non Permanent des Liquides, Annales des Ponts et Chaussée, 1877.
    Seddon, J. A.：River hydraulics, Trans. ASCE. 1900.
5) Du Buat, L. G.：Principle d'Hydraulique, 1816.
6) 矢野勝正・芦田和男・定道成美：ダムの背砂に関する研究（I）（―貯水池における砂堆の運動機構について―），京都大学防災研究所年報，6号，1963.
7) 安芸皎一：河相論，岩波書店，1951.

8) 吉川秀夫：河床変動論，水工学シリーズ，60-03，土木学会，1964．
9) 岸　力：特性曲線法による非定常流の解き方（I），建設省土木研究所報告，85号，1953．
10) 物部長穂：水理学，岩波書店，1933．
11) 本間　仁：河川工学，コロナ社，1958．
12) 前出　11）

第4章
1) 建設省河川局監修：建設省河川砂防技術基準（案），計画編，日本河川協会，1976．
2) Blee, C. E.：Development of the Tennessee River Waterway, Trans. ASCE. 1953.

第5章
1) (財)河川情報センター：PORTAL（ポータル04），2001．
2) Fargue, M.：Etudes sur la Correlation entre la Configuration du lit et la Profondeur déau dans les Rivières à fond Mobile, Ann Ponts et Chanssées, 1868.
3) 橋本規明：新河川工法，森北出版，1956．
4) 細井正延・稲田　裕・橋本　清：河川（わかり易い土木講座16），彰国社，1972．
5) 前出　3）
6) 前出　4）

第6章
1) 奥西一夫：斜面崩壊に関する実験的研究（序報），京都大学防災研究所年報，8号，1965．
2) 奥西一夫：斜面崩壊に関する実験的研究（I），京都大学防災研究所年報，9号，1966．
3) 西田義親・高瀬信忠・射場正和・布本　博：流水による斜面の浸食崩壊に関する一考察，金沢大学工学部紀要，5巻3号，1969．
4) 村野義郎：山地における砂石の生産に関する研究，建設省土木研究所報告，114号，1963．

第7章
1) 高瀬信忠：共軸座標による河川高水位の推定，土木学会誌，49巻4号，1964．

第8章
1) 高瀬信忠・布本　博：地下水揚水に伴う影響圏の水理学的検討について，金沢大学工学部紀要，8巻2号，1974．

索　引

あ　行

秋雨前線　34
アスファルトのり覆工　166
安定河道の設計　139
異形ブロック　172
石積み・石張り工　164
岩井法　83
浮子による流量測定　51
牛・枠水制　177
雨量の地理的・地形的分布　37
エスコフィエの方法　104
越流堤　151
M 年間最大値水文量の特性　99
遠隔観測雨量計　36

か　行

改修方針の決定　128
各洪水年に対する正規変数表　84
確率計算　95
確率洪水流量主義　126
確率分布曲線　77
河口形態　18
火口湖　11
河口湖　226
河口洲（三角洲）　17
河谷の縦断形状　3
河谷の縦断面　13
河谷の地形的長年循環　3
河谷の横断面　12
河床変動の特性　113
霞　堤　150
河成段丘（河岸段丘）　15
河跡湖　16
河川改修計画　129
河川改修工事　149
河川改修工事の安全度の評価　127
河川計画の推移　119
河川の維持管理　208

河川の縦断曲線　4
河川の総合開発　229
河川の蛇行　142
河川の断面形状　15
河川の流況　227
河川の流速分布　45
河川法　207
河川密度　8
河川流域　5
河川流水の作用　10
河道計画　139
下流地域の地形形態　15
カルデラ湖　11
幹　川　5
感潮河川　114
気　圧　21
気圧傾度と地衡風　23
既往最大洪水流量主義　125
気　温　20
気温時数　74
気温時数法による融雪量　74
気温時融雪率　74
気温日融雪率　73
気温日数　73
気温日数法による融雪量　73
基準渇水量の決定　228
気象の3要素　20
基礎工と遮水工　184
基本高水　130
極値（最大値）分布　82
杭打ち水制　176
クッター公式　46
計画扞止量　195
計画高水位　133
計画高水流量に対する考え方　125
経済洪水流量主義　126
渓流工事　200
限界掃流力　110
減水曲線の特性　58

索　引

圏層面　21
降雨と流出　55
降雨の観測　34
高水工事　149
洪水痕跡法　62
洪水処理計画の規模　122
洪水対策に対する考え方　128
洪水調節　135
洪水追跡　109
洪水の伝播速度　108
洪水波形の変形　107
洪水波の特性　106
洪水予報　213
洪水流　105
洪水流出量の推定法　61
高水流量配分計画　135
交点法　10
合理式　62
護岸水制の設計施工上の注意事項　181
護岸設計上の基本的事項　172
護岸の機能　161
コンクリート根固め工　170
コンクリートのり枠工　165
コンクリート張り工　164
コンクリートブロック水制　178
コンクリートブロック張り工　165

さ　行

再現期間　77
最高水位（H.H.W.L.）　43
最大可能洪水流量主義　126
最大時間雨量　39
最大日雨量　39
最多水位（G.N.W.L.）　43
最低水位（L.L.W.L.）　43
サイホン式自記雨量計　35
柵　工　167
砂防計画　123
砂防計画の基本方針　192
砂防計画の基本量　194
砂防ダムの機能　200
砂防ダムの構造　201
砂防の意義　191

算術平均法　41
山腹工事　196
自記雨量計　35
支　川　5
自然堤防　13
支川との合流点処置　188
湿　原　12
湿　舌　40
湿　度　22
実用的な流出成分の分離法　59
芝付け　163
締切堤　152
蛇籠工　163, 170
蛇籠水制　177
集中豪雨　39
順序統計学的方法　89
小支川　5
小々支川　5
捷水路　142
捷水路工事　187
上流地域の地形形態　11
水位観測所の基準面　42
水位計　43
水位標　43
水位流量（$H \sim Q$）曲線　53
水　系　6
水質汚濁の問題　124
水　制　174
水制設計上の基本的事項　179
水防警報　215
水防工法　217
水防組織　216
水文学　19
水文統計　75
水文量の設計に対する安全性　98
水理学的方法　70
図式解法　104
捨　石　169
ステルンベルグの法則　4
スーパー堤防　152
正規分布　78
西高東低型　32
成層圏　21

せきとめ湖　11
積率法（石原・高瀬法）　87
瀬割堤（背割堤）　151
扇状地　14
前線性降雨　31
洗流砂　109
総合開発の方式　230
総合河川計画　119
壮年期の河谷　3
掃流砂　109
掃流砂量の測定　112
粗度係数　46
損失雨量　59

た 行

大気の環流　22
大災害を起こす高潮　116
対数確率紙　96
対数正規分布　79
対数正規分布の解法　83
台　風　24
対流圏　21
蛇　行　16
縦　工　176
縦浸食と横浸食　12
ダム貯水池　226
ダムなどの影響　142
多目的ダム計画　137
単位図法　64
築堤工事　157
地形性降雨　31
治水計画　121
治水事業の経済効果　138
沖積平野　14
中流地域の地形形態　13
超過確率　77
貯留関数法　68
沈床工　169
沈床水制　177
土出し，石出し水制　178
詰杭工　167
梅　雨　27
低気圧性降雨　32

低水工事　149
低水流出量の推定法　61
ティーセン法　41
停滞前線　27
堤防の断面　155
堤防のり線　153
電気的自記水位計　45
転倒ます式自記雨量計　36
天然湖沼の開発　226
等雨量線法　41
透過水制　175
等高線延長法　10
等高線面積法　10
等流計算　102
導流堤　151
特殊堤　152
床固め　182
床固め工，帯工　202
床固め工法　186
土砂の流送　109
土　台　166
トーマスプロット　92

な 行

内水災害　143
内水処理　143
内水処理対策　144
菜種梅雨　33
軟弱地盤に対する対策　160
日本列島の誕生　1
根固め工　168
根固め水制　172
のり覆工　163
のり柵工　163
のり止め工　166

は 行

ハイエトグラフ　65
ハイドログラフ　65
廃　堤　152
羽状流域　6
派　川　5
氾濫平野（氾濫平原）　13
樋管・樋門・水門　146

索　引　245

非超過確率　77
比流量　64
ファルグの法則　153
不安定性驟雨　32
フェーン現象　34
複合流域　7
副　堤　150
普通雨量計　35
不定流の基礎方程式　106
不透過水制　175
不等流計算　102
浮流砂　109
浮流砂量の測定　111
フロート式自記水位計　44
分水界　5
分水線　5
平均高水位（M.H.W.L.）　43
平均水位（M.W.L.）　43
平均低水位（M.L.W.L.）　43
平均流速　46
平衡勾配　4
平行状流域　7
平水位（O.W.L.）　43
ヘクトパスカル（hPa）　22
ヘーズンプロット　92
ボイス・バロットの法則　24
放射状流域　7
本　川　5
本川筋開発方式　230
本　堤　150

ま　行

マンニング公式　47
三日月湖　17
水の水文学的循環　30
水資源　223
水たたき工　185
水の循環　29
密度流　117
ミリバール（mb）　22
物部式　62

や　行

矢板工　167

山付堤　151
有効雨量　60
融雪出水　72
揚水式開発方式　231
幼年期の河谷　2
横　工　176
横堤および羽衣堤　150

ら　行

ラショナル式　62
利水計画　124，225
流域の形状　6
流域の形状係数　7
流域の平均雨量　40
流域の平均高度　10
流域の平均幅　7
流域の平面形状　6
流域変更方式　231
流況曲線　54
流砂量（流送土砂量）の測定　111
流出関数法　66
流出曲線　56
流出係数（流出率）　56
流出成分　57
流速計　48
流速測定法　50
流量観測　48
流路工　204
ルチハの式　63
連続堤および不連続堤　150
漏水対策　159
老年期の河谷　3

わ　行

わが国の河川流出量　225
わが国の気候　19
わが国の降雨特性　32
わが国の降雨分布　38
枠　工　167，169
輪中堤　150

著者略歴

高瀬　信忠（たかせ・のぶただ）
- 1954年　金沢大学工学部土木工学科卒業
- 1956年　京都大学大学院工学研究科土木工学専攻（修士課程）修了
- 1958年　建設省九州地方建設局（現国土交通省九州地方整備局）
　　　　河川計画課洪水予報係長
- 1961年　建設省北陸地方建設局（現国土交通省北陸地方整備局）
　　　　長岡工事事務所調査課長
- 1965年　建設省北陸地方建設局（現国土交通省北陸地方整備局）
　　　　河川管理課長
- 1966年　金沢大学工学部助教授
- 1967年　工学博士
- 1971年　金沢大学工学部教授
- 1987年　金沢大学日本海域研究所自然科学研究部長
- 1997年　福井工業大学教授
- 1998年　福井工業大学主任教授
- 2004年　福井工業大学退職
　　　　金沢大学名誉教授
　　　　舘下コンサルタンツ（株）技術顧問
- 2008年　逝去

河川工学入門　　　　　　　　　　　　　　　Ⓒ 高瀬信忠　*2003*
2001年1月20日　第1版第1刷発行　　　　【本書の無断転載を禁ず】
2021年3月22日　第1版第8刷発行

著　者　高瀬信忠
発行者　森北博巳
発行所　森北出版株式会社
　　　　東京都千代田区富士見1-4-11（〒102-0071）
　　　　電話 03-3265-8341／FAX 03-3264-8709
　　　　https://www.morikita.co.jp/
　　　　日本書籍出版協会・自然科学書協会　会員
　　　　JCOPY　<（一社）出版者著作権管理機構　委託出版物>

落丁・乱丁本はお取替えいたします　　　印刷／ディグ・製本／ブックアート

Printed in Japan／ISBN978-4-627-49501-2